序 言

　　吴维宁、潘贵军编著的《物理教育研究方法》是一本任务驱动、实用性很强的书。该书较为详细地介绍了质性和量化的实证研究方法，介绍了教育测量的方法技巧和计算机操作技术，并附有具体案例，对在读硕士生和本科生开展研究和写作论文很有帮助。我想补充的一点是：作为师范生或未来的教师，除了要对教育研究的具体方法有较为详尽的了解，还应该对教育研究的性质和特点有一个清晰且明确的认识。作者让我为本书写一篇序言，我就非常简单地谈谈我对教育研究的性质和特点的认识，希望对本书的读者理解本书的内容，开展真正的教育研究活动有帮助。

　　人为什么要做研究？人类在长期的进化过程中，除了要求衣食饱暖和繁育后代之外，天生就有认识和改造世界的强烈欲望。爱因斯坦曾经说过："人们总想以最适当的方式来画出一幅简化的和易领悟的世界图像，于是他们就试图用他的这种世界体系来代替经验的世界，并来征服它。这就是画家、诗人、思辨哲学家和自然科学家所做的，他们都按自己的方式去做。"[①]也就是说，人总是试图以自己的方式不断深入地了解赖以生存的自然界和由人类组成的社会，还有人的本身，对世界进行解释和预测。为此，人不断地通过形式多样的活动来认识世界，其中最重要的就是研究或带有研究特点的活动。这种活动的特点是：

　　（1）活动的动机或出于由于人类天然具有好奇心，期望理解和解释自然的问题；或者出于解决生产或生活中具体问题的需求。在多数情况下，研究是指向问题、有明确的预设目标的活动。

　　（2）为了达到预设的目标，通常会对指向研究目标的问题进行猜想、提出假设，然后从这一起点出发，依据逻辑有计划地开展研究活动，进行思辨推理或实践验证。

　　（3）研究起点不同，所涉及的对象范畴不同，经历的研究过程不相同，需要采用的研究方法也不同。对自然的研究通常先对研究的对象或现象提出假设和猜想，然后将研究对象或现象加以孤立和封闭，有控制地施加外部影响，再观察或测量外部影响所引起的研

---

① 赵中立，许良英. 纪念爱因斯坦译文集 [M]. 上海：上海科学技术出版社，1979：41.

究对象或现象的变化，证实预设的假想的正确性。对人的研究就不同，如教育研究的对象是有生命的活动的人，不太可能对人进行孤立和封闭。还有，教育的失败将影响受教育者的终生，因此也不能随意地将学生当成样品滥加试验。这就决定了教育研究不能完全沿袭自然科学的实证方法，特别是实验研究方法。

（4）人们一般采用两类方法进行研究，即纯思辨的方法和实证的方法。纯思辨的方法通常是提出一个公认的或不证自明的观点作为出发点，或者通过论证提出一个大家所接受的理论为出发点，然后加以逻辑的演绎和推论，以获得结论。实证的方法需要前期的观察或测量，或用其他方法来收集初步的资料证据，加以归纳后提出模型（假设），再以理性、逻辑的方式进行实验（或实践）证明其合理性，得出结论并作进一步的解释和演绎。

（5）不管是纯思辨的或实证的研究，都需要研究者思维的介入，这就使得任何研究（包括自然科学研究）都不可能是完全客观的，而是客观和主观的结合。但是，应该尽可能地减少主观因素的影响，尽量保持研究结论的客观性。这就对研究的质量，包括可靠性、可信度和精确度等，提出了一定的要求。

（6）不管是哪一种类型的研究，其结论最终必须经过实践的检验。

上面说的是研究活动的特点。教育研究又有什么特点呢？这要先从教育的本质说起。教育是人类为了自身的延续与发展而进行的一种文化传承活动，或者说是人类社会一类活动。现代学校教育是教育活动的一种，其目的在于使受教育者从自然的人，成长发展为文化的人、社会的人。教育的发展经历了从自发到自觉的过程。在当代，教育是人类的一种自觉行为。教育作为一种社会实践，是伴随着人类的存在而存在的，也是人类必须永恒承担的历史责任。随着人类的进步和环境、社会的变化，新的问题不断地产生。我们需要不断地反思，在当前的情况下：教育的目的是什么？教育的内容，还有教育的形式、方法、政策、管理和教学方法如何与时俱进？等等。不断地研究并回答这些问题，找到对策，使教育的实践不断深化，适应人类发展的需求。

综合上述各方面可以知道，一方面，教育研究的对象是人类的一种特殊行为，是一种社会实践，不可能像自然科学研究那样按照研究者的设想将研究对象加以孤立、封闭或纯化。但是，教育研究也不是纯思辨的研究，离开社会现实提出一种理念然后再加以推论的做法在教育研究上是行不通的。教育研究必须基于人的教育（社会）实践、为了实践、在实践中进行。另一方面，教育研究中所探讨的问题通常没有较为全面、精确的数学模型，无法对其进行完全量化的描述，需要采用质和量相结合的方法，有时甚至用完全质的描述方法来进行研究。教育研究中检验结论是否正确的实践方法，也不像自然科学那样有相对

物理教育
研究方法

吴维宁　潘贵军　编著

SPM 南方传媒
全国优秀出版社
全国百佳图书出版单位
广东教育出版社
·广州·

图书在版编目（CIP）数据

物理教育研究方法 / 吴维宁，潘贵军编著. —广州：
广东教育出版社，2025.1 -- ISBN 978-7-5548-6440-1

Ⅰ.04-42

中国国家版本馆CIP数据核字第2024AR2377号

物理教育研究方法

WULI JIAOYU YANJIU FANFA

出 版 人：朱文清

责任编辑：蔡潮生

责任技编：杨启承

装帧设计：何　维

责任校对：黄　莹

出版发行：广东教育出版社

（广州市环市东路472号12-15楼　邮政编码：510075）

销售热线：020-87615809

网　　址：http://www.gjs.cn

电子邮件：gjs-quality@nfcb.com.cn

印　　刷：广州方迪数字印刷有限公司

（广州市荔湾区荷景路东塱工业区9号3栋）

规　　格：787 mm×1092 mm　1/16

印　　张：20.5

字　　数：410千字

版　　次：2025年1月第1版
　　　　　　2025年1月第1次印刷

定　　价：68.00元

如发现因印装质量问题影响阅读，请与本社联系调换（电话：020-87613102）

分明的客观标准，而是与主观的感觉和判断有一定的联系。

教育研究活动主要有两类不同的方式：质性研究和量化研究。当被研究的对象难以甚至不可能量化时，如果研究所关注的重点在于寻找构成研究对象的内在要素以及各要素之间的关系（相互作用），发现可以用来解释被研究对象（包括被研究的事物或现象）的框架，并以此解释被研究的事物或现象的本质特征，就需要系统而且规范地收集被研究对象的描述性资料，对资料进行理性和逻辑的分析以获得相应的结论。这样的方式就是质性研究。质性研究符合教育现象的复杂性、模糊性的特点，能深入揭示事物或现象的本质，既可以是发现式的，也可以是验证式的。当可以采用量化的手段来对研究对象进行描述和测量，可以通过外部的输入来引发被研究对象的反应并加以测量，再以严谨的数学手段对测量的结果进行推理和统计，得出结论并进一步以量的关系来说明被研究的事实和现象，此时所用的方法则是所谓量化的方法。量化研究关注的重点是构成被研究问题的各个因素之间的数量关系，其测量和数据分析过程严谨，结论明确；有现代化统计技术手段作为支撑，可以开展大规模调研；研究方法比较成熟；效率高。常见的教育研究有的采用量化研究，有的采用质性研究，但更多的是采用质性与量化相结合的研究方式。

不管采用什么研究方式方法，在进行教育研究之前都要弄明白自己研究的对象、目的、方法、一般程序、结论和解释、限制和局限，据以制定具体的操作程序。初入门者常用的教育研究方式有：

（1）调查研究。研究的对象是参与教育活动的群体或某种教育现象，其目的在于找出描述群体和现象特性的相关因素的现状及其相互关系，为解决问题提供依据。其方法是量与质并重，使用的工具和技巧包括问卷、调查表、访问、座谈会等。通常的过程包括：确定目的→文献综述→设计方法→制定工具→收集资料→资料数据处理→分析讨论→结论与报告。调查主要用于对相关的事物和情境进行描述，包括事实、现象、制度，还有收集意见等。这种研究的局限在于表面化，不能确定因果关系，有一定时限。

（2）准实验（实验）研究。研究的目的在于寻找或确认教育系统内部或外在的已知变量之间的因果关系。其对象就是能反映、体现变量关系的实体。其方法是量化的，通过操控自变量的变化和消除无关变量的干扰，观察测量因变量的变化。可以把这类方法再进一步地细分为实验室实验—实地实验，探索性实验—验证性实验，真实验—准实验等类型。研究的一般过程包括：决定目的→提出假设→确定变量→改变自变量的工具或方法→收集资料的工具→控制干扰→实验设计→被试的抽样和认定→决定实验步骤→按计划进行实验并收集数据资料→统计分析→解释实验结果→撰写报告。可以用结论的可推广性作为研究的外在效度，以被试变量的可确定性，对被试差异的控制和环境差异的控制等因素作为研究的内在效度。这种研究的限制在于：教育研究因素过于复杂，不太可能用简单的因果关系加以概括；教育研究涉及价值判断，进行客观的实验观察和测量有困难；教育事件不可以重复产生，不可以对自变量进行人为的操控；教育对象为人，容易与实验者相互作用，难以进行各种控制；测量工具的效度有限，难以测量被研究变量的真值。

（3）行动研究。这种研究不追求根本性知识（不是带基础性的理论研究），不寻求解决问题的通则（不是带普遍性的应用研究），目的只在于寻求研究地点所发生的问题的解释，同时解决问题。行动研究的特点是以解决问题为主导，打破研究者与研究对象的界限，研究者即行动者。在实际工作环境中进行研究，不强求研究要有代表性和可推广性，研究计划随研究的进展而不断修订。外来专家在行动研究中主要发挥引领作用，对促进教师的专业成长有特别的意义。研究的一般程序包括：发现问题→界定并分析问题→草拟计划→阅读文献→修正问题→修正计划→实施计划→提出结论报告。行动研究中需要重点注意的是行动、实用、合作、弹性、协调、可行、及时反思、时效。研究的局限是研究的层次不高，参与者因双重身份而产生的困扰，教师与专家的协调困难，因自检验而带来的信度问题。

此外还有其他的一些常用方法，如田野（现场）研究、历史研究、内容分析、个案研究等。因多数同学未必会使用，这里就不再赘述了。

求真、求实、求善、求美是做任何研究的人所需要具备的精神品质。不管大家是因为什么原因而踏足教育研究，希望最后都是为了我们的下一代，为了我们有更加美好的明天而潜心研究，淡泊名利，不断有所发现、有所创造、有所发展、有所前进。

2023年12月

高凌飚，1944年生，广东汕头人，香港大学博士，华南师范大学教授、博士生导师，兼任香港教育学院顾问教授、名誉教授，教育部华南师范大学基础教育课程研究中心常务副主任，国家基础教育课程教材专家工作委员会委员，教育部基础教育教材审定委员会委员。主要研究方向为科学教育、教育心理、课程与教学论。在中外学术刊物发表论文近300篇，出版学术专著20余部。主持国家级、省级以及国际合作科研项目近20项。

前　言

本书以物理师范专业的本科生和学科教学（物理）方向的硕士生为读者对象，以培养学生方法运用能力为目标，以大量真实案例为依托，详细介绍物理教育研究的实证方法。

与国内同类图书相比，本书有如下特点：

一、实施任务驱动。本书根据本科师范生在读期间需要完成的教育调查、开题报告和毕业论文等三项任务，有针对性地介绍相关任务的写作规范和实践案例，并详细介绍研究的设计，资料收集的方法，数据的统计、整理与呈现方式等。实践证明，在学完上述内容后，绝大部分学生都能够比较好地完成相关的学习任务。

二、采用SPSS平台。传统教材通常采用"计算器+查表"的方式讲授统计方法，而本书则采用SPSS平台讲授频数分析、相关分析、方差分析、卡方检验、t检验等描述统计和推断统计的方法，不在基本原理上花费过多的时间（因为课时有限），重点强调应用。通常学生都能在毕业论文中较为熟练地运用所学方法。

三、关注前沿方法。本书在实证方法部分，介绍了大量国际上流行的标准化的评测工具、国外物理教育研究的重要网站，还有重要的中外物理教育研究期刊。学生在接触这些内容之后，会极大地开阔自己的学术视野，激发物理教育研究的热情。本书还为学有余力的学生介绍了结构方程模型、Rasch模型、社会网络分析等研究工具和研究方法。

内容方面，本书由方法篇、技术篇和案例篇构成。方法篇主要介绍教育调查、开题报告、毕业论文和期刊论文的具体方法和写作规范，以及目前国际物理教育界广泛运用的各种实证研究方法。技术篇主要介绍各种量化研究中经常采用的统计和测量方法，该篇的内容全部在SPSS的环境下呈现。案例篇主要介绍相关研究的真实案例，每一则案例均由案例原文和案例评析两部分组成。另外，除了经典的统计测量方法以外，本书还提供了若干现代统计测量方法的原理介绍和实践案例，供学有余力的学生选读。除在校生外，本书还可供一线的中学物理教师和其他物理教育工作者阅读参考。

目　　录

方法篇

技 术 篇

案 例 篇

方法篇

　　本篇介绍物理教育研究的一般方法。其实研究方法是一个复合概念。从纵向看，它包括哲学层面的方法，如实证主义方法、自然主义方法；也包括学科层面的方法，如心理学的方法、社会学的方法、人类学的方法、统计学的方法、测量学的方法；还包括操作层面的具体方法，如问卷法、访谈法、测验法，以及内容分析、口语报告等。从横向看，研究方法可以在不同的任务领域中得以呈现。如师范类本科生、硕士生在教育实习期间都要做的一次教育调查，毕业前要作的一篇学位论文，硕士生和在职教师撰写的期刊论文任务等，里面都涉及大量的规范问题。广义地讲，规范也是方法，所以我们学习规范就是学习方法。如果能够在完成某项研究任务之前，掌握一点研究规范与方法，那么将会极大提升人们做研究的质量与效益。本篇主要介绍操作层面上的研究方法。具体包括两章，第一章主要以研究任务为线索，系统介绍实证方法。第二章主要介绍美国物理教育研究期刊中常见的实证方法。两章内容视角不同且互为补充。

第一章 物理教育研究实务

所谓物理教育研究实务，是指研究者在实践中经常会面临的具体任务。比如：做一次教育调查、写一份开题报告、撰写一篇学位论文或者期刊论文等，都会涉及一些写作规范和方法技巧。本章以具体实务为载体，介绍物理教育研究的基本方法。

第一节 调查问卷

一般来说，师范类本科生和全日制教育硕士生在毕业前都要参加教育实习，实习中一般有三项具体任务：一是教学实习，就是讲课；二是班主任实习，就是当一段时间的班主任；三是教育调查，它是指研究者就自己所关心的教育问题，采用一系列具体的方法步骤，收集研究对象的相关资料，并整理资料得出结论的过程。所以教育调查不是一项具体的研究方法，而是一个研究过程或研究任务。它既可以采用单一的研究方法，如问卷法，也可以同时采用多种不同的研究方法，如问卷法、访谈法、测验法等。本节主要介绍问卷调查的一般方法，重点讲问卷的编制方法。至于访谈法和测验法，可以参考本书第二章和第四章的相关内容。为什么要重点研究问卷的编制问题呢？因为问卷的编制是一个难点，也是一个重点。其实问卷的获取途径既可以通过自行编制，又可以借用别人的问卷，具体做法就是到网上去搜、到图书馆去查。至于问卷调查的数据分析方法，本书的相关章节会有详细的介绍。

一、调查问卷的结构

要编制一份规范的调查问卷，首先就要搞清它的基本构成。调查问卷一般包括标题、前言、导语、题干、选项和结语六项内容。调查问卷的整体结构参见图 1-1-1。

图 1-1-1　调查问卷结构示意图

（一）标题

标题就是问卷的名称。它是关于调查对象和问卷内容的最简洁的反映。也就是说，研究对象只需看看问卷的标题，就应该大致知道问卷将要调查什么人、调查什么内容。比如"初中物理教师教学方式调查问卷""高中生物理学习动机调查问卷"等，都可以从中直接看出调查的内容和对象。在实践中，有研究者会省去标题中"问卷"两个字，但出于规范的考虑，我们还是建议不要省略。

（二）前言

为了取得研究对象的重视和真诚合作，消除他们的戒备心理，研究者往往需要就问卷的目的、意义、内容作出简要说明，这段位于标题下面的说明文字就是前言。撰写前言需要注意两点：一是文字要简练，二是语气要诚恳。因此，下面的一些表述在前言中经常被采用："亲爱的同学你好！本问卷主要用于调查……""本次调查的结果仅用于教育科研，不会对你产生任何不良影响""可以不填写姓名""答案没有对错之分""谢谢您的合作"等。

（三）导语

导语即指导研究对象如何填写问卷的话。导语一般包括两个部分的内容，一是指导答题者填写自己的相关信息，又称人口学资料，如对学生可填性别、年龄、学段（初中、高中），对教师可加填职称、教龄等基本信息。这些内容有利于问卷回收后的统计与整理。二是指导答题者如何填答问卷中的具体问题。由于问卷形式的多样性，所以一般说来答题方式也各不相同。这样就有必要将作答方式向研究对象解释清楚，否则，一旦有部分研究对象答题方式出现错误，问卷的数据处理就会出现难以预料的困难局面，整个调查的信度与效度就会因此而大大降低。比如，我们要研究学生对于物理老师的喜爱程度与其物理成绩的关系，就需要编制这样一份问卷（也称李科特量表），其中的选项用 1、2、3、4、5 等数字来表示，而这些数字的含义是什么，研究对象必须在填答问卷之前就必须搞清楚。这时导语就不可或缺了。

（四）题干与选项

它们是问卷的核心内容，也就是问卷中的问题。一般来说，问卷调查有两种类型，一种叫作事实调查，如调查学生做家庭作业的时长、学生家庭的经济收入、父母的文化程度等，一般采用陈述语句。这时的问题可以是"你回家后做家庭作业的时间是：（1）1小时以内；（2）2小时；（3）3小时；（4）4小时；（5）5小时以上"。其中，前一部分是题干，后一部分是选项。还有一种类型叫作观念调查。与事实调查一样，这里的问题也适宜采用陈述句，而不是疑问句。比如要调查学生的科学本质观，可以这样设置问题："我认为科学研究得出的结论是永恒不变的：（1）非常正确；（2）有时正确；（3）完全错误"，同样，前一部分是题干，后一部分是选项。

（五）结语

结语就是在问卷最后说的几句话。主要有两个目的：一是为了更加深入了解答卷者对相关问题的看法，二是为了表达对于答卷者的谢意。通常的做法是，设置几个开放性的问题，让研究对象来回答，要求他们对问题作出更加深入的说明，或者让他们谈谈对于问卷本身或研究本身的看法与建议。这一部分在对问卷进行试测时通常是必要的，正式测试时可以省略不写。但表示谢意的话不能省，如"问卷到此结束，谢谢您的合作！"等。

二、调查问卷的设计

问卷的设计包括整体结构的设计和问卷中的具体问题（项目）设计两部分内容。下面分别介绍调查问卷的整体设计和项目设计。

（一）整体设计

设计问卷的整体结构需要做好充分的前期准备工作。比如问卷的维度划分、问卷测试以后的数据处理方式等问题都需要提前考虑清楚。如果需要将调查的结果与其他因素作相关分析，如需要分析被调查的学生学习观念与他们的物理学习成绩的相关性，就可以采用李科特量表的设计方式，即将问卷的选项进行量化处理，并且使得各个选项的分数具有可累加性。

正确划分问卷的维度则需要阅读大量的文献，看看所调查的问题可以从哪些方面去分解。比如要调查教师的评价观，从大量的文献中会发现，它可以从评价目的、评价方法、评价主体、评价内容这四个方面去分析。这四个方面构成问卷的四个维度。然后我们就可以以这四个维度为基本框架来拟定具体的问题。当然，确定问卷的维度除了通过阅读文献的方式以外，还可以通过同行研讨或专家咨询的方式来实现。在维度确定以后，就可以采用一个问卷整体设计表（如表1-1-1所示）来对问卷进行整体规划和设计了。

表 1-1-1　调查问卷整体设计表

维度	项目
维度一	项目 1
	···
	项目 n
维度二	项目 1
	···
	项目 n
···	···

确定问卷维度的主要目的，是为了让问卷中提出的问题（项目）能够在质与量上都有合理的分布。因此，在确定了问卷的维度并开始对问卷进行整体规划时，就要考虑问卷中的问题在各个维度上的数量应当大致均衡。问卷整体设计表的作用在于，可以将初步编制好的项目放入表中的相应位置，看看各个维度项目的数量分布情况。至于每一个维度需要多少项目比较合适，没有统一的标准，但实践中每一个维度一般不少于5个项目，过少的项目数可能会对信息收集的完整性产生影响。除了给每一个维度确定合适的项目数，问卷整体设计的内容还包括问卷的标题、前言、导语、项目的表述方式、回答方式和排列方式的设计。

（二）项目设计

项目设计就是设计问卷中的具体项目，它包括项目的编制与编辑。编制项目就是编写问卷中的具体项目。编辑则是确定项目在整个问卷中的具体编号。

1.项目编制

问卷中的项目编制一般在问卷的维度基本确定以后进行。项目编制可以大致分为三个步骤：一是初拟项目。这时可再次利用问卷整体设计表1-1-1，按照表中各个维度的内容要求，运用头脑风暴法将所有可能的项目写下来，而且写得越多越好，这时只管数量不管质量。二是自行修改。一般情况下，问卷正式施测之前，项目会被多次修改。这里对初拟项目的修改主要关注语法。因为利用头脑风暴法写下来的语句通常会有很多语法问题。三是专家咨询。就是找几个相关专家请教，看看各个项目中的具体提法是否恰当。此外，在编制调查问卷之前，若条件允许，研究者可以在与答卷者同质的群体中，找到若干个对象进行一次访谈。这样的访谈可以让研究者具体地感受答卷群体的思维和表述习惯，这对编制一份让答卷者喜闻乐见的调查问卷十分有利。最后需要特别强调的是，编制出的项目总数，一定要比实测项目数多出一倍左右，因为后面还会依据问卷的预测结果，删减部分项目。

总之，在具体编制项目时，要特别注意下列问题。

（1）尽量避免使用长句或者术语。项目表述应简洁明了、通俗易懂。最好采用调查对象的日常用语，如 "一个好的物理教师应当是解题高手" 这样的提法，就比 "一个好的物理教师应当善于解答各种物理问题" 更加通俗直白，符合教师的表述习惯。

（2）不使用意义含混不清或者有双重含义的句子。句子具有双重含义的不要用。还有的句子由两个简单句构成，如 "通常我早上起得很早，晚上睡得很晚"。如果答卷者起得早也睡得早，或者起得晚也睡得晚，他可能就不知所措了。此时若将两个单句分成两个项目，其意义就明确得多，也更易于回答。

（3）中性表述不诱导。调查问卷中的项目表述应当是客观中性的，不带任何诱导性的语言，否则得到的数据就不可靠。如 "我认为高中物理新课程虽然存在着这样或者那样的问题，但总体上较传统课程更具灵活性"。这样的项目几乎会让所有的答卷者只能选择赞同。若改为 "高中物理新课程让学生有了更多的选择" 会更好。

（4）不使用否定句或者疑问句。项目表述最好使用陈述句，因为陈述句最易于理解，也便于快速阅读。反之，若使用疑问句或者否定句，则会加大答卷难度和时间，答卷者会逐渐失去耐心，从而降低调查的信度和效度。如 "科学研究的结论是永恒不变的" 就比 "我不认为科学研究的结论是永恒不变的" 或者 "难道科学研究的结论不是永恒不变的吗" 要好。

2.项目编辑

在项目编制好以后，还需要对项目进行编辑。编辑的主要任务，就是对各个项目进行编码。为什么要编码呢？

因为我们在对问卷进行整体规划时，是按照维度来呈现项目的，也就是说，同一维度的项目都集中在一起，如果以这样的排列方式来呈现项目，答卷者会看出问卷的结构，他们会揣摩设计者的心思，继而依照设计者的倾向去答题，这样就会降低问卷调查的信度和效度。所以，一方面，设计者应当改变设计时的项目呈现顺序，即将整个顺序打乱；另一方面，我们又需要记住整体设计时各个维度内的具体项目，以方便后续将要实施的问卷信度分析（信度分析的具体方法详见本书第四章第二节）。因此，我们需要以某种方式记录各个项目的原始编号即编码，以及它们在最后呈现的问卷中的实际序号。问卷项目编辑表（见表 1-1-2）可以帮助我们解决这个问题。

表 1-1-2　问卷项目编辑表

序号	编码	项目	不适合	有时适合	一半适合	多数适合	完全适合
1	a1	项目 1	①	②	③	④	⑤
2	b2	项目 2	①	②	③	④	⑤
3	c4	项目 3	①	②	③	④	⑤
…	…	…	…	…	…	…	…
n	e6	项目 n	①	②	③	④	⑤

表 1-1-2 中，序号栏中的数字表示最后在问卷中各个项目呈现的序号。编码栏中的英文字母及数字表示项目的编码。其中，英文字母表示维度编码，数字表示项目在该维度中的编号。如 a1 表示第一个维度中的第一个项目，b2 表示第二个维度中的第二个项目，c4 表示第四个维度中的第四个项目……如前所述，这样编码的目的主要是为了方便后续的信度分析，而问卷的信度分析通常都是以维度为单位进行的，因此，搞清楚一个项目属于哪一个维度是必要的，所以我们需要给项目编码。

三、调查问卷的定稿

如前所述，调查问卷的初稿中所包含的项目数量，一般比正式稿多出一倍，这时需要确定哪些项目应当保留、哪些项目应当删除，以形成最终的实测稿。这时就需要对问卷的初稿进行一次预测。预测以后，根据信度分析和项目分析的结果，删除部分引起低信度的项目，最后保留下来的项目就形成实测稿。上述过程叫作问卷的定稿。下面分别就问卷的预测与项目的删减进行介绍。

（一）问卷的预测

预测问卷的目的，是为初稿中的项目去留提供依据。因此预测的样本不需要很大，可以在与实测样本同质的群体中抽取容量为 30~40 人的样本即可。比如要调查理科教师的教学观念，可以在一所中学里抽取 30~40 名理科教师作为问卷预测的样本，这些教师最好是不参加最终实测的。因为在一个不长的时间段里进行两次同样的问卷调查，答卷者会产生厌倦情绪。预测的组织可以由所在学校的相关部门来实施，也可以由学校所属的地方教研部门帮助解决，前提是别人愿意帮你做。将填答的问卷收集上来以后，需要在问卷的各个不同维度上，利用SPSS分别做一个信度分析（具体操作方法参见本书第四章第二节）。信度分析的结果中有一个栏目，会提示研究者，若某个项目被删除，其余部分所组成的维度层面的信度值是多少。我们应当特别关注哪些被删除后，该项目所在维度的信度值反而较高的那些项目，因为这些项目的存在实际上拉低了所在维度的信度值，所以这些项目应当是我们优先考虑要删除的项目。

（二）项目的删减

到底哪些项目应当删除，信度分析的结果是重要依据，但不是唯一的依据。除了信度值的考量，我们还需要将原项目拿过来，看看它们是否真的存在问题、存在哪些问题。比如：有研究者在对问卷施行预测以后，通过信度分析发现，项目"课堂纪律是评价学生的重要依据"降低了该项目在所属维度的信度值，于是进行了详细分析。分析发现，该项目在意义上不甚清晰，可作多种理解。若改为"课堂表现是评价的学生重要依据"似乎更好，但"课堂表现"意义又较为宽泛，它既可以是"遵守课堂纪律的表现"，又可以是"完成课堂作业的表现"。如果问卷初稿中的预留项目不多，则可以将它一分为二，即拆分为两个项目，一个用"遵守课堂纪律……"，另一个用"完成课堂作业……"。如果预留项目多，则可以将其删除。又如：项目"以点评学生来控制课堂是有效的"在信度分析后也成为重点考查的对象。分析发现，该项目在表述上过于极端。有的教师虽然有管理导向的评价倾向，但他们也不会接受上述表述方式。该项目最终被删除。

除了信度分析以外，编制高质量的调查问卷还应当做结构效度分析，具体方法见第三章第四节以及第四章第二节。编制好的问卷就可以用于正式调查了。调查以后的数据统计分析方法见第三章。

第二节　开题报告

作为本科生和硕士生在读期间最后的学习内容，撰写毕业论文是每个学生都必须完成的重要任务。而在撰写论文之前又必须做好一件事，就是撰写开题报告。学界有一种说法，即一篇好的开题报告就是半篇优秀的学位论文。那么，什么是开题报告？做开题报告有何意义？我们怎样才能做好开题报告？由于开题报告中涉及论文选题意义的论述和文献综述的写作问题，所以本节从开题报告的目的与内容、研究选题的基本原则、文献综述的写作规范等三个方面展开对于开题报告书写规范的系统介绍。

一、开题报告的目的与内容

开题报告是在正式开始学位论文撰写之前所进行的一次小型的学术报告，一般在毕业前的某一个时间节点举行。对于本科生而言，这个时间节点是毕业前的三个月；对于教育硕士而言，这个节点是毕业的前一年。参与人员一般是本专业指导教师和相关学生。在实践中，开题报告有两层含义，一是指前面所说的小型学术报告会，二是指纸质或书面报告本身。因此，在正式的开题报告会之前，学生需要撰写书面的开题报告。

开题报告的主要目的，是向导师组报告学生在论文研究正式开始前的相关研究基础与研究条件。通过学生对相关问题的个人陈述，导师组成员可以从中判断该学生对于相关内容和研究方法的掌握水平和研究潜力，并以此作为能否正式开始论文撰写的判定依据。一般情况下，在开题报告会上，导师组成员会对学生论文研究的选题、研究的方法以及研究的条件等问题发表自己的意见或者建议。对于开题报告中有严重问题的，比如研究的问题不清晰、研究的方法不明确、研究的条件不成熟等，导师组会作出重新开题的决定。所以，开题报告是对于学生学位论文研究内容与研究方法适切性的一种专家视角的审查与检验，它既有利于保证学生学位论文质量，也是学生学习做研究的极好机会。

开题报告的主要内容是研究内容与研究方法，就是要讲清楚自己想要研究什么以及如何研究。具体来说，它包括研究的题目、研究的意义、研究的内容、研究的方法、研究的条件以及整个研究的时间安排。

1. 研究的选题与价值

主要介绍论文选题背景及其价值意义。此外，这里还可以将国内外的相关研究情况作出系统介绍，这就是文献综述。文献综述的内容可以包括相关概念的界定、相关的研究方法、相关的研究工具和研究结果。这一部分也将成为正式论文的开篇部分，一定要下气力写好。

2. 研究的内容与方法

研究的内容包括研究的总体框架和研究的具体内容。研究方法包括总体的方法，如质的研究方法、量的研究方法；也包括具体的研究方法，如文献分析的方法、观察法、访谈法、问卷法等。此外还可以介绍使用的研究工具，如比较成熟的调查问卷、统计软件等。如果是作实证研究，还应报告拟采用的抽样方法。

3. 有利条件与不利因素

这一部分主要介绍研究者前期研究的基础和研究条件。比如研究者对研究内容的了解情况，包括文献阅读的情况、主持或参与相关课题研究的情况、发表的相关论文等。研究条件包括导师的指导力度、文献资料的来源以及必要的时间及经费保障等。

4. 研究步骤与时间安排

这一部分主要报告研究者对于论文研究的整体安排。一般包括文献资料的收集与整理阶段、研究的设计阶段、数据收集阶段、论文撰写阶段以及论文修改阶段等。每一个阶段都应当有明确的时间划分。

二、研究选题的基本原则

开题报告中常常会涉及论文选题的问题。我们需要向导师组成员汇报自己的选题理由，具体来说，就是要向他们说明自己的选题不仅有意义，而且是合适的。学位论文的质量在很大程度上取决于论文选题的质量。一般说来，研究者在开题报告前已经有了选题方面的思考，但这种思考往往是初步的或者方向性的。因为事实上，不少研究者在整个论文写作过程中，都在不断地修正、调整自己的选题。那么，什么样的选题是好的选题呢？这要因人而异。一般而言，好的选题应当是研究者自己能够做得了的，也可能做得好的选题。具体来说，在选题时应当遵循选题大小适中、研究方法熟悉和研究条件允许三个原则。

（一）选题大小适中

选题大小适中，就是选择的论文题目，对于研究者而言，既不太大，也不太小。就学士和硕士论文而言，诸如"中国物理教育现状研究""世界物理教育比较研究"等题目就是过于宏观的题目；而诸如"一个出乎意料的问题引发的探究活动"一类的选题又过于微观和具体。可以接受的学位论文题目是"中学生物理学习质量研究""初中课改与非课改生高中物理学习情况的比较研究"等。当前我国物理教育类学位论文中存在的一个突出问题，往往是题目太大。这是因为大题目可以找到很多资料，几万字的内容可以很容易地"凑齐"。所以我们看到的学位论文，大多是"头重脚轻"：前面有大篇幅的文献综述，往往占到论文总篇幅的三分之二以上，而应当重点写的研究方法、研究过程、研究结果则一笔带过。这叫作"大题小做"。这样写出来的论文只能是文献资料的简单堆砌，因而毫无价值可言。对于学位论文，我们还是提倡选题稍小一点、研究更深入一点。也就是说，要力争"小题大做"。我们看到国外有专门研究学生学习物理的相异构想（前概念）的博士论文，也看到有专门研究学生学习数学中的概率概念的博士论文，题目都很小，但是研究得非常深入，其研究结果对于中学物理和数学的相关内容的教学具有很强的参考价值和指导意义。这都是"小题大做"的例子，值得我们认真学习和效仿。

（二）研究方法熟悉

做学位论文，选题除了要大小适中以外，研究者还应当对该选题可能采用的研究方法比较熟悉，或者有一定的研究基础，这是保证自己的论文能够做下去的重要前提。物理教育的常用研究方法一般包括三类：一是思辨的方法，二是实证的方法，三是开发的方法。学位论文采用的研究方法一般都是前两类，而我国的物理教育类学位论文绝大多数都采用思辨的方法，更具体一点说，就是文献分析的方法，但实实在在地说，做得好的不多。如果做历史文献的分析，得到一些有用的结果，使之形成一种对于当今物理教育有用的参照，这样的研究是有价值的。但如果文献分析做成了各种刊物上的文献汇总，则没有什么价值。偶尔看到一些文献分析加实证或以实证为主要方法的学位论文，但做得好的也占少数，原因是对实证方法的学习与训练不够。这里所说的学习与训练，不是简单地看几本书，或者听几次课，而是实实在在地去做研究，即在研究的过程中去学习研究的方法，这样的学习与训练更富于实效性。我们看到美国培养本科生和研究生就是采用这样一种"分解式"的训练方法来实施的，即在正式做学位论文之前，将可能用到的研究方法的学习分解到一些小型的研究中去完成，等到正式开始撰写学位论文时，研究者对于各种研究方法已经能做到驾轻就熟了，这样写出来的论文就有质量保证。因此，在研究者正式确定研究选题时，一定要做到对于可能用到的研究方法心中有数，至少有一定基础。如果不熟悉，又必须采用，那么一定要加紧学习与训练。

（三）研究条件允许

一般说来，研究条件包括内部与外部条件。内部条件是指研究者驾驭研究方法的水平，外部条件是指研究的指导条件和资源条件。其中内部条件即研究方法的问题已在上面作了说明，这里不再重复。外部条件中的指导条件，是指导师的指导能力或者导师组的整体指导水平。学位论文是在导师的指导下完成的，如果没有导师的指导或者指导不力，论文的质量一般是很难保证的。因此，在选题时，一定要考虑指导教师的研究方向和研究兴趣，最好选择与导师研究方向相近的题目，或者所选题目指导教师并不擅长，但导师组有教师比较擅长，这样才能最大限度地发挥导师或导师组的作用，论文才可能完成得比较顺利，论文的质量也才能得到保障。我们看到有的学生盲目地选择一些自己喜欢，但得不到有力指导的题目，结果自己做得很辛苦，论文却完成得不太好。这种现象是应当避免的。外部条件中的资源条件，是指获取文献资料、研究样本等研究所需资源的便利程度。如果研究者主要做文献分析，比如做"中国近现代物理教育思想的研究"，若资料不全，自己没有相关的资料储备，导师也没有，而网上很少，图书馆也很少，这样的研究就没法做下去。又比如做"我国中学生热学概念学习中的相异构想研究"，对于这样一个实证性的研究，我们可以很容易得到所在学校的学生样本乃至本地区的学生样本，但很难得到全国的学生样本。因此这样的研究就没法做下去。同样的题目如果让教育部课程中心去做就会很容易，因为他们可以调动全国各省、自治区、直辖市教研室的力量，可以将测试卷发给各个被抽中的地方的教研室，让教研室帮助去分发并回收，最后统一进行数据分析与处理。

三、文献综述的写作规范

文献综述是开题报告中的重要内容，所占比重很大。一般情况下，开题报告中的文献综述可以直接用于正式论文之中。所以从这个意义上讲，写文献综述就是写学位论文。但在实践中，我们看到多数的文献综述都写得不好，究其原因，主要是对文献综述的写作规范不熟。下面从文献综述的内容和意义、应注意的问题等方面展开讨论。

（一）文献综述的内容和意义

所谓文献综述，是指研究者对于与自己的研究相关联的国内外文献所做的系统评述。介绍和评价的内容一般包括研究主题、研究方法、研究工具、研究结论等。也就是说，我们需要向读者详细介绍：在我们将要研究的领域里，什么人做了什么研究、采用了什么方法、使用了什么工具、得出了什么结论等。那么，文献综述有什么意义呢？概括地说有三点，即展示、论证、对比。

所谓展示，就是向导师组报告自己的前期准备工作，包括看了哪些文章、读了哪些书、学了哪些方法等，这就是答辩委员们常说的"工作量"。通常一篇合格的开题报告应当体现足够的工作量。显然，这里重点考查的是开题前研究者所做工作的量。什么样的活动可以体现这个量呢？一方面，阅读能够体现工作量。比如：我们曾遇到过一名本科生，他在自己的开题报告中罗列了上百篇英文文献，有人怀疑他是否全都看过，于是随机询问了其中的几篇文章，结果他对别人提出的问题都能对答如流，这里就体现了工作量。另一方面，研究方法的学习也能体现工作量。一般而言，开题时，研究者应当基本掌握相关的研究方法和研究工具。比如：对于实证研究而言，如果开题时还不知道如何抽样，不知如何收集、统计和解释数据，我们就不能说自己已经为撰写论文作好了准备。换言之，说明自己的工作量不够。

　　所谓论证，就是通过文献综述，证明自己的研究问题有意义且方法合理。文献综述又何以证明自己所研究问题的价值意义和研究方法的合理性呢？如前所述，文献综述当中，尤其是实证研究的文献综述当中，有两项内容必不可少：一是研究主题，二是研究方法。具体地说，就是要介绍别人都研究了什么、用了哪些方法。通过分析介绍他人研究的问题，可以看到该研究尚未涉及或者尚未深入研究的部分，从而自然而然地得出自己的研究主题和需要研究的具体问题。这样的研究主题就是对别人研究的延续和深化，避免了重复性的研究，是有意义的研究。而通过介绍分析别人的研究方法，可以收到两种效果：若别人的研究方法很完美，自己可以直接采用，当然前提是别人的方法也适用于自己的研究对象；若别人的方法有缺陷，自己可以稍加完善，这也是一种改良和创新。上述两种情况下的文献综述都可以为自己拟采用的研究方法的合理性提供佐证。

　　所谓对比，就是将别人的研究结论与自己的研究结论进行比较。需要特别指出的是，在开题时，自己的研究还没有正式开始，当然不可能有自己的研究结论，这时综述别人的研究结论，是为了将来自己研究结论出来后，可以有一个对比的参照。也就是说，它是为正式论文的撰写埋下一个伏笔。

（二）文献综述应注意的问题

　　在开题报告会上，我们经常看到，文献综述是学生做得最多，但又是最不得要领的部分。当然，它们不叫文献综述，而是被称作国内外相关研究概述。两者虽称谓不同，但意思相同。为什么不得要领呢？因为缺乏相关规范的学习和训练。下面以文献综述中常见问题的剖析为线索，介绍文献综述的写作规范。

　　1. 文献综述不是相关文献的简单堆砌

　　文献综述常常是学生写得最多的部分。原因有两点：一是容易写，二是凑字数。为什么容易写呢？因为网上相关资源有很多。为什么要凑字数呢？因为开题报告中其他部分不知写什么，只有文献综述可以抄，而且一般来讲，开题报告中的文献综述可以用于正式的学位论文，正式论文又有字数的要求。所以，也就只好靠抄来的文献综述凑字数了。这就导致写出的文献综述成了文献汇编，有些综述甚至连汇编也谈不上，往往只是相关文献的简单堆砌。

　　既然不能靠抄写文献来凑字数，又不能将文献杂乱无序地堆砌在一起，那么我们该如何引用文献、梳理文献呢？首先，我们应当明确，做文献综述时，他人的文献不是可以引用，而是必须引用。关于这一点，稍后会有详细的讨论，这里不作展开。其次，引用他人文献一般有两种不同的方法。一是直接引用，就是将引用的句子或者段落打上引号，并标明出处，即标示出原作者及参考的具体文献。二是间接引用，就是将原文改写后用于自己的文献综述。不论是直接引用还是间接引用，都必须作出相应的标识，目的是让读者知道，哪些是自己的思想，哪些是别人的思想。再次，文献梳理的基本方法就是横向聚焦和纵向展开。具体来讲，就是首先以研究主题为线索，从外围到核心，这叫横向聚焦。其中核心的确定，依他人的研究主题与自己研究主题的远近而定，最近的主题就是核心。再对核心概念、核心内容、核心方法的历史演变作出梳理，这叫纵向展开。最后自然引出研究者自己的研究主题和研究方法。

2. 文献综述对于每项研究都是必要的

常常听到有学生说：我在网上查过了，我的这个选题国内外都没有人做过，因此查不到相关的文献，文献综述没法写，是不是可以不写了？这里有两个问题需要回答：其一，是否存在某些研究可以不用写文献综述；其二，没有相关研究的文献综述如何写。

关于第一个问题，不论是思辨研究还是实证研究，每一项研究都需要写文献综述，只不过不同类型的研究其综述方式有所不同而已。因为每一项研究都是在前人研究的基础上进行拓展或深化，实证研究尤其如此。例如：关于力与运动的研究，牛顿之前有伽利略，伽利略之前有亚里士多德，亚里士多德之前还有其他科学家。每个研究者的研究选题都不是凭空产生的，一定会有其思想源头，那个源头就是应当综述的对象。所以就某项选题而言，没有人做过不等于没有相关文献。

关于第二个问题，有些研究即便真的没人做过，文献综述也是可以写的。怎么写呢？举一个例子。笔者做过一个调查，是关于美国力学概念测试卷（FCI）对于中国学生适切性的研究。这个研究从前没有人做过，那么我的文献综述写什么呢？写国内其他研究者对于FCI的研究内容，因为别人都没有做过FCI的适切性研究，以此说明我的研究是有意义的。同时我还写了西方国家的一位研究者采用Rasch模型对FCI的研究方法，因为我正是采用该方法来研究FCI的。这时，写文献综述的目的就是为自己研究方法的合理性提供证据。

3. 文献综述应当概念清晰且语气平和

文献综述作为开题报告的重要内容，继而作为学位论文的一部分，应当具有相应的学术品质，那就是概念清晰、语气平和。

先说为什么要概念清晰。因为若概念不清，很多问题便无法讨论。一篇上万，甚至数万字的学位论文，很容易写着写着就发现一些概念与原先说的不一致。这是因为学位论文写作的时间较长，一般都需要经过半年甚至一年，作者容易写到后面忘了前面。因此，在文献综述中，可以考虑将相关概念的界定纳入其中。当然，这里的概念界定通常是在综述别人文献的基础上作出的。如果没有相关概念，或者他人的概念之间相互冲突，可以就相关概念提出自己的操作性定义。也就是说，在本文中，对于某概念自己是这么定义的，别人怎么用它就不管了。

再说为什么要语气平和。文献综述，作为学术成果的一部分，其灵魂就是它的客观性：不偏不倚、实事求是。当然，这不等于说，对于任何现象或问题，研究者都不能有自己的立场或倾向，而是研究者表达立场或倾向的方式应当客观、平实、不带任何感情色彩，坚持用事实和数据说话。要做到这一点，就要求研究者在做综述时，就事论事、心平气和。在我国的教育实践中，我们不时会看到，一些人写学术论文，情绪过于激动、语气过于激昂，甚至对他人进行人身攻击，这些都是缺乏学术涵养的表现。

第三节 学位论文

毕业前需要完成的论文，本科生的通常叫毕业论文，硕士生的通常叫学位论文。本书一并称为学位论文，因为本科生的毕业论文其实就是学士学位论文。在指导和评阅本科生和硕士生学位论文的实践中，我们经常看到，有相当数量的学位论文做得并不好，原因不是他们不想做，而是不知如何做。因此，在正式开始撰写学位论文之前，学习一些写作规范是必要的。本节以学位论文的内容要求、形式要求和病例分析为线索，系统介绍学位论文的写作规范和基本方法。

一、学位论文的内容要求

一般来说，不同的高校或培养单位对于学位论文的内容要求会有所不同，比如，有的要求有研究者的独创性声明并且置于封二的位置，有的要求有答辩委员会组成人员名单。但不论是哪个培养单位，其学位论文的内容一般都包括题目、摘要、目录、正文、附录、参考文献、在读期间的研究成果、鸣谢等，如图1-3-1所示。

```
题目 ➡ 摘要 ➡ 目录 ➡ 正文 ➡
附录 ➡ 参考文献 ➡ 在读期间的研究成果 ➡ 鸣谢
```

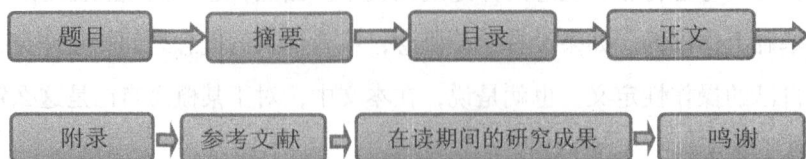

图1-3-1 学位论文的基本构成

在学位论文的基本构成即各要素中，正文所占分量最大，也是论文的核心要素。以下从论文核心要素与非核心要素两个方面介绍论文各个基本要素的内容要求。换句话说，就是告诉大家论文中的各个部分分别应当写些什么。

（一）非核心要素的内容要求

非核心要素是指论文中除正文以外的其他要素。虽然非核心要素在论文中所占比例不高，但往往也成为答辩委员判断论文质量高低的重要依据。因此，对于这一部分内容的撰写，我们切不可掉以轻心。

1. 题目

题目是学位论文的门脸。好的题目会吸引读者来看看，不好的题目会使读者转身离开。读者对论文的兴趣，常常是从题目开始的。那么好的题目应当具有哪些特征呢？概括起来有两点：一是文字简练，二是内涵丰富。

先说说题目的长度。一般认为题目不要太长，以不超过25个字为宜，也有人说最好不超过15个字。其实到底多少个字合适，要视具体情况而定。当然，字数太多肯定是不好的，因为冗长而空泛的题目常常会让人心生厌恶。

再说说题目的内容。除了文字应当简练以外，好题目还要内涵丰富。这看起来似乎有些矛盾：文字都简化了，内涵如何丰富？其实内涵是否丰富与文字是否简练没有必然联系。比如，有的题目很长但内容空泛，而有的题目很短却内涵丰富。那么论文的题目到底应当包括哪些信息呢？对于实证研究而言，好的题目应当尽量让读者一眼看出论文研究的主题、方法和研究对象。当然，不是所有的题目都得包括上述全部要素，但至少研究的主题必须让读者一目了然。

如果说，对于什么样的题目是好题目还有些见仁见智的情况，那么对于什么样的题目不好人们则基本达成了共识。一是对联式的题目。如"加强对于新课标的学习，提升对于新课程的理解"等。二是口号式的题目。如"为实现素质教育的整体目标而奋斗"等。上述题目之所以不好，是因为我们既看不出它的研究问题，也看不出它的研究对象，更看不出它的研究方法。而题目如"美国力学概念测试卷对于中国学生适切性的实证研究"则是可以接受的。因为在这里，题目的几个相关要素都十分清晰。研究主题是美国的 FCI 对于中国学生的适切性；研究对象是中国学生；研究方法是实证研究。学位论文的题目除了中文版以外，一般还需要有英文版题目，并且两种版本的题目内容上必须一致。

2. 摘要

摘要一般都要求写中文和英文两个版本。

先说中文摘要。关于摘要的篇幅。对于学士论文和硕士论文而言，摘要篇幅一般不超过一页纸。关于摘要的内容。摘要是对论文的研究内容、研究方法、研究结论的全面而客观的概括。也就是说，需要向读者介绍自己研究了什么、采用了什么方法、取得了怎样的结果、得出了怎样的结论。内容要全面，表述要客观。内容全面是指不要遗漏上述内容中的任何一项；表述客观是指摘要中不要出现带有感情色彩的词汇，语言要平实。此外，不要将摘要写成目录介绍，如"第一章介绍了……，第二章综述了……，第三章讨论了……"，要将论文研究的内容用自然而连贯的语言表述出来。要做到这一点，还是需要经过一定的训练。

再说英文摘要。英文摘要与中文摘要在内容上要求一致，所以一般写英文摘要的方法，是在中文版的基础上翻译成英文。有的同学图省事，采用网上翻译软件进行翻译，结果翻译出来的东西实在没法看。原因很简单，因为现在流行的翻译软件都还不成熟，翻译过来的文本中，出现乱用词汇、语法不通的现象很普遍。其实，借助翻译软件是可以的，但不能完全依赖它。可以接受的做法是，先用翻译软件，再对翻译过来的文本进行文字和语法上的修改。

最后补充一点：摘要后面一般还要求写关键词。关键词的作用是方便读者查询。通常需要写上 3~5 个关键的专业词汇，它们必须能够反映论文的核心内容。关键词不要太长，一般是 3~5 个字，各关键词之间用分号隔开。同题目和摘要一样，关键词也需要有中英文两个版本，并且内容必须一致。实践中，我们看到有些同学不够重视英文摘要和关键词的撰写，结果给论文评阅人和答辩委员留下非常不好的印象。

3. 目录

论文目录既是研究者撰写论文的依据，也是论文的读者（包括论文的评阅人）快速把握论文内容的切入点。好的目录对成就一篇好论文有重要作用。我们通常看到的情况是：高质量的论文都有很好的目录，而质量较差的论文单从目录上就可以看出很多的问题。比如头重脚轻、逻辑混乱、方法单一等问题。因此，目录也常常是论文评阅人重点审查的内容。

什么样的目录才是好目录呢？好目录一般都具有内容全面、层次清晰、逻辑严谨的特点。内容全面就是该有的内容都有，如引言（绪言）、文献综述、研究设计、研究过程、研究结果、结论与讨论（结语）等，而且重点应当放在后面。也就是说，后面的几项内容应当占据更大的篇幅。层次清晰就是篇、章、节、目的隶属关系清晰。篇、章的标题应当能够包含节、目的标题，而不是相反。逻辑严谨就是论文的结构严谨。具体来说，就是论文前后内容不能有重复或者交叉，文献综述中的内容都必须有用。那些可有可无的内容不应该出现在文献综述中。

什么样的内容是可有可无的呢？实践中我们经常看到，有的同学喜欢在目录中加入理论基础。这一做法本身没有错，因为任何研究都需要有理论基础。但是我们看到的实际情况常常是，理论基础成了一个框，什么东西都可以往里装。比如，有一篇调查高中物理课外活动开展情况的学位论文，在理论基础部分，就用了数千字的篇幅，写了一大堆理论，如建构主义理论、多元智力理论、后现代主义理论……在答辩的时候，当要求这名学生用自己的话简要说明上述理论与自己的研究主题有何关系时，他哑口无言。由此我们不得不怀疑：上述"理论基础"大概都是用来凑字数的。

4. 附录

一位资深论文评阅人曾说，评阅论文时，如果时间太紧，他就会重点看论文的一头一尾。这里的"一头"就是论文的目录，"一尾"就包括论文的附录。附录的作用是将不宜放在论文正文中的内容集中呈现出来，以使正文部分更加简洁。如一些相对次要的图表、过程数据、访谈提纲、访谈录音文字稿、调查问卷、物理知识测试卷等，都可以放到附录中去。而一些重要的、最终的研究结果一般要放在正文当中。附录之所以也是评阅人比较关注的内容，是因为这些数据、图表、录音文稿，甚至研究过程的照片等原始材料可以反映研究过程的真实性和严谨程度，从一个侧面反映出论文研究的规范水平和论文作者的研究素养。因此，我们提倡学生将自己研究过程中的原始材料整理好，尽量放到论文的附录中去。

5. 参考文献

除论文目录和附录以外，参考文献也是论文评阅人比较关注的内容。事实上，参考文献的确也是反映论文质量高低的重要内容。因为论文撰写过程中采用的文献资料的数量与质量，既可以反映作者收集资料的能力，也可以反映作者使用资料的能力，这两种能力都是研究能力的重要组成部分。比如，研究科学史或者物理学史方向的题目，参考文献中就应该有相当数量的古代文献资料，并且还必须能够读得懂、用得上。又比如，做中美物理教育思想的比较研究，参考文献中就必须有相当数量的外文资料，同样也必须读得懂、用得上。再比如，做实证方面的题目，就必须有相当数量的相关研究方法与研究案例方面的资料。如果缺乏这些相关资料，有经验的论文评阅人是可以一眼看出来的。如果评阅人认定我们的研究资料不全，我们的论文质量等级至少会降低一个档次。也就是说，研究者应当重视文献资料的收集工作。但我们也应当防止另一种倾向，即以为资料越多越好，于是将一些相关或无关的资料，甚至将自己根本没有见过的、别人写好的参考文献拷贝过来，粘贴到自己的参考文献中去。结果就是，罗列出来的文献很多，真正使用的文献很少，这一点专家也是能够看得出来的。因此，在撰写参考文献问题上的正确态度是，既要尽力收集足够多的资料，又不能滥竽充数。

6. 在读期间的主要成果

这一栏是学位论文中，除附录和参考文献以外的另一个"尾"。主要写学生在读期间正式发表的，或者接到正式录用通知的论文，一般单独占用一页。论文排列要有一定的顺序，一般按照发表日期的先后排列。这些论文既可以是学术刊物上发表的论文，也可以是各种会议论文。通常与会者的论文都可以发表在会议论文集上，除非论文质量实在太差。因此学生特别是研究生在读期间应当尽可能去参加各种会议，一来可以学到一些有用的东西，二来还也可以发表几篇会议论文。另外，学生要有主动写文章、主动投稿的意识，而且越早越好。笔者个人的体会是，将授课老师的每一篇作业都按照能够发表的文章标准去写，然后"一稿两投"：一篇作为作业交给老师，另一篇投给学刊编辑部。实践证明这种做法确实有效。需要说明的是，论文评阅人一般以学位论文本身的实际质量来评价论文，但他也不可避免地会受到学生发表论文的数量与质量的影响。比如，一名学生发表了好几篇高质量的论文（基本上可以从刊物的影响力上作出判断），评阅者就不太可能将他的分数给得很低。相反，一名学生没有发表什么文章，他的学位论文得分往往也不可能很高。另外，我们要注意，不要将投出去但还没有接到录用通知的论文写进这一栏，这样做只会给自己带来负面影响。

7. 鸣谢

通常这是学位论文的最后一部分，有的学位论文用"鸣谢"，有的用"后记"，意思都一样，它是论文作者对相关人员表示谢忱的地方。一般来说，一篇学位论文的完成会得益于研究者周围许多人的帮助。除了导师、导师组其他成员和同学以外，还有帮自己查找资料、提供资料、协助调查的人，甚至还包括所有研究对象。这里给大家的建议是，只要是在研究过程中为自己提供过帮助的人，最好都写进鸣谢或者后记中去，这样既反映出自己知恩图报的人品，也可以从侧面印证研究过程的真实性。我们经常看到的学位论文，其鸣谢部分通常就是几句感谢的话，如感谢张三、感谢李四、感谢王五，然后就结束了。这样的鸣谢不如不写。如果将别人如何帮助自己，在哪些方面帮助自己写得稍稍具体一点，读者会感觉更真切、更可信。我们提倡写后记而不是写鸣谢，原因很简单：后记可以记录下自己在论文撰写过程中的酸甜苦辣，可以记录下自己的收获与感悟。这些东西对于自己的读者，尤其是对准备撰写学位论文的师弟师妹们来说，是极具激励与启示作用的宝贵经验。而所有这些，用鸣谢的方式做不到。

（二）核心要素的内容要求

论文的核心要素就是论文的正文。论文正文又应当包含哪些内容呢？

就实证性论文而言，正文部分一般包括研究背景、研究设计、研究结果以及结论讨论等内容，如图 1-3-2 所示。下面分别就上述四部分的内容要求进行一一介绍。

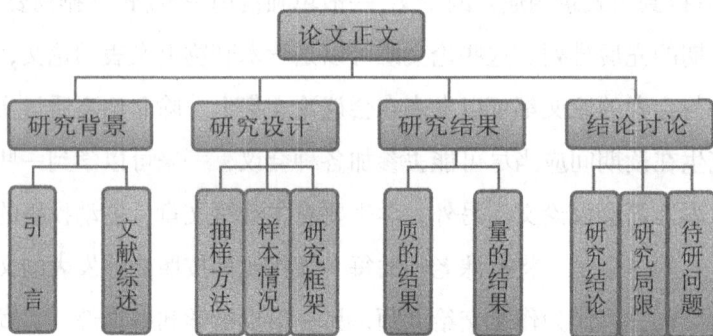

图 1-3-2　论文正文结构

1.研究背景

研究背景简要介绍论文研究的问题、方法以及目的意义，同时还对相关的研究进行综述。具体来说，研究背景一般包括两项内容，一是引言，二是文献综述。

研究背景中的第一个内容叫作引言。引言又称为绪言或导语，是写在论文正文最前面的一段话。一般回答论文研究什么、为何研究以及怎样研究等问题。引言无须太长，对于学位论文而言，一两页即可。它的作用是让读者在最短的时间里，把握论文的基本脉络。但与论文摘要相比，引言篇幅又得相对长一点，因为读者在摘要中看得似懂非懂的内容，就得在引言中基本看懂。比如摘要中出现一些概念，它们可能是有歧义的。也就是说，不同的人可能对它们有不同的理解。由于摘要受字数限制，研究者不可能在摘要中对它们进行详细的解释，这时，引言就可以发挥作用了。其实引言的一个基本功能就是让读者了解论文中的一些关键概念———些读者不太熟悉的概念，我们需要给他们作介绍。一些有歧义的概念，我们需要给他们下操作性的定义。至于研究方法，引言中可以有简单的说明，但无须太详细，因为在研究设计中还会有更为详细的介绍。需要特别提醒的是，写引言时不要写研究结论，因为那是论文最后需要阐释的内容。研究背景中的第二个内容是文献综述。由于文献综述已在开题报告中作了详细讨论，这里不再重复。

2.研究设计

研究设计部分需要介绍的内容有抽样方法、样本情况、研究框架等。下面分别就上述内容进行介绍。

（1）抽样方法。

对于实证研究而言，抽样是研究者必做的工作，也是在研究设计部分需要向读者作出详细说明的内容。先说说什么叫作抽样。所谓抽样就是按照一定的规则，从总体中抽取一定样本的过程。我们为什么要抽样呢？因为任何一项调查都不可能穷尽，也没有必须穷尽总体中的每一个个体。统计学家以大量的事实告诉我们，我们只需抽取总体中的部分个体作为样本，通过科学合理的统计方法，得出相应的样本统计量，这个统计量就能以我们可以接受的误差来反映总体的基本情况。抽样方法有很多，这里介绍两类常用方法。一类叫作概率抽样。所谓概率抽样，是指总体或者各个层级中的每一个个体被抽中的概率都相同的抽样方法。概率抽样方法中的常用方法也有两种，一是随机抽样。就是按照完全随机的方式来决定样本。这种抽样方法中，总体中的每一个个体被抽中的概率是一样的。二是分层抽样。就是先将总体分为几个不同的层次，然后在各个不同的层次中分别进行随机抽样。还有一类抽样方法叫作非概率抽样，如研究者常用的方便抽样和目的抽样。方便抽样就是研究者抽取对自己而言最接近、最方便、最有可能进行研究的对象为样本的抽样方法。该方法对于研究资源有限、同时也无须过多考虑研究结论推广性问题的研究者而言，是较为合适的。学位论文的作者很多都属于这种情况。还有一种非概率抽样的方法叫作目的抽样。所谓目的抽样，就是研究者根据自己的主观判断和需要来确定样本的抽样方法。比如，我们想调查物理学困生厌学的主要原因，就可以找到班上物理成绩为后三分之一的学生作为研究的样本。与方便抽样一样，目的抽样也比较适合学位论文研究。

（2）样本情况。

除了抽样方法以外，介绍样本的基本情况，也是实证性学位论文的必备内容。实证性学位论文中，一般会同时采用访谈法和问卷法。因此就应当同时呈现访谈的样本和问卷调查的样本。学位论文呈现样本情况的方式有两种：一种是陈述式，另一种是表格式。陈述式的呈现方式，就是采用文字描述的方法，介绍样本的基本情况，如 "本研究的样本为来自某中学高一年级 10 个班级的 498 名学生，其中男生 251 人，女生 247 人……"。表格式的呈现方式，就是将样本情况用表格呈现出来。如果样本的人口学情况很简单，一般用陈述式，如上例。若样本的人口学情况较复杂，就需要用表格式，如除了需要呈现样本的性别以外，还需要呈现样本的家庭经济收入、父母的文化程度、个人的兴趣爱好等内容，以表格呈现就是更好的选择了。

（3）研究框架。

一篇上万甚至数万字的学位论文，如果没有一个清晰的研究思路，就会写得很杂乱。因此，撰写作为论文主体部分的正文需要提前建构一个明确的研究框架。论文的研究框架一般在开题报告中就要体现出来，当然开题报告中的研究框架往往只是初步的，需要在论文撰写的过程中不断地加以调整和完善。比如，在论文撰写的过程中，研究者发现有些地方需要补充一些内容，有些地方由于材料不足，或者研究条件不具备又需要删除一些内容，这些都会导致研究框架的局部调整。研究框架应怎样构建呢？首先我们要明确自己所要研究的内容是什么，研究的问题是什么。这似乎是一个不是问题的问题：难道研究者对于自己研究什么都不知道吗？也许一开始是知道的，但在写作的过程中可能就忘记了，写着写着就跑题，因为毕竟是一篇十几页甚至几十页的论文，经历的时间也很长，发生这样的事情并不奇怪。所以一个有效的解决办法是，罗列出自己所要研究的主要问题和具体问题，厘清这些问题之间的相互关系，包括解决这些问题的方法、程序和阶段划分，这一过程其实就是构建研究框架的过程。研究框架一般是要在论文中体现出来的，通常放在研究设计部分。下面分别举一个研究问题的实例和一个研究框架的实例。[①]

一个研究问题的实例：

问题1：中学理科教师具有什么样的学业评价观？

问题2：中学理科教师的学业评价观有什么样的特点？

问题3：中学理科教师的学业评价观对其教学方式有什么样的影响？

对于问题1的调查将采用质的方法，它又可以分解为下列的若干亚问题：

1.1：中学理科教师学业评价观的维度都有哪些？

1.2：从深度访谈了解到的教师学业评价观都有哪些种类？

1.3：各类教师学业评价观都有什么样的内涵？

1.4：各类教师学业评价观之间都有些什么样的关系？

1.5：这些教师学业评价观与相关研究得到的教师学业评价观之间有何异同？

① 吴维宁.理科教师学业评价观研究［D］.广州：华南师范大学，2007：49-54.

对于问题 2 与问题 3 的调查将采用量的方法，它们又可以分解为下列若干亚问题：

2.1：怎样运用量的方法评估教师的学业评价观？

2.2：量的资料能够支持由质的方法得到的关于教师学业评价观的研究结果吗？

3.1：中学理科教师具有什么样的教学方式？

3.2：中学理科教师学业评价观与其教学方式有什么样的关系？

需要特别指出的是，研究问题应当能够涵盖自己所研究的全部内容，并且也是论文结尾处所需要回答的问题。如果某些问题不能回答，也需要作出说明。

一个研究框架的实例如图 1-3-3 所示。

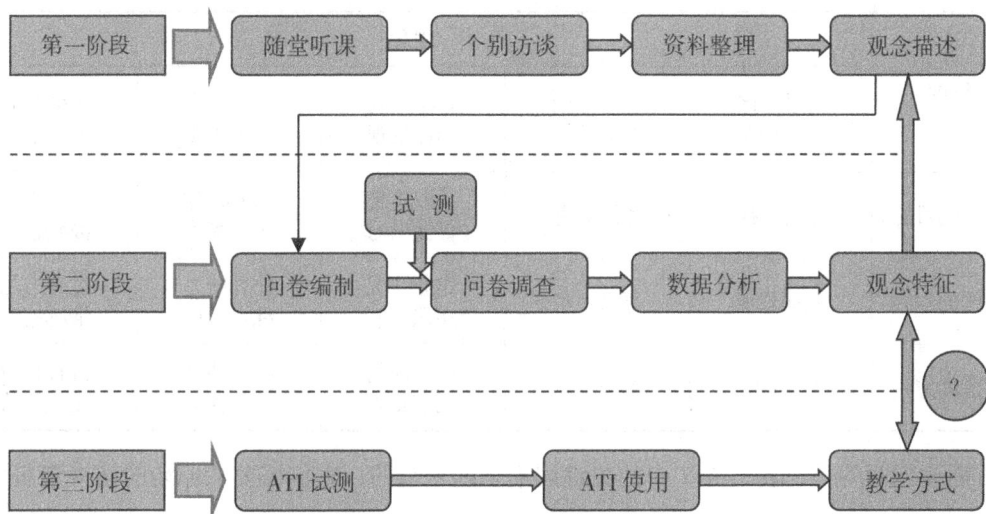

图 1-3-3 研究框架结构

如前所述，研究框架中应当包括研究阶段的划分、研究过程的安排、研究工具的运用、研究数据的整理等，也包括各个研究阶段之间的相互关系。一般来说，研究过程中的各个具体环节都需要作出详细的说明。比如，上面的图例中的课如何听、访谈如何做、资料如何整、问卷如何编、调查如何实施、数据如何分析等内容，都要作出说明。

此外，若论文研究同时采用了质的方法和量的方法，则除了抽样方法、样本情况和研究框架以外，还需要分别对质与量的两种方法进行单独的说明。

3.研究结果

如果研究同时采用了质与量的方法，那么结果中就需要分别报告两种方法的研究结果。

（1）质的研究结果。

质的研究结果呈现的主要是部分访谈材料和访谈结果。呈现的访谈资料应当是关键的、能够支撑研究结论的内容，而整个访谈的文字文本还是要放到附录中去的。如果访谈的文字文本超过三行，应当单独用一个段落来呈现，左端应当缩进两列，并且使用不同于宋体的另外一种字体（如斜体、楷体等）。如下面的一段关于提问功能的访谈资料。

> 提问可以组织教学。我今天的课堂上就出现一名学生东张西望，我想他是想看一看后面坐着的老师们对于我讲课的反应。这时我就对他进行了提问。如果有学生注意力不集中，就可以对他进行提问，以这样的方式告诉他：我们现在在上课。

——教师 A

质的研究结果除了需要呈现有代表性的访谈资料以外，还可以用表格的形式来呈现整个研究的结果。表 1-3-1 所呈现的就是一个关于评价观的质的研究结果。

表 1-3-1　物理教师学业评价观一览表

维度	观念				
	管理导向的评价观	升学导向的评价观	教学导向的评价观	能力导向的评价观	主体导向的评价观
评价的目的	维持纪律	备战高考	获取信息督促学习	激发兴趣培养能力	个性发展鼓励创新
评价的内容	纪律表现	高考考点	作业情况知识掌握	物理能力综合素质	过程方法情感态度
评价的方法	课堂点评	考前训练	课堂提问纸笔测验	科技活动实验探究	过程评价多元评价

需要说明的是，表 1-3-1 中的关键词不是随意写的，它们需要从原始的访谈资料中经过编码等一系列规范的程序而逐步提炼出来。目前在国际上，质的研究方法在教育教学领域已经有了广泛的运用，而我国对于相关方法的运用和普及还很不够，虽然有不少人在用访谈的方法，但规范度普遍不高，所以我们需要加强质的方法的学习和训练。另外，质的方法也不局限于访谈，还有口语报告等其他方法。研究的内容也不局限于观念研究，也包括物理教学中重点、难点问题的研究。作为实证研究的一类特殊方法，质的研究方法将在第二章中作详细介绍。

（2）量的研究结果。

量的研究结果通常用统计图表的方式来呈现。一般说来，统计图所呈现的内容相对简单，但视觉感较强，便于读者快速把握数据的基本特征。如图 1-3-4 所示就是用直方图表征的某量表均值。

其实除了直方图，还有其他一些非常直观的统计图，如圆饼图、条形图、折线图等，用专门的统计软件 SPSS 可以轻松实现。具体操作方法将在第三章进行详细介绍。

同质的结果呈现规范一样，量的结果的呈现也要遵循重点优先的原则，就是要将那些明显地能够支持研究结论的统计图表，拿到结果部分来呈现，而将其他同样能够说明问题，但相对次要的图表放到附录中去。

统计表能够呈现相对复杂的统计数据，但直观性较统计图来说相对较差。所以在

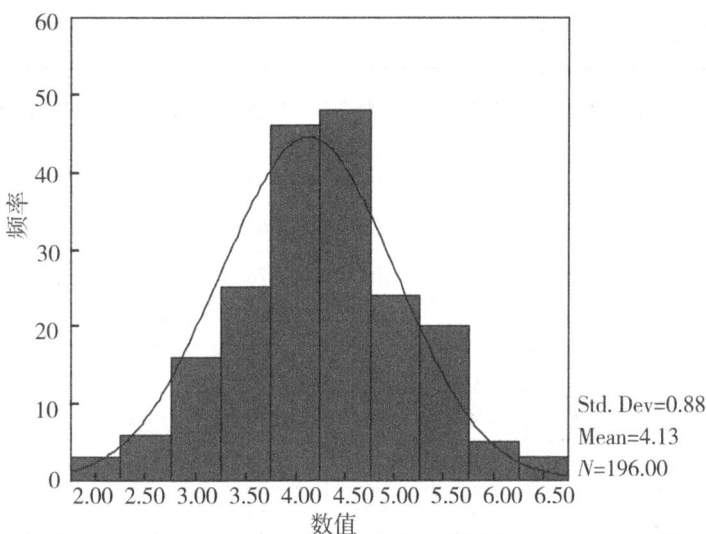

图 1-3-4 某量表的均值

量的结果部分，通常是将图和表结合起来使用。用统计表来呈现的内容依照不同的研究课题而各不相同，但一般都会呈现两项内容：测量工具的基本指标以及具体的测量结果。其中测量工具的信度指标是多数研究都需要呈现的内容。表 1-3-2 是某调查问卷各分量表的信度指标一览表，其信度值通常采用克龙巴赫系数 α。关于信度的相关概念，详见第四章第二节。

表 1-3-2　问卷各分量表的信度指标

量表	题数	均值	标准差	信度 α
管理导向 F_1	5	15.06	3.67	0.72
考试导向 F_2	5	18.29	3.43	0.71
教学导向 F_3	4	14.98	2.59	0.61
能力导向 F_4	7	24.78	5.10	0.83
主体导向 F_5	6	21.56	3.82	0.73

表1-3-3所示是一项物理教师观念研究中有关性别差异的独立样本 t 检验的测量结果。它可以直观地告诉我们，不同性别的教师在某些观念上有无差异。具体的数据解读方法，将在第三章第三节中详述。

表 1-3-3　性别差异的独立样本 t 检验

评价观	性别	人数	均值	标准差	均值差	t 值	df	2-tail Sig.
管理导向 F_1	男	104	3.06	0.69	0.10	0.98	194	0.33
	女	92	2.96	0.78				

（续表）

评价观	性别	人数	均值	标准差	均值差	t 值	df	2-tail Sig.
考试导向 F_2	男	104	3.67	0.68	0.03	0.26	194	0.79
	女	92	3.64	0.69				
教学导向 F_3	男	104	3.76	0.62	0.03	0.25	194	0.80
	女	92	3.73	0.68				
能力导向 F_4	男	104	3.58	0.74	0.09	0.82	194	0.41.
	女	92	3.49	0.72				
主体导向 F_5	男	104	3.64	0.66	0.10	1.19	194	0.24
	女	92	3.54	0.60				

需要说明的是，我们在将由计算机输出的统计表复制到论文中去的过程中，会出现一个问题，需要我们作出抉择：计算机输出的数据表很原始，从而真实可信，但同时会很粗糙，简单地说就是不太好看。在这里我们建议，将量的结果部分呈现的数据放到一个重新绘制的统计表中（这样会更好看），并将计算机输出的原始数据表直接放到附录中去（这样会更可信）。我们还要注意一个问题：在复制粘贴数据的时候，数据是可以改动的，但作为实证研究人员，我们切不可这样做，因为如果这样做了，实证研究也就丧失了它的生命力。那么结果中若是出现了不同于我们预期的数据该怎么办呢？解释它，包括抽样的误差、测量的误差、环境因素等，都可能成为不符预期数据产生的原因。我们只能解释而不能造假，因为真实性是实证研究的灵魂。

4.结论讨论

作为论文正文的结尾部分，结论讨论部分主要回答三个问题：一是从研究结果中可以得出怎样的结论？我们称之为研究结论。二是研究还存在哪些问题？这就是研究局限。三是还有哪些问题尚待研究？即待研问题。

研究结论有狭义与广义之分。狭义的研究结论是从研究结果中提炼出来的，它是对研究结果的高度概括和客观总结，不包括任何形式的价值判断。广义的研究结论除对研究结果作出一番概括总结之外，还包括一些价值判断，如对研究结果价值意义的主观判断。我国学位论文的撰写规范明显属于后面一种情况，也就是既有客观描述，也有主观判断。因此研究结论其实是对整个研究的选题、研究的过程、研究的结果及其价值意义的全面总结。

研究局限部分需要对研究中存在的问题进行讨论。比如：由于研究资源的限制，研究样本抽取过程中可能存在误差；而研究样本的限制，又对研究结论的外推形成制约；测量工具中可能存在的问题包括从英文翻译而来的问卷可能不符合本国国情，自行编制的问卷又可能在信度和效度上存在问题等。

待研问题就是有待进一步研究的问题。任何研究都是在前人研究基础上的拓展，也不可能一劳永逸地解决某一领域内的所有问题，因为真正有价值、有意义的实证研究都是"小题大做"，即研究的口径小而纵深大。所以在论文的最后可以针对后续研究提出建议或者展望。

在结论讨论部分，除研究结论、研究局限和待研问题等三项内容之外，对某些实证研究，尤其是某些质的研究而言，还需要对研究过程中的信度与效度进行分析，并对研究关系等研究伦理问题进行讨论。当然，这里的信度和效度分析，在概念和方法上都与量的研究不同。对于研究伦理的讨论也有特殊的规范和方法。这些都需要我们进一步学习和训练。

二、学位论文的形式要求

要做出一篇高质量的学位论文，不仅要在方法、内容上下足功夫，在论文形式上也必须做到符合规范。学位论文在形式上的规范要求，主要体现在注释和参考文献上。

（一）注释的形式要求

这里所说的注释，既包括对于论文中某一特定内容所作的进一步解释或者说明，也包括对于参考文献出处的标注。比如，笔者曾写过一篇文章，标题为"实证的美国物理教育研究"。有人可能会问："你讨论的物理教育研究方法是大学物理还是中学物理呢？"显然，这里是需要作一些说明的。因为在我国，中学物理教育研究和大学物理教育研究是分开的，而在美国则是合而为一的。他们的学术会议是一起开的，学术期刊也不分大学和中学。所以在此笔者作了一个注释。又比如，我们在论文中采用了某人的观点或者研究结论，就要在论文中标注其出处，如某人发表在某年某月的某一个期刊上，并且标上页码。再比如，若在我们的论文中出现了"课程"这个概念，而迄今为止，人们对于"课程"概念的理解尚未完全统一。事实上，当前人们对于课程概念存在着三种不同的理解，即三种不同的课程观。大课程观认为，课程包括教学；中课程观认为，课程与教学并列；小课程观认为，课程从属于教学。论文中出现的"课程"一词，如果没有在文献综述部分作出界定，我们就必须在论文中第一次出现该词的地方作出界定性的注释。通过这种方式可以告诉读者，我们正在或者将要在什么意义上使用"课程"一词。

注释是一种很重要的学术规范，它既可表明作者对于他人学术成果的尊重，同时也具有推介这些研究成果的作用。因为对某一个注释感兴趣的读者可以按照注释查找相关的原始资料，这样无形中就帮助了读者。此外，注释还可以让读者清晰地看出论文中哪些东西是作者自己的，哪些东西是别人的。这一点对于论文评阅人来说就显得特别重要，因为他需要从论文中看出作者的研究工作量和属于作者自己的观点或者研究成果，从而对于论文质量作出判断。论文需要引用别人的观点和研究成果，或者说，有些研究成果是建立在别人成果的基础之上的，所以引用别人的东西不仅是允许的，而且是必须的。但遗憾的是，我们看到很多的学位论文，实在是看不出哪些东西是作者自己的，哪些东西是别人的，统统混在一起，凑成一个类似文献汇编的东西。严格地讲，连文献汇编都称不上。究其原因就是不会作注释。那么，应当怎样作注释，或者说注释有哪些规范要求呢？学位论文中的注释，通常有三种方式。

1. 脚注

脚注就是在需要加注的地方加入注释，而注释的文本在该页的最下方，一般使用比正文小一号的宋体字。脚注是目前国内学位论文采用率最高的一种注释方式，因为它具有既便于注释，又便于阅读的优点。但它也有一个缺点，就是可能占据较大的页面空间。我们看到有些学位论文，尤其是某些以考据为主要方法的论文，其注释往往占据整个页面的一半，有时甚至是一大半。下面对插入脚注的操作方法作以说明。

第一步，先点击需要插入脚注的地方，此例应点击处为"PBL"与破折号之间，如图1-3-5所示。然后点击选项栏中的"引用"按钮，再将光标拖至"插入脚注"按钮并点击该按钮。

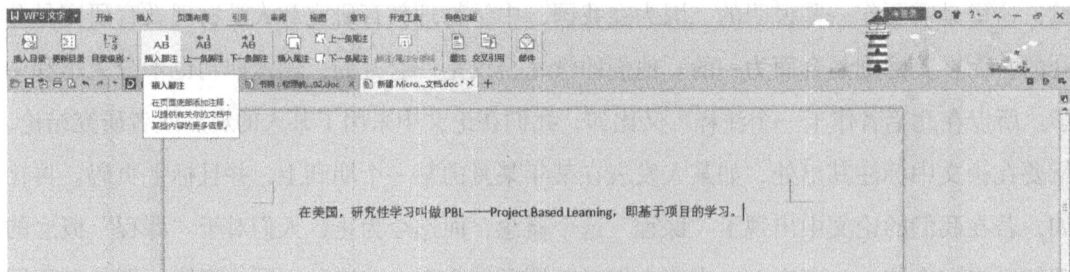

图1-3-5　脚注插入方法之第一步

第二步，在点击"插入脚注"按钮之后，电脑屏幕上出现图1-3-6所示：一是在"PBL"的右上角出现了一个"1"，它表示该页插入的第一个脚注；同时，在页面的最下端出现了一道横线，并且在横线的下面还出现了一个"1"。

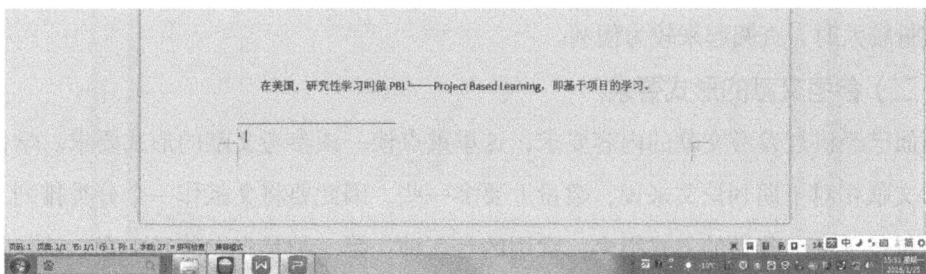

图 1-3-6　脚注插入方法之第二步

第三步，点击横线下面"1"后面的空间，这时光标就落在"1"后，这时就可以将想要的注释内容标注上去，如图 1-3-7 所示。

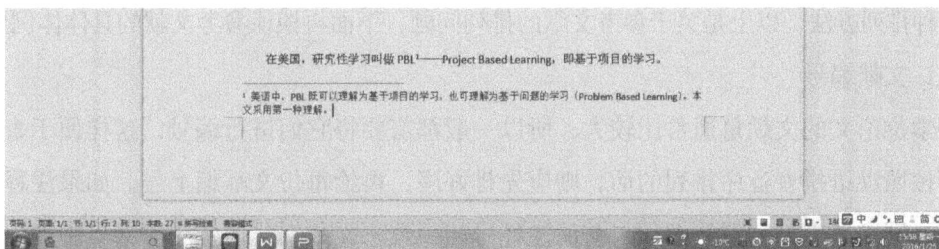

图 1-3-7　脚注插入方法之第三步

2.尾注

顾名思义，尾注就是注释文本放在论文最末尾的注释方式。它的优点是不占用正文的页面空间，使整个页面看起来很整洁，缺点是由于注释放在整个论文的最后，所以读者要想看到注释的文本内容，就得翻到论文的最后，很不方便。所以现在采用尾注的硕士论文不多，而期刊文章则多为尾注，因为期刊文章多半只有几页，看尾注的文本不是很麻烦。尾注的插入方法与脚注大致相同。不同之处在于，尾注操作中在点击"引用"后应点击"插入尾注"，而此时电脑屏幕上光标将出现在论文的末尾，这时便可以在光标处作出所想作的标注了。具体操作步骤不在此赘述。

3.括注

括注就是在需要加注的地方用圆括号将作者姓名及其发表年份括起来，然后在论文最后的参考文献中详细列出其出处。比如，吴维宁在《物理教师》2008 年第 6 期上发表了一篇题为《高中物理新课程学业评价对策研究》的文章，如果直接引用了其中的一个观点或者结论，我们就可以采用下面的括注方式加以注释：……（吴维宁，2008），然后在论文最后的参考文献部分写下这篇论文的出处：吴维宁.高中物理新课程学业评价对策研究［J］.物理教师，2008（6），并且标注出页码。需要说明的是，括注在国外的各种文献中被普遍采用，但国内采用得还不多，尤其是在学位论文中。括注的优点是标注方便，且在参考文献数量较大时，查阅起来较为便利。

（二）参考文献的形式要求

前面已经讲过参考文献的内容要求，这里重点谈一谈参考文献的形式要求。学位论文的参考文献相对于期刊论文来说，数量上要多一些，因此要将文献作一个分类排列，否则就会显得很零乱。分类的方式很多，常用的有三种：第一种是先专著后文章。就是将专著统一放在前面，文章统一放在后面。第二种是先中文后外文。就是将中文放在前面，外文放在后面。第三种是按照汉语拼音音序排列。不管是专著还是文章，统一排列。对于参考文献较多的学位论文，这是最为常用的方法。而采用括注的论文的参考文献基本上就是采用这种排列方法。以上是关于参考文献的排列问题，下面再谈谈参考文献的具体体例要求。

1.文献编号

学位论文的文献量通常比较大，所以一般都需要将它们进行编号，这样便于查找。如果是按照汉语拼音音序排列的话，则应先排好序，再给每份文献编上号。如果注释用的是脚注，则参考文献的编号必须与前面注释号一致。文献编号通常用方括号中加阿拉伯数字，如［1］、［2］、［3］等。

2.作者署名

若参考文献的作者只有一人，可以写作者名加上"."号，如"张三."；若作者不止一人，则可以在不同的作者之间用逗号隔开。当作者人数超出三人时，只列前三名作者，其后加"，等"。如"张三，李四，王五，等."。

3.图书期刊

参考文献一般分为图书文献和期刊文献两类。图书文献的体例是：作者名.书名［M］.出版地：出版者，出版年：页码范围。如"吴维宁，朱行建.物理学业评价方法与案例［M］.北京：北京师范大学出版社，2015：47-50."。期刊文献的体例是：作者名.文章标题［J］.期刊名称，出刊年（期）：页码范围。如"吴维宁.美国力学概念测试卷对于中国学生适切性研究［J］.考试研究，2013（6）：3-8."。

4.文献类型

参考文献的类型用方括号［］中间加上英文字母来区分。如图书文献为［M］、期刊文献为［J］、学位论文为［D］、会议论文或者论文集为［C］、研究报告为［R］等。比如：

［1］张筑生.微分半动力系统的不变集［D］.北京：北京大学数学系数学研究所，1983.

［2］瞿葆奎.教育学文集教育与教育学［C］.北京：人民教育出版社，1993：758-759.

[3] 魏新. 关于扩大高等教育规模对短期经济增长作用的研究报告 [R]. 北京：北京大学高等教育科学研究所，1999：13.

其中，文献 [1] 表示一篇学位论文（通常表示博士或者硕士学位论文）；文献 [2] 表示一篇会议论文；文献 [3] 表示一篇研究报告。

三、学位论文的常见问题

撰写学位论文，是本科生和硕士生毕业前必须完成的一项工作，它既有很强的理论性，又有很强的实践性。说它有理论性，是因为做学位论文一般都要查阅大量的文献，论文中还需要有作者自己的理论思考。说它有实践性，是因为它需要将在读期间学到的研究方法付诸实践。然而，在实践中我们看到，有相当数量的学位论文，既无理论又无实践。也就是学界常说的"理论上上不去，实践上下不来"。究其原因，除了个别学生是因为态度不端正以外，多数学生都是想做好而不知道如何做。具体来说，学位论文中常见的问题主要有大题小做、头重脚轻和缺乏规范。

（一）大题小做

所谓大题小做，是指论文的题目很大而研究不深。比如有学生做《中国物理教育现状研究》。这是一个很大的题目。这样的题目别说是让本科生或者硕士生去做，就是让博士生去做也很难。但是为什么会有人选择这类题目呢？因为题目越大，可以"填充"的内容就越多。这些用于填充的内容可以很方便地从网上下载得到。且不说这样的论文能否通过"查重"的检验，就算通过了又有何用呢？这样的论文就连文献汇编都谈不上，更说不上有任何理论价值或者实践意义。因此做学位论文，我们提倡小题大做，就是题目尽量小一点，研究得尽量深一点。比如，笔者在美国读过一篇研究中学生学习物理的相异构想的博士论文，题目非常小，只研究物理学中力学部分的相异构想，但其研究非常深入，因而其研究结果就对教学具有很强的指导意义。其实对于实证研究而言，小题大做是有前提条件的，就是研究者必须熟悉研究方法。因为只有熟悉研究方法，才能收集到有用的数据，继而对数据进行科学的分析，从而得出可靠的研究结果，并在此基础上获得研究结论。而数据的收集和分析整理往往会占据论文的大部分篇幅，这个时候，你不可能也不需要再去抄袭别人的东西。因此在做学位论文之前，初步掌握相关的研究方法是十分必要的。

（二）头重脚轻

所谓头重脚轻，是指论文前重后轻。具体来说，就是理论基础部分写得很多，而真正应当成为论文主体的研究方法、研究过程、研究结果和结论讨论部分却写得很少。这在我们见到的学位论文中不在少数。笔者评阅过一篇硕士学位论文，论文做的是科技活动课程的理论与实践研究。从论文目录上可以看出，该论文头重脚轻的特征十分明显。理论基础部分占据论文的三分之二以上，实证研究部分不足三分之一。而所谓的理论基础，只不过是一些从理论书籍中抄袭过来并且是食而不化的东西。该论文中，理论基础部分充斥着各种"高、大、上"的理论和主义：什么多元智力理论、认知弹性理论、认知结构理论，还有建构主义、后现代主义等，洋洋洒洒数千言。可是在论文答辩会上，当笔者向论文作者提出："请你简要说明后现代主义与你的研究问题之间的关系"时，该生无言以对。而实证研究部分，也没有介绍研究工具和统计方法，显然缺乏研究规范的学习和训练。即便是纯粹的理论研究，也绝对不是简单的文献堆砌，同样需要相关规范的学习和训练。所以，我们可以说，要避免学位论文头重脚轻的问题，还是需要加强研究规范方法的学习和训练。

（三）缺乏规范

所谓缺乏规范，是指论文作者没有基本的论文写作规范意识。最为突出的表现，就是整篇论文没有一处注释，或者参考文献的标注。笔者参加论文评阅多年，几乎每年都会看到一两篇这样的论文。整篇论文看下来，完全不知道哪些东西是论文作者的研究结果，以及哪些东西是别人的研究成果。这不免让人怀疑其中是否还有属于论文作者自己的东西。前面说过，做学位论文，引用别人的东西，不仅是允许的，而且是必须的。但是不作任何参考文献的标注则是不允许的，也是十分缺乏学术规范的表现。除了不作注释和参考文献标注以外，还有一些实证调查类论文，既不介绍抽样方法、样本情况，也不介绍调查问卷的编制过程，或者只简单介绍但没有将相关问卷和访谈提纲放入附录等，都是缺乏论文写作规范的表现。

综上所述，学位论文写作过程中出现的问题，大多与规范缺失和训练不够有关。因此，我们在正式开始论文撰写之前，务必要下大力气学习掌握必要的研究方法和研究规范。

第四节　期刊论文

这里的期刊论文是指发表在公开出版的有正式刊号的学术期刊上的文章。在物理教育研究领域，这类文章又可称为物理教育或教学研究文章。无论是在职教师还是物理师范生，撰写并发表期刊论文，既是工作的需要或毕业要求，又是个人专业发展的内在需求。教育部颁发的师范教育质量认证工作指南中明确指出，教学研究的能力是教学能力的重要组成部分。因此，无论是中学在职教师还是在读的本科师范生，乃至物理教育方向的硕士研究生，都需要掌握物理教育研究的基本方法，学会撰写研究论文，提升教学研究能力。本节主要围绕期刊论文的选题内容与原则以及期刊论文的撰写与发表两个维度来展开。

一、期刊论文的选题内容与原则

期刊论文的撰写是基于研究的，研究者所遇到的第一个问题，就是研究的选题。选题里面学问很多。选题正确不一定会有好的研究结果，但选题错误，则一定导致研究的失败。因此准备开展中学物理教育研究者，一定要先把研究的可选领域和选题原则等问题弄清楚，再学习一些研究规划方面的基本知识，以此保证在具体的教学研究工作中少走弯路。

（一）期刊论文的选题内容

中学物理教育研究虽然属于学科性的教育研究，但是其研究领域也十分广泛。根据中学物理的学科特点，其研究领域可以分为以下三类。

1. 理论研究领域

所谓理论研究，是指把中学物理教育看作一个整体，从理论上研究其目的任务、教学原则、历史演变以及其在中学教育中的地位、作用等问题。理论研究的特点是探索面广、不确定因素多、研究周期长。典型的课题如：

（1）中学物理教育培养目标研究。

（2）中学物理教育目标分类研究。

（3）中学学生物理学习心理研究。

（4）中学物理教育中的德育研究。

（5）中学物理教育中能力培养研究。

2. 应用研究领域

应用研究注重于探索中学物理教育中的具体问题，包括教学内容、教学方式、教学方法和教学手段等问题，以及探索如何将理论研究的相关成果应用到教学实践中来。应用研究的特点是实践性强、比较实用。这类研究不仅有利于提高中学物理的教育质量，也有利于理论研究成果的检验与深化。对于中学物理教师和高校的物理师范生来说，有如下的典型课题可供参考：

（1）中学物理具体教学目标研究。

（2）中学物理教材体系研究。

（3）中学物理教学方法研究。

（4）中学物理实验教学方法研究。

（5）中学物理教育测量与评价方法研究。

（6）中学物理课堂教学评价方法研究。

（7）中学物理课外活动项目研究。

（8）中学物理复习方法研究。

（9）中学物理考试命题方法研究。

（10）中学物理教学中如何进行物理学史教学的研究。

3.开发研究领域

开发研究侧重于物理仪器、装备，教具、学具，以及物理教学视听材料，计算机辅助教学软、硬件的开发。这也是中学物理研究者乐于参加的研究领域。典型的课题如：

（1）中学物理实验仪器改进的研究。

（2）中学物理实验组合仪器试制的研究。

（3）中学物理教具、学具试制的研究。

（4）中学物理计算机辅助教学软、硬件试制的研究。

（二）期刊论文的选题原则

为了选择和确定具体的研究课题，事先需要做许多准备工作。其中最主要的是要考虑研究课题的"价值"，也就是说，要考虑这个研究课题是否值得我们去研究。我们可以从以下四个方面考虑。

（1）研究课题对当前的中学物理教育是否有针对性，是否联系当前的教学实际，对当前的教学改革是否具有现实意义和实用价值（实用性原则）。

（2）研究课题是否具有独创性，是否是在前人或别人没有解决或尚未完全解决的基础上有所推进、有所发展。否则就是重复他人的研究，那是毫无价值可言的（创新性原则）。

（3）研究课题在教育理论上是否有依据，在事实上是否有根据。否则就有可能得到错误的结论（科学性原则）。

（4）研究课题的目标是否具体、明确，开展研究后所必须具备的物质条件、组织条件和人员素质条件是否具备（可行性原则）。

为了保证研究课题符合上述原则，在研究课题初步选定后就需要对该课题作系统的、批判性的分析。这种分析还包括收集与该课题有关的各种资料和信息，以便了解他人对该课题的研究工作做到何种程度。只有经过上述分析才有可能使初步确定的研究课题进一步具体化。一般说来，对于期刊论文而言，研究课题不要过大，越小、越具体越好。

二、期刊论文的撰写与发表

期刊论文总的特点是学术性，具体表现在以下三个方面：一是创新性，对研究的教育问题提出新的见解，对教育理论有所发展，研究的方法上有所突破；二是科学性，论点明确、论据确凿、论证清晰、逻辑合理；三是实践性，教育研究的论文对教育实践具有现实意义。期刊论文表述简洁精练，突出叙述教育研究中最主要的创造性内容，注重论点与论据的一致，论据要丰富充实，论证要符合逻辑。一般而言，期刊论文不要求对研究过程作出详细叙述。

（一）期刊论文的撰写

一般而言，期刊论文撰写的步骤如下：

1. 草拟提纲

在撰写期刊论文之前，应先写好提纲。不提前写好提纲，仓促写作常常会走弯路，写不出好文章，并有可能全部返工。因此，在撰写期刊论文之前，必须对通篇内容作一番精心的设计，从题目表述，篇章结构、中心思想、内容层次、章节内容、穿插图表等，都要通盘考虑并列出提纲，然后修改完善提纲。在草拟提纲的过程中，对于搜集到的大量资料，必须经过分析、比较和提炼，进行必要的取舍和增删，精选其中最有价值的论点和论据。

2. 撰写初稿

草拟了详细提纲以后，就可以开始撰写期刊论文的初稿了。下面对期刊论文的三个主要部分（即前言、正文和结论）及其次要部分（即标题、署名、引文注释和参考文献、摘要、关键词和致谢）的要求，分别介绍。

（1）标题。

期刊论文的标题必须准确、简练和醒目。标题要能准确概括或反映文章的主要内容，使读者一看标题，就能大体知道这篇期刊论文的主题，从而产生阅读全文的兴趣。所以，期刊论文的标题必须以最恰当、最简明的词句组合，概括全篇内容，并能引人注目。有些期刊论文的标题太笼统，或标题与内容不符，或标题太长，或用夸张的字眼命题，这样的标题都不符合准确、简练和醒目的要求。有的人喜欢用大标题，以为标题大了，期刊论文的价值就大了。有的人掌握的材料很少，却要用一个大标题，结果是蜻蜓点水，深入不下去。这样的期刊论文反而没有多少价值。如果从实际出发，选用一个小一点的标题，名实相符，效果可能会好一些。为了使标题达到简练、醒目的要求，题目的字数以少为好。有时，为了便于更充分地表现主要内容，也可以采用副标题的办法。副标题可以引申主题，也可以为系列文章分题发表提供方便。虽然副标题有某些优点，但是大部分期刊论文还是不用副标题，而是直接用一个简单明了的标题。

（2）署名。

署名的目的是表明作者对期刊论文负责，并记录作者进行教育研究的过程中所作的努力和成绩，也是他们应得的荣誉。由多人参加研究工作的署名，要以他们是否直接参加全部或主要工作，能否对研究工作负责，是否作出较大贡献为衡量标准。凡是只参加部分具体工作，提供过某些材料，对全面工作不大了解，不能对期刊论文全面负责的人，不必署名，但应在鸣谢中说明他们的贡献。至于署名先后的问题，则要以贡献大小作为先后次序的标准。谁提出了研究设想，谁承担了主要研究工作，谁解决了关键问题，等等，都是衡量贡献大小的重要因素。

（3）前言。

期刊论文的前言主要阐明该项研究工作的缘起和重要性；国内外在这一方面的研究进展情况，存在什么问题；本研究的目的，采用什么方法，计划解决什么问题，在学术上有何意义。一般的学术刊物发表的论文，前言部分要力求简明扼要，直截了当，不拖泥带水。

（4）正文。

期刊论文的正文包括论点、论据和论证。有的主要阐明科学的研究方法和严谨的研究过程，以事实材料和数据论证论点的科学性和准确性；有的则依据论点与论据相结合，通过由表及里、由此及彼的推理论证，表明研究论点的正确性。学术论文必须以论为纲，论点明确，并以确凿的论据来说明论点，做到论点和论据的统一。

若期刊论文是对一项教学实验结果的描述，其本质就是一篇实验研究报告。实验报告的正文一般阐明实验研究所使用的方法，也就是要说明实验是在什么条件下，通过什么方法，根据什么事实得出实验结论的。它主要包括：

①研究课题的主要概念的定义；

②实验条件、样本容量、抽样方法；

③实验设计、实验变量和效果变量的关系、无关变量和干扰变量的控制；

④实验过程和步骤；

⑤实验数据的搜集和分析。

正文的表述往往会出现两种问题：一种是只限于表述自己的论点，而缺乏科学的论证。这种正文只有观点，没有材料，使人感到文章空洞无物、有骨无肉、枯燥无味，没有说服力。另一种是罗列大量材料，平铺直叙，不得要领，看不出其主要论点是什么。出现上述问题的原因是没有处理好事实材料与理论的关系，没有对大量的事实材料进行深层次的理性加工。撰写期刊论文必须正确处理论点和例证的关系。准备归入正文部分的丰富材料和大量数据，应经过加工整理，取其能说明论点的关键部分，而不能什么都写进正文，使正文成为材料和数据的堆积。为了科学、准确、生动形象地表达研究成果，提高说服力和可信性，减少不必要的文字叙述，正文部分常常采用若干表、图像、照片来反映数据及数据的变化关系。另外，整篇文章的撰写要用合适的语态来表达，以突出研究的客观性，从而给读者以信服感。下面举例说明这个问题。

不正确的表达方式：	正确的表达方式：
在先前的研究中，我……	先前的研究表明……
我们挑了40名中学生作为调查的对象……	40名中学生被选为调查的对象……（或）选择40名中学生作为调查的对象……
在研究中，我们假设……	研究的假设是……
我的研究方法是……	本研究的方法是……

上面正确例子中，由于避免了"我"或"我们"这样的主语，使研究的阐述更符合书面语言的要求，同时也表达得更加客观。

（5）结论。

期刊论文的结论部分，是作者经过反复研究后形成的总体论点，并指出哪些问题已经解决了，还有什么问题尚待研究。有的期刊论文可以不写结论，但应作一简单的总结或对研究结果展开一番讨论。有的期刊论文不专门写一段结论性的段落，而是把结论与讨论分散到整篇文章的各个部分。结论部分必须总结全文、深化主题、揭示规律，而不是正文内容的简单重复。因此，写结论必须十分谨慎，措辞要严谨、逻辑要严密、文字要简明准确，不能模棱两可、含糊其词。

（6）引文注释和参考文献。

教育研究成果是前人工作的继续和发展，是教育界共同努力的结晶。因此，在撰写期刊论文时，引用他人的材料、数据、论点和文章时要注明出处。这样做，反映作者严谨态度，体现研究成果的科学依据和质量，也是尊重别人劳动的表现。

引文注释分为页末注（脚注）、文末注（段落后或篇后注）、文内注（行内夹注）和书后注四种。页末注在本页文章的下端，与正文之间画一条横线，在线下方注释。段落后注是在段落的后边注释。篇后注是在每一篇文章后面，依次注释。文内注一般用小号字体，在引文后面注释。书后注则是把注释安排在全书最后。

引文注释应按引文出现先后顺序标明数码（在引用材料的右上角用阿拉伯数字标注），然后依次加以注释。注释内容包括作者姓名、文献标题、文献类型标识、书刊名称、卷数、期数、出版地、出版者、出版年、页码。

注释不但可以注明材料出处，还可以对所引用的材料加以说明，也可以对引用材料中的术语、专用名词进行解释，还可以利用注释对文中的某个问题作补充说明。

重要论文的篇末往往还附有参考文献。参考文献是指和论文有关的重要文献。书写格式如下：

①期刊类文献书写格式：

引用序号.作者（前3名，超过3名，加", 等"）.文题［文献类型标识］.期刊名，年，卷（期）：起止页。例如：

［1］吴维宁.实证的美国物理教育研究［J］.课程·教材·教法，2016（12）：115-120.

②书籍类文献书写格式：

引用序号.作者（前3名，超过3名，加", 等"）.书名（卷册次）［文献类型标识］.版次（第1版可不写）.出版地：出版者，出版年：起止页。例如：

［1］吴维宁.物理学业评价方法与案例［M］.北京：北京师范大学出版社，2015：113-115.

（7）摘要、关键词和致谢。

有的文章字数多、篇幅大，为了使读者在看全文之前对文章有个大概的了解，常常在文章的前面写一段摘要。那些篇幅较小的期刊论文，则可以不写摘要。摘要应是能够单独存在的完整的短文，必须概括全文的主要内容，起到简要介绍全文的作用。读者看完摘要以后，应能确切地知道文章的主要内容和结论，并产生阅读全文的兴趣。为此，摘要的文字要求准确精练，一般不包含评述性的描写。

关键词是能反映学术论文主题的最重要的语汇，它们列在论文的摘要和正文之间，一般3~5个。关键词必须是规范和准确的科学名词，能反映文章主题。

对于曾经指导过研究工作或研究文章撰写，或参加过某些工作，对研究工作提过有益的建议或提供便利条件，而没有在文章中署名的人，可以在文章的后面简短地表示感谢。

3. 修改与定稿

初稿写好后要反复推敲，不断修改。期刊论文和其他文章的修改一样，首先要经过反复审阅。任何文章，只要仔细审阅，都会发现或大或小的问题。经过反复修改后，还要将文章搁置一段时间（如半个月、一个月，甚至更长）再修改。因为一篇研究文章脱稿后，原有思路有"滞后性"，一写完就修改，往往跳不出原来的构思圈子。因此搁置一段时间以后再修改，原来的思路模糊了，或许会有新的思路，这时修改的效果会更好。有时，一篇期刊论文经过反复修改后，还应当邀请他人审阅，再修改。

（二）期刊论文的发表

在研究论文撰写完成以后，就要考虑发表的问题了。论文发表的第一步是投稿。怎样投稿，里面很有学问。一般而言，作者正式投稿之前，需要做好以下四个方面的研究。

一是研究期刊类型。一般说来，与中学物理教育相关的期刊可以大致分为以下三类：第一类是教育书目、索引、文摘等，这类期刊适合中学物理教师撰写论文时参考；第二类是教育学、心理学，教学法，教育技术学的期刊，这类期刊也主要用于写作论文时查阅；第三类是物理教育类期刊，这类期刊最适合中学物理教师投稿。因此，投稿之前，一定要搞清有哪些期刊可以用来投稿。二是研究期刊栏目。研究期刊栏目，就是研究期刊主要刊载哪些类型的文章，只有这样才能提高文章的命中率。三是研究投稿要求。投稿要求一般在期刊的封三或者封四上刊出（当然不是每期都有），投稿前需要非常认真地阅读投稿要求的全文，弄清楚期刊对于来稿的各种具体要求，包括文章类型、字数要求、格式要求、投稿方式、防范一稿多投的要求等。四是研究期刊范文。要在正式投稿之前，认真地阅读一两篇意向期刊刊载的文章，将这些文章作为范文来学习，看看它们的写作风格、行文方式、格式要求等。在此基础上，对自己的文章按照范文的格式进行适当修改，这样有的放矢地投出去的文章就会更加容易被接受。为满足读者在撰写和发表研究论文过程中的需要，现将中学物理教育研究中最常用的期刊罗列如下，供参考。

1. 中文期刊

《教育研究》，月刊，主要发表有关教育热点的不同观点的文章，报道地方科研情报和学术动态。主办单位：中国教育科学研究院。

《中国教育学刊》，双月刊，全国教育类核心期刊，有教育热点问题的专题讨论、一定学术水平的理论探索、实验报告和调查报告、国内外教学改革的经验和信息、全国教育研究的成果和动态等栏目。主办单位：中国教育学会。

《人民教育》，半月刊，主要有特别报道、继续教育、课程教材建设、校长治校、教育与计算机、学校心理健康教育、教育要闻等栏目。主办单位：中国教育报刊社。

《课程·教材·教法》，月刊，全国教育类核心期刊，主要有课程研究、各学科课程与教学、中小学教材与教学、教育理论与方法、师范教育教学、研究与借鉴、学术动态等栏目。主办单位：人民教育出版社课程教材研究所。

《上海教育科研》，月刊，全国中文核心期刊，主要有教育论坛、教学研究、教育调查、教育评价、教育管理、科研方法、案例评析、教育情报、信息搜索等专栏。主办单位：上海市教育科学研究院普通教育研究所。

《中学物理教与学》（复印报刊资料），月刊，主要转登同期全国各报刊有关中学物理教学的重要文章，有综合论述、教学组织管理、课程论、分析与讲解、物理实验、教学法与教学经验、参考资料等栏目，并编撰各报刊中学物理教学文章的索引。主办单位：中国人民大学。

《物理教学》，月刊，中等教育类核心期刊，中国科学技术协会优秀期刊，主要有物理前沿、教学研究、初中园地、命题与解题、国外教学、教材讨论、教学随笔、实验拾零、生活与物理栏目。主办单位：中国物理学会。

《物理教师》，月刊，中国教育学会物理教学专业委员会会刊，主要有教学改革研究、教材与教法、物理实验、问题讨论、国外教育、进修园地、物理·技术·社会、物理学家和物理学史、复习与考试等栏目。主办单位：苏州大学。

《中学物理》，月刊，中国教育学会物理教学专业委员会会刊，主要有教学论坛、教学改革、教材研究、实验研究、微机辅助教学、物理学方法论、物理与教学等栏目。主办单位：哈尔滨师范大学。

《物理通报》，月刊，主要有科学前沿、物理教育研究、物理教学讨论、物理教学改革、多媒体物理教学、义务教育、实验教学研究、物理学史、教改信息等栏目。主办单位：中国教育学会物理教学研究会和河北省物理学会。

《物理实验》，月刊，全国唯一的物理实验教学专刊，主要有实验教学、物理实验与应用、计算机与实验、实验与误差、仪器设计与使用、实验教学研究、基础教育、实验技术与技巧、问题讨论、学生园地等栏目。主办单位：东北师范大学。

《中学物理教学参考》，旬刊，主要有教育研究专论、教材教法研究、习题研究与解法、问题讨论、物理实验、物理学史、试题研究、微机与物理教学、物理·科技·社会等栏目。主办单位：陕西师范大学。

《物理教学探讨》，月刊，主要有专家论坛、教育理论探索、现代教育技术、教材教法研究、题解与教学、问题讨论、教学改革、经验交流、物理实验、新教师之友、物理·社会·技术等专栏。主办单位：西南大学。

《物理与工程》，双月刊，主要有现代教育技术、教学研究、教学改革、经验交流、物理实验、物理与工程等专栏。主办单位：清华大学。

《湖南中学物理》，月刊，主要有理论探索、物理课程、教材研究、物理教法、实验教学、实验研究、问题讨论、考试评价、竞赛研究、复习考试、课案设计、习题研究、专题研究、调查研究等专栏。主办单位：湖南师范大学与湖南省物理学会。

《物理之友》，月刊，主要有名师论坛、教学研究、实验研究、试题研究、学生园地、科学少年说等专栏。主办单位：南京师范大学与南京物理学会。

2. 英文期刊

Physical Review Physics Education Research（PRPER），是国际物理教育研究领域的权威期刊，也是 SSCI 和 SCI 双收录期刊，主要刊载教育测量与评价、教学策略和教学材料开发、科学推理和解决问题等方面的文章。

The Physics Teacher（TPT），由美国物理教师协会（AAPT）主办，SCI 收录期刊，主要刊有创新物理实验设计、教具开发、信息技术仿真等内容的文章。

American Journal of Physics（AJP，《美国物理学杂志》），由 AAPT 主办，SCI 收录期刊，其物理教育研究专栏中主要刊载课堂和实验教学的新思想、新方法，略偏重于大学物理。

Research in Education，Assessment，and Learning（REAL，《国际教育测评与教学研究》），由美国俄亥俄州立大学包雷团队主办，是一份开放的电子期刊，主要刊发教育、评估和学习研究和STEAM教育等文章，该期刊出版中文和英文两类论文。

Journal of Research in Science Teaching（JRST），科学教育领域的权威期刊，SSCI收录期刊，主要刊有前沿教育理论、教育实证等内容的文章。

International Journal of Science Education（IJSE），科学教育领域的 SSCI 期刊，主要刊有科学教育理论、教育测量与评价等内容的文章。

Journal of Baltic Science Education（JBSE），科学教育领域的 SSCI 期刊，主要刊有前沿科学教育理论、教育测量与评价、科学教师教育的理论与实践、科学教育与技术知识等主题的文章。

Disciplinary and Interdisciplinary Science Education Research（DISER），由北京师范大学教育学部主办，刊发生物教育、化学教育、地理教育、物理教育、科学教育和工程学教育方面的论文。

思考与练习

1-1. 请简要说明调查问卷的结构与编制程序。

1-2. 开题报告有什么作用？一般都写些什么内容？

1-3. 学位论文的基本结构如何？正文一般包括哪些部分？

1-4. 学位论文的常见问题有哪些？如何避免类似问题？

1-5. 请以"相异构想"为关键词，在网上搜索相关文献，并写出一篇文献综述。

1-6. 中学物理教学的研究领域都有哪些？如何撰写研究实施方案？

1-7. 说说物理教育研究的实证方法都有哪些？试举一例说明其原理和实施步骤。

1-8. 简要说明问卷调查的步骤和调查问卷的基本结构。

1-9. 谈谈等组实验设计的基本原理和实施方法。

1-10. 物理教育研究论文的撰写一般都有哪些步骤？论文的内容和形式要求有哪些？

1-11. 期刊论文投稿前需要做好哪些准备工作？

第二章　物理教育实证方法

第一章介绍了物理教育研究实务，其实就是几项研究任务的具体做法。现在，我们已经知道了完成这些任务的一般方法和步骤，如调查问卷怎么编、开题报告怎么写、学位论文怎么做。但在实施上述方法步骤的过程中，还有一些具体的做法并没有涉及，如数据（包括质性数据与量化数据）的收集、整理、分析方法等。为此，本章主要就物理教育研究数据的收集、整理和分析方法展开讨论。这些都涉及实证方法的问题。因此我们需要知道：物理教育研究都有哪些方法，实证方法在这些方法中有什么样的地位，以及实证方法都包括哪些具体的方法。下面，先谈谈物理教育研究的方法体系，再介绍实证方法所包含的各种具体方法。

第一节　方法体系

谈到物理教育实证研究的方法体系，就必须直面两个问题：一是实证研究的界定，二是实证方法的具体构成。

一、实证研究的界定

本书重点讨论物理教育研究的实证方法。说到实证方法，先得谈谈什么是实证研究。实证研究的对应英文是 empirical research[①]，维基百科（Wikipedia）对它的英文解释的中文含义如下：实证研究是一种以直接或间接的方式观察或经历以获取知识的途径。对于这些实证证据（某人的直接观察或者经验的记录）的分析既可以是量化的，也可以是质性的。由此可见，在西方人看来，实证研究是一种可以产生新知识的研究，当然这些知识的获得，要经过数据（包括质性数据和量化数据）的收集、整理和分析的过程。显然，思辨性研究不需要经历这一过程。因此可以认为，西方人意识中的实证研究大致等同于非思辨的研究。

---

① 这是笔者参与撰写一本英文专著时，国际著名出版社斯普林格（Springer）的几位审稿人认同的译法。

这与我国部分研究者所持观点相似，即将研究分为思辨与实证两大类。笔者赞同这种分类。因为这种分类即便在有些人看来并不完美，但它的操作性强，也反映了我国研究方法运用的现实状态。按照上述分类标准，一切需要收集、整理、分析数据从而得出结论的研究都是实证研究，它包括量的研究和质的研究。由此我们可以得出结论：实证方法就是收集、整理和分析数据从而得出研究结论的研究方法，它包括质的方法与量的方法。

二、实证方法的构成

由于国内物理教育实证研究文献，尤其是规范化的实证文献极少，笔者专门研究了美国的相关学刊。由美国物理学会主办的《美国物理学杂志》，开辟了一个"物理教育研究"专栏（PERS），由美国物理教师协会的专家负责组稿，这里所发表的文章基本上代表了美国物理教育研究的最高水平。依据前面所讲的实证研究的标准，在对上述杂志"物理教育研究"专栏中近十年所刊载的90篇英文文章逐一研读后，笔者发现美国物理教育研究方法体系的一个基本构成，如图2-1-1所示。

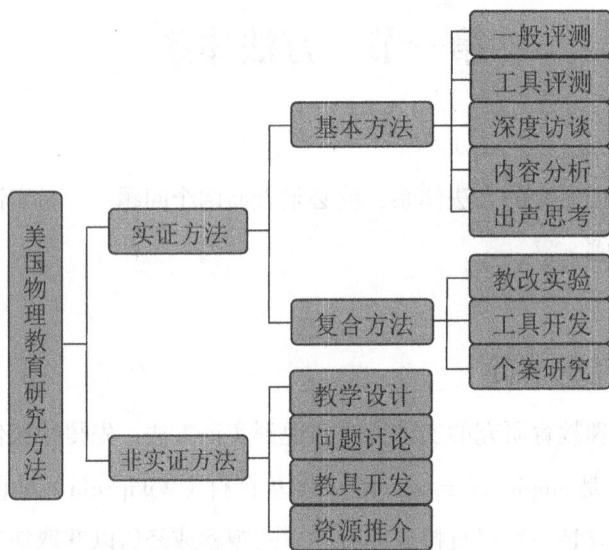

图 2-1-1　美国物理教育研究方法体系框架图

从图2-1-1中我们可以看到，美国物理教育研究方法以研究取向来划分，可以分为实证与非实证方法。进一步的统计分析发现，实证文献占到文献总数的70%，而非实证的文献只占30%。实证方法再根据组成的复杂程度来划分，又可分为基本方法和复合方法。基本方法包括一般评测、工具评测、深度访谈、内容分析和出声思考[1]（各种基本方法的运用频数如图 2-1-2）。基本方法的详细内容将在稍后讨论。复合方法也是实证研究的方法，但是它们通常由两种或两种以上的基本方法构成的。如教改实验的方法，它本身是一种实证方法，但它通常又可能包括一般评测的方法、深度访谈的方法，甚至可能包括内容分析的方法。

工具开发是指评测工具的开发，包括物理学基本概念的评测工具，如力学概念测试卷（FCI）、力学基础测验（MBT）、电磁学概念测试卷（CSEM）等，都是针对学生基本物理概念测试而设计，并被广泛采用的标准化评测工具。评测工具还包括一些用于评测师生科学本质观的标准化问卷，如科学本质量表（NOSS）、科学态度问卷（SAI）、科学本质观问卷（VNOS）等。个案研究也是一种实证方法，但它通常也包括多种基本方法，如访谈方法和内容分析的方法等。非实证的方法包括教学设计、问题讨论、教具开发和资源推介。教学设计主要探讨一节课该如何讲；问题讨论是指针对物理教学中的具体内容，发表作者的感悟与体会，包括具体的推演过程；教具开发是指针对具体的教学内容开发多媒体课件；资源推介就是介绍物理教学中各个教学环节可能会用到的教学资源，尤其是网络资源。本书对此不作详细讨论。

为弄清美国物理教育研究中各种基本实证方法的具体运用状况，笔者进一步统计了相关数据，如图 2-1-2 所示。

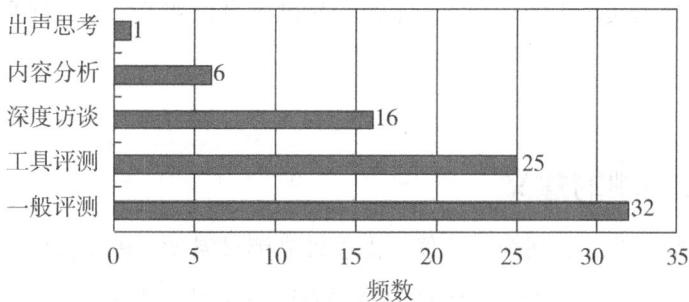

图 2-1-2　90 篇美国物理教育研究文献中各种基本实证方法的运用频数统计图[2]

---

[1] "出声思考"（think aloud）是一个外来语汇，它是一种一对一的深度访谈方法，具体做法是：访谈者以口头或书面方式向受访者提出一个问题或习题，要求受访者边思考边口头报告自己的思考过程，所以该研究方法又称为口语报告法。对于该研究方法，国内文献有不同的译法，有翻译成"大声思考""出声思考"，也有翻译成"口语报告"，本书统一翻译为"出声思考"。

[2] 图 2-1-2 中的"频数"意指某种实证的基本方法在上述 90 篇论文中出现的次数。由于每一篇论文用到的方法可能不止一种，而作者也可能只用到非实证方法，或者实证方法中的复合方法，所以图中各种基本方法的频数总和是 80 而不是 90。

从上述分析和图 2-1-2 中我们可以看到，美国物理教育研究的主流方法是实证方法，而实证方法中量的方法又占多数。值得注意的是，质的方法虽然目前占比不高，但逐渐受到重视，占比也在上升。以下各节讨论物理教育研究方法体系中的基本实证方法，即工具评测、深度访谈、内容分析和出声思考。至于复合的实证方法，如教改实验、工具开发、个案研究等方法，都是某些基本方法的组合，本章不作讨论。又由于在基本方法中，一般评测的方法在第三章中有较为详细的介绍，所以本章不讨论一般评测的问题。

第二节　工具评测

工具评测，就是采用标准化的评测工具所实施的评测。在美国，标准化评测工具的运用非常普遍。在物理教育领域，这些评测工具几乎涵盖了物理教学的几个领域，如力学、运动学、电磁学、热学、能量与动量等领域都有一个或一个以上的标准化评测工具；还有一些专门用于评测学生相关技能的工具，如评测学生对于图像的理解和运用能力的工具、评测学生对于矢量的理解和运用能力的工具、评测学生科学推理能力的工具等。此外，还有用于评测学生情感态度一类的工具，如评测学生对于物理教学的期待与学习方式的工具、评测学生对于科学本质认识的工具等。下面分别就工具评测的意义、评测工具的应用和开发展开讨论。

一、工具评测的意义

在物理科学研究当中，研究者会使用温度计来测量温度。由于温度计是标准化的，所以只要温度的测量者是受过专门训练且知道如何正确使用温度计，那么他所测量出来的结果就很容易被相关的专家学者所接受。同理，在物理教育研究领域，如果评测的工具是标准化的，只要评测者接受过专门培训且他的评测过程是规范的，则他所评测出来的结果就不会被人质疑。那么，在美国为什么会有那么多标准化的评测工具，他们又拿这些评测工具做什么呢？

与其他西方人一样，美国人相信在做任何决策之前一定要有可靠的调查研究。在物理教育领域里，人们所做的任何教学改革，也都是基于教育研究的。所以我们经常看到，美国的许多物理课程，包括使用的物理教材都是教育研究的产物，而一些大的研究项目都会得到国家自然科学基金的资助。如美国大学物理教材中，有《探究物理》（*Physics by Inquiry*）；中学物理教材中也有《建模物理》（*Modeling Physics*）。这些教材都从属于相应的课程，而这些课程又都有相关的大型研究作为理论支撑。在这里，课程和教材的编制者也都是相关研究的引导者。上述课程在美国都有相当的影响力。美国民众为何愿意选择这些课程和教材呢？是因为他们相信这些课程教材都是可靠的，都有扎实的研究基础。可见，如果家长和学生不相信这些研究，他们是不会选用那些教材的。其实，除了上述大型的物理课程改革研究项目之外，更多的是一些小型的、教师自选的教改项目。这些教改项目无论大小，基本上都采用实证的方法。而在多数的实证研究，特别是大型的实证研究当中，几乎毫无例外地会用到工具评测的方法。

关于物理教育研究中采用工具评测的方法，这里有两个非常典型的例子。第一个例子来自美国印第安纳大学物理系的 Richard R. Hake 教授撰写的一篇文章，题目为《互动参与式与传统教学方法：一项 6000 名学生参与的大学物理力学测试数据调查》。该文章发表在 1998 年 1 月份的《美国物理学杂志》上。该文现已成为物理教育研究领域里的一篇经典论文。该研究表明，互动参与式教学与传统教学在帮助学生掌握物理概念、解决物理问题等方面存在着很大的差异，前者明显优于后者。该文发表后引起很大反响，因为当时美国很多州都在试行一个互动参与式的物理课程。这一结果的发表，无疑大大增强了广大师生继续推行教改试验的信心和决心。而 Richard R. Hake 采用的主要方法正是工具评测的方法。评测用的具体工具，是力学概念测试卷 FCI 及其前身 MDT。

第二个例子是美国俄亥俄州立大学物理系包雷教授及其研究团队所做的工作。2009年，他们在世界顶级的学术期刊《科学》（*Science*）杂志的教育论坛专栏上，发表了一篇论文，引起很大反响。大家知道，我国的学者若是能在《科学》上发表一篇文章，将会获得一笔数目十分可观的重奖，各种学术荣誉也会纷至沓来，因为该期刊的学术影响力太大了。他们发的是一篇什么文章？为何能够发表在《科学》上呢？文章的题目是《学习与科学推理》。研究的对象是中国和美国的大学一年级学生。研究的内容是中美大学生在物理内容知识与科学推理能力上的比较。他们通过大样本的实证研究表明：中美学生在物理学科知识上相差很大（中国学生的平均得分远高过美国学生），但在科学推理能力上几乎没有差异。这应该是一个重大的发现，它可以让我们重新审视中美两国的教育。他们采用的研究工具就是前面提过的标准化的评测工具，即 FCI、BEMA 和科学推理测试卷（Lawson Test）。稍后我们会具体介绍这些评测工具。

二、评测工具的应用

常用的物理教育研究评测工具主要有三类：第一类是评测学生对于物理概念的理解水平，我们称之为概念理解评测工具；第二类是评测学生的科学探究能力，我们称之为科学探究评测工具；第三类是评测师生的情感态度，我们称之为情感态度评测工具。下面分别介绍前两类评测工具及其应用。

（一）概念理解评测工具

让学生理解物理概念是物理教育的一个重要目标，所以概念理解类评测工具开发得比较早，也比较多。下面介绍两种比较有代表性的概念理解评测工具。

1. 力学概念测试卷（FCI）

为帮助读者了解 FCI 的基本情况，下面先简要介绍 FCI 的开发和使用状况，然后展示若干道 FCI 测试题，最后介绍 FCI 的使用方法。

（1）工具概况。

只要大致浏览美国的物理教育研究文献，我们就会看到大量运用评测工具的实证文章，其中 FCI 的运用率最高。FCI 的第一版于 1992 年发布，目前人们使用的大多为 1995 年版。FCI 包括 30 道单项选择题，答题时限是 30 分钟。FCI 中的题目大约有一半来自另外一份更早一些的力学概念评测工具，叫力学诊断测验（MDT）。除了来自 MDT 中的题目以外，FCI 的编制者还自行编制其他题目。各个题目的选项中只有一项是正确的，其余各项都是错误选项即干扰项。干扰项都是在调查学生对相关问题的相异构想基础上得出的。问卷的编制者采用的调查方法主要是访谈法，访谈的对象包含初中生、高中生、本科生和硕士生。FCI 的编制者指出，该测试卷可以有多种不同的用途，但是其中最为重要的用途是用于评估教学的有效性。

（2）题目示例。

由于 FCI 只包括概念性的问题，不包含任何物理计算，所以编制者还建议，在使用 FCI 时可以同时使用另外一种评测工具——力学基础测验（MBT）。下面展示两种测试卷中的若干典型题目。以下是两道来自 FCI 的题目（第 19、23 题）：

19. 如图 2-2-1 所示为两块石头的运动记录。两石块向右运动。现每隔 0.2 s 记录下石块的位置，用一带数字标号的小黑正方形标识。

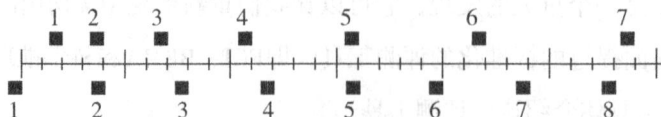

图 2-2-1　FCI 第 19 题图

在这个过程中，假设这两块石头的加速度各为常量，两石块的速度（　　　）。

A. 不曾相同

B. 在位置 2 瞬间两石块速度相等

C. 在位置 5 瞬间两石块速度相等

D. 在位置 2 和 5 两处瞬间两石块速度相等

E. 在位置 3 到 4 之间的某一时刻两石块速度相等

23. 设有一火箭在外太空从点 a 移动到点 b，如图 2-2-2 所示。在外太空，火箭不受外力作用。设在点 b，火箭的发动机开始工作，产生一个恒定的推力（对火箭的推动力），其方向是与 ab 连线方向成直角。假设这推动力维持火箭运动到点 c。

图 2-2-2　FCI 第 23 题图

设火箭运动到点 c 发动机关闭，推动力立刻变成零。下列选项中所示的轨迹描述了火箭离开点 c 以后运动的是（　　　）。

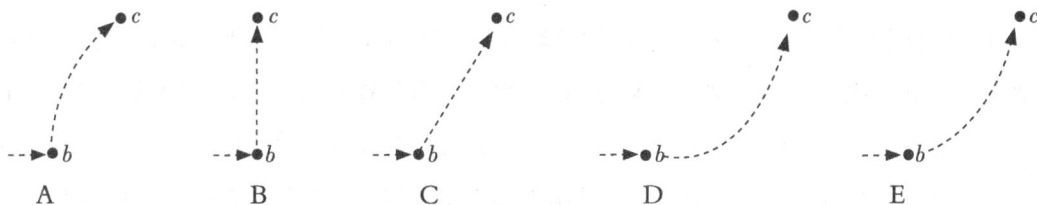

以下是两道来自 MBT 的题目（第 11、12 题）：

以下两道题参照图 2-2-3 所示的示意图：一男孩体重 50 kg，系在一长绳上荡秋千。已知图中点 X 和点 Z 为最高点，点 Y 为最低点。

11. 男孩在点 Y 的速度大小是（　　　）。

A. 2. 5 m/s　　　　B. 7. 5 m/s

C. 10 m/s　　　　D. 12. 5 m/s

E. 以上答案都不对

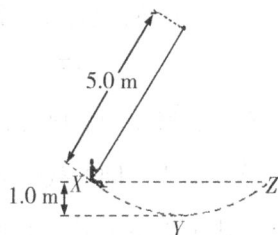

图 2-2-3　MBT 第 11、12 题图

12. 当男孩运动到点 Y 时，细绳中的张力是（　　　）。

A. 250 N　　　　B. 525 N　　　　C. 700 N　　　　D. 1100 N　　　　E. 以上答案都不对

从以上题目可以看到，FCI 和 MBT 都包括最基础的力学问题，它们的不同之处在于，前者是纯粹的物理概念问题，不涉及任何计算；而后者则可能包含一些简单的计算。MBT 中也有不包括物理计算的问题，但这些问题一定对于解决物理习题有直接的关系。下面的例子就是 MBT 中不包含计算的问题（第 4、5、6 题），但与解题有直接的关系：

下面的三道题参照图 2-2-4 所示的示意图。物块沿着光滑的斜面下滑。八个带数字的箭头代表八个不同的方向。

4. 当物块处于位置 I 时，它的加速度可以用图中箭头来表示的是箭头（　　）。

A. 1　　B. 2　　C. 4　　D. 5

E. 以上答案都不对，此时物块的加速度为零

5. 当物块处于位置 II 时，它的加速度可以用图中箭头来表示的是箭头（　　）。

A. 1　　B. 3　　C. 5　　D. 7　　E. 以上答案都不对，此时物块的加速度为零

6. 当物块处于位置 III 时，它的加速度可以用图中箭头来表示的是箭头（　　）。

A. 2　　B. 3　　C. 5　　D. 6　　E. 以上答案都不对，此时物块的加速度为零

（3）使用方法。

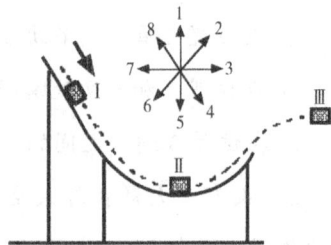

图 2-2-4　MBT 第 4、5、6 题图

这里所说的使用方法，是指FCI的分数应当如何解释、如何利用。如前所述，在美国，FCI主要用于教学质量监控。怎样知道教师教得如何呢？他们的做法是，看教师所教的学生在参加FCI测试中的表现，也就是FCI的得分。但问题就来了：学生的基础状况通常是不一样的，所以学生在FCI测试中的得分不一定完全由教师教学质量的高低来决定。或者说，学生考得如何，不一定能真实反映出教师教得如何。于是他们构想出一新的概念，叫作概念增益，用英文字母g来表示，指的是学生在教学前后对于相关概念掌握程度的差异。具体的操作方法是：在教学之前让学生做一次FCI测试，即前测；在教学之后，再让学生参加一次FCI的测试，即后测。这样就得到概念增益的操作定义：

$$\text{概念增益}（g）=\text{后测分数}-\text{前测分数} \tag{2-1}$$

显然，概念增益比某一次 FCI 的得分更能反映教学的效果。但这里也存在一个问题：概念增益对于不同的教学会有不同的数值，而且这些数值之间没有可比性。为了解决这个问题，他们构造了另一个概念，叫作规范化的概念增益，用符号 <g> 表示。<g> 的具体定义如下：

$$\text{规范化的概念增益}<g>=\frac{\text{后测分数}-\text{前测分数}}{\text{测验满分}-\text{前测分数}} \tag{2-2}$$

很明显，上式中的分母表示学生的理想发展空间，而分子则表示实际发展空间，两者之比值既控制了学生的基础水平变量（不同的学生基础水平不同），也控制了测验类型变

量（不同的测验满分值不同），因而使得不同的教学产生的概念增益具有了可比性。此外，由于上式中的分子比分母要小，所以规范化的概念增益 *<g>* 的取值范围在 0~1 之间。对于以学生个体为研究对象的小规模研究来说，上式中的分数就是每名学生的 FCI 分数；而对于大规模的以班级为研究对象的研究来说，式 2-2 中的分数就应当取班级 FCI 分数的平均值。

为了使不同的教学方法在教学效果上以概念增益来表征的差异可视化，印第安纳大学的 Richard R. Hake 发明了一种散点图，它可以使不同教法的教学效果差异变得一目了然。该散点图后来被人们称为 Hake 散点图。

图 2-2-5 所示是 Hake 散点图的示意图。其横轴代表前测分数，纵轴代表概念增益。假设测验满分为 100 分（若测验满分不是 100 分，可以化成 100 分），每一名学生会形成一个数据点，数据点在图上的位置只能落入图中的三角区域。图中由某一名学生的数据点连接到三角形水平右端点（100，0）的直线斜率的绝对值成绩（横坐标）和他的概念增益值（纵坐标）来决定。根据概念增益的定义，所有学生在散点就是式 2-2 所表示的规范化的概念增益值。

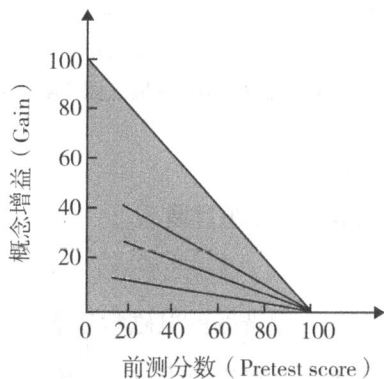

图 2-2-5　Hake 散点图（示意图）

所以，我们只需要看看散点图中各条斜线的斜率就会知道，哪些学生的概念增益较大，哪些学生的概念增益较小。如果我们以班级为研究单位，只要将学生的 FCI 分数换成班级的 FCI 平均分数就可以了。如果图中的数据来自不同教法教出来的学生或者班级，那么，我们只需看看图中的斜率，就知道哪种教法更优。

图 2-2-6 是 Hake 在一次大型研究中所采用的散点图。研究对象是采用不同教法实施物理教学的高中学校的学生。两种教法分别是互动参与式教法（新教法）和传统教法。研究以班级为单位。图中空心正方形表示互动参与式教法所教班级的数据点；实心正方形表示传统教法所教班级的数据点。从图中我们可以看到，新教法的数据点所对应的斜率明显大

于传统教法。

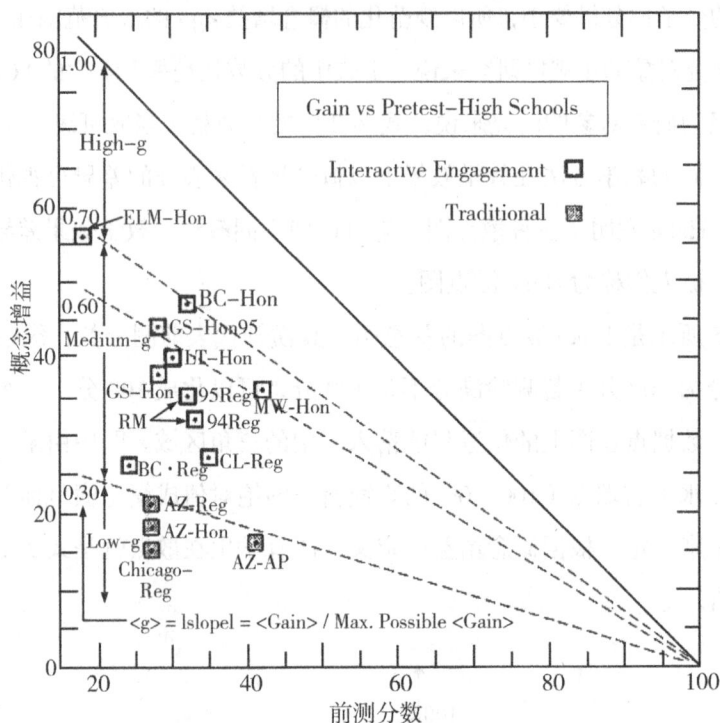

图 2-2-6　Hake 散点图（实际用图）

2. 电磁学概念测试卷（CSEM）

这里主要介绍 CSEM 的基本情况和题目展示。

（1）工具概况。

CSEM 是一个包含 32 道五选一单选题的电磁学基本概念标准化测试卷。评测对象是两年制的社区学院学生，其内容难度大致相当于我国高中的电磁学。该测试卷经过三轮的反馈和试测修改而得以完善。最后的版本包括以下主题：导体与绝缘体、库仑定律、静电力与场的叠加、电场力、功、电势、感应电荷与电场、磁力、电流与磁场、磁场的叠加、法拉第电磁感应定律等。题目难度分布为 0.1~0.8，区分度为 0.1~0.55，KR-20 信度系数为 0.75。因子分析的结果显示，试卷中共有 11 个主要因子。CSEM 目前在美国有较多的应用案例，我国也开始有研究者运用该测试卷进行相关评测。

（2）题目展示。

下面展示是来自 CSEM 中的第 7 题和第 29 题。

7. 如图 2-2-7 所示，A、B 为两个点电荷，分别带电 $+q$ 和 $-2q$。图中箭头分别代表两个点电荷所受到的来自对方施加的库仑力。请选择一对能够正确反映两者受力情况的力矢量。

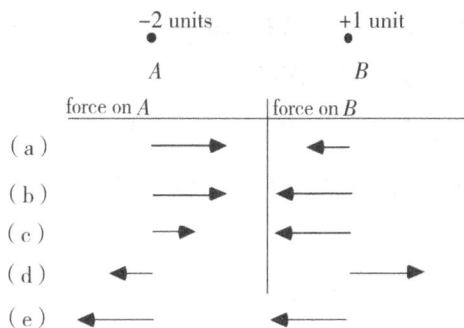

图 2-2-7　CSEM 第 7 题图

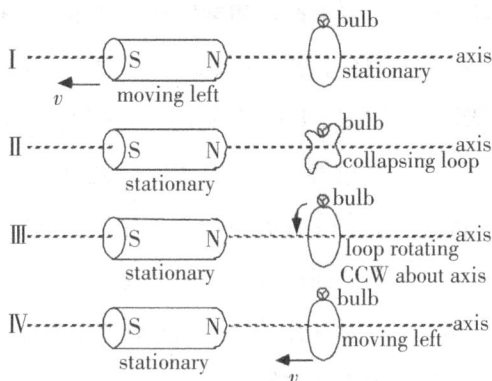

图 2-2-8　CSEM 第 29 题图

29. 如图 2-2-8 所示，图中每个小图中包含一个圆柱形磁铁，除第一个磁铁向左运动以外，其余四个都保持静止。每个磁铁的右边是一个闭合线圈，线圈上连接有一个小灯泡。四个线圈的运动状态分别是：第一个线圈保持静止，第二个线圈面积变小，第三个线圈线轴逆时针方向旋转，第四个线圈向左运动，则上图中小灯泡可以发光的是（　　　）。

A. I，III，IV　　　B. I，IV　　　C. I，II，IV　　　D. IV　　　E. 以上答案都不对

从以上的题目展示中我们可以看到，CSEM 的题目与 FCI 一样，也都是概念性的，不涉及物理计算。问题的难度虽然不大，但概念性强，且图文并茂、形式新颖。如果需要考查学生的电磁学基础知识，CSEM 是一个不错的选择。需要说明的是，不论是 FCI 还是 CSEM，它们都不适合于我国高中学生应考训练，其主要功能还在于教学质量监控或教学研究。

CSEM 的使用方法与 FCI 的使用方法相同，这里不再赘述。

（二）科学探究评测工具

科学探究是一个既普通又复杂的概念。说它普通，是因为它是人们常常挂在嘴上的高频词；说它复杂，是因为关于它的理解众说纷纭。与此同时，它又是一个重要的课程目标和教学方法。所以探讨科学探究是什么的文章有很多，相关的评测工具也很多。下面从科学探究的含义出发，详细介绍几种不同类型的科学探究评测工具。

1. 科学探究的内涵

科学探究是一个复合结构，它既可以用于组织课程教学，也可用于教师专业发展。因此，科学探究可以从以下三个方面去解读：作为课程内容的科学探究、作为教学方式的科学探究以及作为认知方式的科学探究。20 世纪六七十年代，由美国国家科学基金会（NSF）资助开发的一系列科学课程，就非常强调以动手活动为主要内容的教学方式，科学探究作

为课程内容，要求教师和学生都能展示科学探究的能力。

科学探究包括提出问题、设计实验、收集数据以及分析和解释数据。正如美国国家研究理事会（NRC）1996 年制定的《国家科学教育标准》所说的那样：

科学探究指的是科学家用以研究自然界并基于此种研究获得的证据提出种种解释的多种不同途径。科学探究也指学生用以获取知识、领悟科学的思想观念、领悟科学家研究自然界所用的方法而进行的各种活动。

那么，科学探究又该评测些什么呢？下面具体探讨科学探究评测的内容。

2.科学探究评测的内容

说到科学探究能力的评测问题，就必须先说说什么是科学探究能力。关于科学探究能力的构成，人们有不同的看法。但有一个大家相对认同的看法，就是各种探究活动大多都会用到这样一些能力，如动手收集数据的能力、分析推理的能力、实验操作完成探究任务的能力等。美国高中物理课程要求学生应当具备的操作能力如下：

（1）并联和串联电路的连接。

（2）曲面镜和透镜焦距的测定。

（3）利用简单电路测定材料的电导率。

（4）运动物体速度与加速度的测定。

（5）确定平面镜和曲面镜成像的位置。

（6）电路焊接。

（7）电表使用。

有研究者认为，除了动手操作能力外，探究能力还应包括思维取向的探究技能，如提出可以验证的假设、设计可以控制变量的实验、实施精确的观察、分析和数据解释，最终得出有效的结论。上述内容可具体细化为以下四个方面。

（1）计划设计。

①提出一个需要调查的问题；

②预测实验结果；

③形成可以验证的假设；

④设计观察或测量步骤。

（2）具体实施。

①实施质性观察；

②实施量化观察或测量；

③记录或描述观察结果；

④解释或描述实验方法；

⑤根据设计具体实施。

（3）分析解释。

①将研究结果转换成标准形式（非图形表征）；

②依据数据绘图；

③确定变量间的质性关系；

④确定变量间的量化关系；

⑤确定实验数据的精确度；

⑥定义或讨论实验假设与局限；

⑦作出总结或提出模型；

⑧解释变量间的关系；

⑨提出新的需要研究的问题。

（4）应用。

①基于研究结果提出新的预测；

②基于研究结果形成新假设；

③运用实验技术于新问题情境。

有学者认为，科学探究除了会用到上述基本技能以外，还会用到一些整合的技能，如归纳的技能、评价的技能和解释科学证据的技能等。这些技能构成所谓的科学推理能力。科学推理能力通常会随着年龄的增长而增强，但也与其知识、经验和接受的教学相关联。此外，科学探究还与探究者的认知、情感、动机等社会文化背景有关。

美国《国家科学教育标准》强调，学生不仅需要掌握科学探究的方法，还需要正确理解科学探究的内涵。理解科学探究就是要知道科学知识变化的方式及原因。事实上，引起科学知识变化的原因，包括新的科学证据的出现、逻辑分析、在科学共同体中经过辩论而修正的科学解释等。理解科学探究，就是理解科学的本质。因为科学探究是科学本质的构成要素，所以理解科学探究，就成为理解科学本质的必要环节。

综上所述，科学探究的评测应当包括三个领域：一是学生探究能力的评测，二是学生理解科学探究的评测，三是科学教师对于探究式科学教学的理解和实践评测。下面分别介绍几种评测工具。

3. 科学探究的评测工具

（1）整合的过程技能测试（TIPS）。

TIPS 是一个多项选择题构成的测试卷，主要用于评测七至十年级学生科学探究的过程技能。这些技能包括计划、实施和对调查结果的解释。测试卷中的问题包括自变量、应变量、控制变量、假设、实验计划、依照数据绘图、关系样式等。提升效度的措施包括请专家审核测试卷中的问题、请不同背景的学生参加试测等。测试卷的内部一致性系数为 0.89。

（2）实际操作评测卷（PTAI）。

PTAI 是一个对学生的操作进行评定的分类评测系统。为提升评测的效度，系统的研发者聘请了三位科学教育工作者阅读了 100 篇学生论文，并将问题与回答进行了分类。三位评分者独立地对 40 名学生中的每一名学生的回答进行评分，而系统的研发者则对评分者的信度进行了检验。PTAI 将学生的回答分成下面 21 种类型：①提出问题；②形成假设；③确定自变量；④确定因变量；⑤确定控制变量；⑥实验对于测试问题和假设的适切度；⑦实验设计的完备性；⑧对于控制在实验中的角色理解；⑨实施与报告测量结果；⑩确定并准备适当的稀释物；⑪使用显微镜进行观察；⑫描述观察结果；⑬依据数据绘图；⑭依据数据制表；⑮解释观察数据；⑯得出结论；⑰解释研究发现；⑱批判性的检视研究结果；⑲分析知识；⑳理解并解释图中的数据；㉑就后续研究方向和方法提出建议。

（3）X–35 问题解决测试（TPS）。

TPS 根据假设形式、实验设计、自变量与因变量以及假设验证等方面的问题，来评测中学生的认知方式。该测试只有两个问题，而每一个问题又分别包括三个部分：一是呈现问题，二是呈现数据，三是呈现解决方案。科学教育和儿童心理学教授审查了其中的问题和评分指南。调查者与专家的评分一致性为 0.75。学生在两个问题得分之间的相关系数是 0.54。

（4）科学创新结构模型（SCSM）。

SCSM 是一个开放性的纸笔测验，它包括七项任务，要求在 60 分钟或者一节课的时间内完成。该测验主要评测中学生的科学创新能力。科学创新能力被定义为一种智力特征，或者制作（或者导致制作）一种潜在的、具有个体或者社会价值的原创产品的能力，而且该产品是运用某种信息，抱着某种目的进行设计的。

该测试包括三个维度：第一个维度叫作过程维度，如想象力和思维；第二个维度叫作特质维度，流畅性、灵活性和原创性；第三个维度叫作产品维度，如技术产品、科学知识、科学现象、科学问题等。开始时测验包括 48 道题，后来经过一系列的审读及试测，题目数最终被削减为 7 道，而且每一道题都配有一个检核表。

（5）科学推理能力测试（Lawson Test）。

科学推理能力测试又称为罗森测试，它由 24 个与科学推理有关的问题组成。这些问题涉及质量守恒、体积守恒、变量控制、概率问题、因果关系等。每一个问题都由一个题干和若干选项组成。每一个题干都设置一个问题情境或者实验情境，而选项数为 5 个。下面列举两个科学推理能力测试的例子：

其一，控制变量的例子。原卷中的第 9、10 题：

9. 如图 2-2-9 所示，有三根细绳悬挂在横木上，三根细绳的末端都悬挂了金属重物。绳 1 和绳 3 长度相同，绳 2 较短。在绳 1 和绳 2 末端悬挂 10 个单位的重物，在绳 3 的末端悬挂 5 个单位的重物。悬挂重物的细绳可以来回摇摆，且摇摆的时间可以测量。

设想你想发现细绳的长度是否对来回摇摆一次的时间有影响，你会用到进行测试的细绳是（　　　）。

A. 只需用其中任何一根细绳

B. 需用全部三根细绳

C. 绳 2 和绳 3

D. 绳 1 和绳 3

E. 绳 1 和绳 2

10. 原因是（　　　）。

F. 你必须用最长的细绳

G. 你必须比较悬挂轻和重的物体的细绳

H. 只需考虑细绳长度的不同

I. 进行所有可能的比较

J. 考虑重量的不同

其二，因果关系的例子。原卷中的第 21、22 题：

21. 如图 2-2-10 所示，有一个玻璃杯，还有一支由一小块黏土粘在水盆底部的生日蜡烛。当玻璃杯反过来扣住蜡烛并放入水中时，蜡烛迅速熄灭，并且玻璃杯中的水面上升，如图 2-2-10 乙所示。

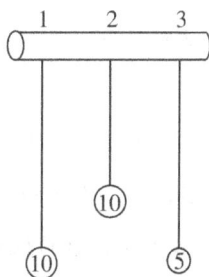

图 2-2-9　科学推理能力测试例题图

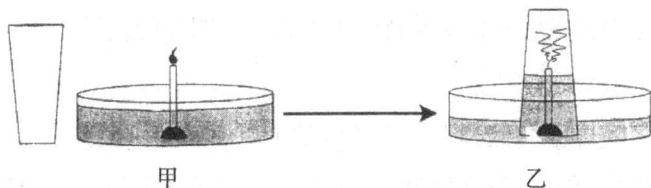

图 2-2-10　科学推理能力测试例题图

这项观察引出一个有趣的问题：为什么玻璃杯中的水会上升？这里有一种可能的解释：火焰将氧气转变为二氧化碳。因为氧气不能迅速溶于水，而二氧化碳可以迅速溶于水，于是新形成的二氧化碳迅速溶于水，降低了玻璃杯中的空气压强。设想你有上述材料，另加上一些火柴和一份干冰（干冰是冷冻的二氧化碳）。用这些材料，测试这一可能解释的正确性的是（　　　）。

A. 使水中的二氧化碳达到饱和，再重做这个实验，并记录水面上升的高度

B. 水上升是因为氧气被消耗，因此用同样的方法重做这个实验，显示水面上升是因为氧气损失了

C. 通过改变蜡烛的数量进行实验，看结果有没有变化

D. 水面升高是因为吸力，将一个气球套在两端开口的玻璃管上端，并将管子在点燃的蜡烛上加热

E. 重做实验，但是使实验中所有独立变化的参数都保持某个常数值，再测量水面的升高量

22. 第21题中，下列测试结果将显示那个解释可能是错误的是（　　　）。

F. 水面升到与前一次同样的高度

G. 水面升高后的位置较前次低

H. 气球膨胀

I. 气球收缩

原卷中，除了有与物理相关的问题以外，还有与化学、生物等其他自然科学相关的内容。目前该测试卷开始引进我国，特别受到国内科学教育研究者的青睐。

（6）科学本质量表（NOSS）。

NOSS 是一个李科特量表，它由 29 个问题组成，主要用于评测大学生和科学教师的科学本质观。科学本质被定义为八大结论，如科学的驱动力来自对物质世界的好奇心等。该量表的开发经历了专家审读原题、有大学科学专业与非科学专业学生参与的前测等过程。实际评测结果表明，对于最终保留下来的问题，学生的回答很少有选择中间选项的。整个量表的半分信度为 0.72，哲学专业的学生比其他专业，包括科学教育专业的学生的答题情况都要好得多。科学教师的答题情况与科学工作者没有明显的差异。

（7）科学本质测试（NOST）。

NOST 是一个由 60 个多项选择题组成的科学本质测试卷，主要用于评测学生在以下各个方面所表征的科学本质：①科学假设（8 道题）；②科学产品（22 道题）；③科学过程

（25 道题）；④科学伦理（5 道题）。整个测试卷由两种不同类型的题目组成：一类是测试学生有关科学假设与科学过程相关知识的题目，以及测试学生科学知识特征的题目；另一类是呈现问题情境，让学生依据自己对于科学本质的认识来作出判断。测试卷的内容效度由一组专业人员的专业知识作保证，这组专业人员共有 25 人，包括科技工作者、科学教育工作者以及科学顾问等。研究发现，NOST 的测试结果与学生的学习成绩有一定相关，而且中学的文科生与理科生在 NOST 上的得分也有明显的差异。对于不同的测试样本，半分信度的取值范围为 0.58~0.82。

（8）科学观调查（VASS）。

VASS 共有 30 个问题，主要用于调查高中生及大学生对于科学本质和科学学习问题的看法。该调查问卷包括三个具体的分量表，分别是物理分量表、化学分量表以及生物分量表。其中有关科学观的调查包括三个维度，即科学结构维度、科学方法维度以及科学有效性维度。有关科学学习调查的内容也分为三个不同的维度，即学习可学性维度、反思维度以及个人相关性维度。每一个维度都由一对一对的相反观念组成，其中一些是科学家或者专家所持观念，另一些是由新手所持观念。学生在回答问卷时，从一个八分量表中选择一个选项，该八分量表是一个连续体，从一个观念到另一个相反的观念。专家通过审读和访谈学生来保障问卷的效度。

（9）教学改革观察协议（RTOP）。

RTOP 是一个课堂观察评定量表，主要用于评测科学教师实施政府所倡导的有效教学方式的情况。该量表共有 25 个陈述，它们覆盖以下五个方面的内容：①教学设计与实施；②陈述性知识；③程序性知识；④课堂文化；⑤师生关系。上述每一个方面包括五个陈述，每一个陈述的得分范围为 0~4。其中"0"表示"从未发生过"，而"4"则表示"非常符合"。量表的末尾让评测人员写下观察到的现象以及相关的评论，以此对他们对于自己所给分数作出说明。研究表明，科学教师实施教学改革的程度与他们的 RTOP 得分呈现显著的正相关。

上面介绍的各种类型的物理教育评测工具，都可以在 PhysPort 网站获取，如图 2-2-11 所示。该网站由美国物理教师协会与堪萨斯州立大学联合开发，并得到美国国家科学基金会的资助。PhysPort 的员工包括物理教育研究专家、软件开发人员和用户界面设计专家。其编委会成员包括物理教育研究者、科学教育传播者、大学和社区学院的教职员工以及高中教师，他们会审查网站所有内容。

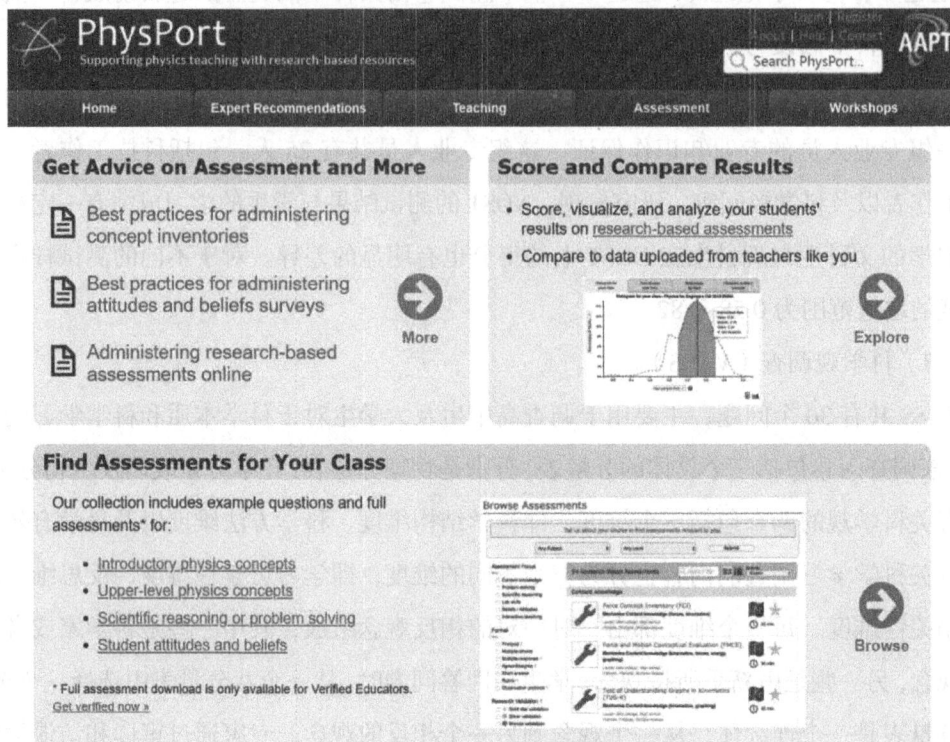

图 2-2-11　PhysPort 网站评测网页截图

PhysPort 的最终目标是让物理教师能够实施有效的基于研究的教学，以便每名学生都有机会学好物理。通过提供有关教学方法、评估和物理教育研究结果的专家建议，支持物理教师在课堂上进行基于研究的教学实践。

具体来说，PhysPort 网站主要提供如下各种教学资源：

专家建议（Expert Recommendations）：它由 PhysPort 工作人员和客座专家撰写，回答物理教师在课堂上实施研究型教学时最常见的问题。

教学指南（Teaching Guides）：由网站聘任的物理教育专家提供，包括 50 多种基于研究的教学方法、教学策略和课程实施方面的指导性意见。

评测指南（Assessment Guides）：包括超过 90 种基于研究的评测工具，研究者可以用它们来了解自己的学生学到了什么以及学得怎样，以此评估自己的教学效果；通过注册，全美及其他国家的物理教师都可以直接从该网站下载大多数评测工具，部分评测工具除了英文版本外还有其他国家语言的版本。

评测数据浏览器（Assessment Data Explorer）：物理教师和物理教育研究者可以通过上传自己学生或者目标学生在某评测工具上的得分，与全美学生的平均分进行比较，并获得改进教学的相关建议。

视频工作坊（Video Workshops）：该网站提供用于培训新手教师的网上工作坊，主要通过视频的方式为新手教师提供教学资源，并帮助他们尽快上手。

在上述各种资源中，评测工具是该网站独具特色的重要资源。除了提供评测工具以外，该网站还提供各个评测工具的使用条件和使用方法，读者可以充分利用它来丰富自己的评测资源库或者优化自己的教学实践。需要特别指出的是，该网站提供的各类评测工具绝大部分都是英文版的，但其中有些评测工具也提供了除英文以外的其他语言版本，用户在使用时可以先看看有无中文版的，如果没有就需要自行翻译了。

三、评测工具的开发

当我们利用工具评测的方法进行物理教育研究时，评测工具既可以用现成的，又可以自行开发。当现有的评测工具能很好地满足研究需要时，我们就用现成的；否则就得根据研究的需要自行开发评测工具。一般而言，评测工具的开发领域有概念理解、科学探究和情感态度等。下面主要介绍在概念理解和科学探究领域里的工具开发的一般步骤和方法。

（一）概念理解的评测工具开发

概念理解的评测工具开发，一般需要经过明确评测目的、定义评测结构、确定评测内容、编制细目表、初拟试题并定义行为的结果空间、试题审读、试题试测、正式测试等过程。下面分别介绍上述过程中的具体步骤。

1.明确评测目的

明确评测目的，就是搞清楚评测的结果会派上什么用场。这一点在开发评测工具的时候是很重要的。因为只有评测的目的明确了，开发出来的工具才可能评测出我们需要的东西。那么如何确定评测分数的用途呢？

一种方法是从时间维度上来考虑。一般来说，评测分数可以有以下三种用途：一是用作诊断性评价。比如了解学生头脑中有哪些前概念，这样的评测往往发生在教学之前，评测的结果会帮助教师有的放矢地备课。二是用作形成性评价。这时的评测目的主要是看学生的概念掌握达到了哪一个水平，由此帮助教师制订下一阶段的授课计划。三是用作终结性评价。这时的评测目的就是看教学是否达到了，或者说在多大程度上达到了预期的目标，从而对整个教学计划或教学实施的效果进行评估。

另外一种方法是从标准维度来考虑，也就是看评测是为了人才选拔还是为了教学检查。

为了实现前一个目标的评测叫作常模参照测验，为实现后一个目标的评测叫作标准参照测验。对于中学物理教师来说，通常只需要编制标准参照的测验。尽管一种评测工具可能同时具有两种以上的功能，但是对于评测工具而言，功能越多，开发的难度也越大。

在开发评测工具的时候，还有一个问题，不论是对于工具的开发者还是使用者来说，都需要特别明确的，那就是评测工具的目标人群。对于工具的使用者来说，明确工具的目标群体，才可能正确地使用它；对于工具的开发者来说，明确目标人群，就能够采用适当的语言叙述方式、材料呈现方式并把握适当的问题难度。

2. 定义评测结构

所谓评测结构，是指评测工具的开发者对物理概念的评测规划。评测结构包括内容和认知两个维度。内容维度告诉我们具体需要评测什么，而认知维度则告诉我们需要确定哪些层次。比如，如果我们需要评测学生对于力与运动的概念的理解，这时评测的具体内容可能包括矢量与标量、直线运动、抛体运动、圆周运动、弹性等。这些构成评测结构中的内容维度。另一方面，要评测学生对于力与运动的理解，我们还需要明确什么叫作"理解"。按照布卢姆的教育目标分类标准，理解应当包括识记、转译、解释这样三个由低到高的层次。于是，我们可以就上述问题确定相应的评测结构，如图 2-2-12 所示。

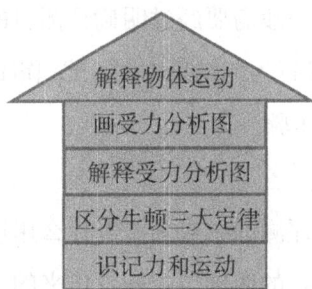

图 2-2-12　评测结构示意图

图 2-2-12 所示是一个力与运动的评测结构示意图。图中从识记到解释，由低到高共分为五个不同的层次。根据布卢姆对于"理解"的理解，图中第一、二层级属于"识记"；第三、四层级属于"转译"；第五层级则属于"解释"。这样在制订试题编制的双向细目表时，什么内容该划到什么评测层次就有了依据。至于双向细目表，稍后再作详细介绍。

3. 确定评测内容

一般来说，评测什么该由教学目标来确定，但教学目标不一定都适合于直接评测。另外，任何一个评测工具都是有限的，它不可能涵盖所有的知识点。因此，我们需要从众多的知识点中选取一些有代表性的知识点来作为评测的内容。这里需要注意的是：不同的评测目的，会导致评测内容的不同。比如，如果评测工具主要用于教学诊断，这时我们就得了解学生所有的相关前概念。以力学为例，我们需要了解学生在运动学、牛顿三大定律、力的叠加以及力的种类等各个具体领域里的前概念。这样开发出来的评测工具就能帮助教师提升备课的针对性和实效性。在我国，要掌握学生的前概念，主要还是根据教学经验。而在西方国家，关于学生前概念的研究有很多，相关的文献也很多，教师可以轻松地找到相关的系统材料。在这一方面，我国的相关研究和积累还有待加强。如果评测工具主要用于终结性的评价，那么评测工具的评测内容就可以参照相应的物理课程标准来确定。下面是美国纽约州立大学制订的一个与力与运动相关的终结性评测的内容，表述得很具体，可供参考：

1. 绘制位置—时间图像、速度—时间图像和加速度—时间图像。

2. 确定并解释运动图像中的面积和斜率。

3. 确定地球表面的重力加速度。

4. 分别采用图像法和代数法求两个以上矢量的和。

5. 有直尺和量角器绘制有刻度的力的图示。

6. 分别采用图像法和代数法将一个矢量分解为两个相互垂直的分量。

7. 绘制一个抛体的理想运动轨迹。

8. 利用矢量图的方法进行受力分析（平衡与非平衡）。

9. 用牛顿第二定律解释直线运动。

10. 确定两个物体表面的摩擦系数。

11. 用牛顿第二定律解释匀速圆周运动。

12. 验证动量守恒。

13. 确定弹簧的弹性系数。

如果评测工具主要用于形成性评价，我们还需要了解学生在学习过程中可能出现的中间状态和水平。为此，我们还需要采用一系列其他的评测方法来获取相关的信息，鉴于篇幅和范围的考虑，具体方法和内容不在此详述。

4. 编制双向细目表

前面刚刚讲到的定义评测结构，其实质就是制订一个命题计划，考哪些内容以及难度层次的划定都在此得以明确。这样的计划虽然是必要的，但还很笼统，因为它不能明确各个知识点上需要出几道题、不同难度的题各出多少、每道题占多少分等。双向细目表就能回答这些问题。具体地讲，双向细目表也是一个二维表，不同的行表示不同的考查内容，这是内容维度；不同的列表示不同的难度要求，这又叫认知维度。表 2-2-1 所示是高中物理必修 1 模块测验的一个双向细目表。表中对于物理教学的目标进行了简化，只列出了知道、理解、简单运用和综合运用四个层次的目标，这样的简化表在实践中的可操作性更强，也是我国大规模考试中，在编制命题计划表时常用的教学目标层次的设定方式。

表 2-2-1　高中物理必修 1 模块测验的一个双向细目表

教学内容	教学目标				合　计
	知　道	理　解	简单运用	综合运用	
运动的描述	3	3	4	—	10
匀变速直线运动的研究	4	5	6	5	20
相互作用	4	5	6	5	20
力与平衡	3	5	7	5	20
力与运动	6	12	7	5	30

5. 定义结果空间

所谓结果空间，就是测试题目及其答案。在编制完双向细目表后，我们就可以依据该表来编制试题了。如表 2-2-1 所示，各个不同的内容出多少题，出哪个层次的题，各占多少分，都有明确的规定，所以该表很好地保证了试题对于知识点的覆盖面，以及试题难度的适当分布。由于试题初步编制完成后，会经历一系列的筛选，所以初拟的试题数量要比正式试卷的题量多一些。如果在初拟试题的过程中，有多人参与试题编制，那么最好将双向细目表的各个方格所代表的样题提前做好，大家确认无误并达成共识后，再着手分头编制试题。试题初拟完成后，再做好标准答案。

6. 试题审读试测

试题初拟出来以后，要送到专家那里去审读。审读的目的，是检查试题中可能存在的问题。如内容是否正确、表述是否规范、是否存在语法错误或者文化偏见、试题的内容及难度分布是否符合双向细目表等。试题的审读工作通常需要一个专家组来完成。专家组的专业构成为：试题内容专家、教学问题专家、测量问题专家。其中，试题内容专家保证试题内容不出错，教学问题专家保证试题适用于目标人群，测量问题专家保证试题的形式符合测量的规范。经过专家组的审读和修改以后，试题就可以拿给学生进行试测了。

试测中选取的学生样本容量不需要有多大，30~50 名学生即可。这时需要重点考虑的问题是学生样本的代表性。也就是说，这些作为试测样本的学生，要能够代表将来正式测试的学生总体。试测试卷中，可以加入一些附加问题，比如：这个问题是否提得有些含糊？如果是，请你说明原因。又比如：请你在试卷中找出不理解和不熟悉的问题，并在相应的题号上画圈。再比如：这道试题中的图形或图像对于解题有帮助吗？这道题若是加入一个图形或图像是否会更好？等等。加入上述附加问题的目的很清楚，就是想得到来自评测目标人群对于试卷质量的反馈。在试测以后，一般会对试卷再作小范围的修改。修改完成后的试卷，就可以投入较大规模的实测了。

7. 试题实测

实测中应当注意的一个问题，就是一定要完全使用正式试卷，并且将答题卡都准备好。当然还应当将包括学生答题的指导语、面向监考教师和评阅教师的监考说明与请阅说明也都准备妥当。实测中应当注意的另一个问题是样本容量的大小。一般而言，200人以上的样本容量是可以接受的，或者选取试卷中试题总数的5~10倍作为样本容量的大小。试题实测的目的，主要是收集相关的评测数据，以此为该评测工具的用户提供信度和效度指标。对于大型的评测工具，一般还需要开发相应的用户手册。实测的另外一个目的是收集用于Rasch分析的数据源。Rasch分析也是检验和提升测验质量的重要方法。由于它的专业性很强，涉及现代测量技术中的项目反应理论，在这里我们不要求所有的同学都掌握它。有兴趣的读者可以参看第四章第五节，那里有Rasch分析方法的简单介绍。

（二）科学探究的评测工具开发

与概念理解评测工具的开发过程相似，科学探究评测工具的开发也要经过明确评测目的、定义评测结构、确定行为目标、编制双向细目表、初拟题目、审读题目、试测、实测等环节。当然，两者在各个环节上的侧重点各有不同。下面重点介绍科学探究评测工具开发与概念理解评测工具开发的不同之处。

1. 明确目的，确定结构

科学探究评测工具的开发目的，主要在于检测学生的科学探究能力。评测工具的开发依据主要是教育部颁发的《普通高中物理课程标准（2017年版2020年修订）》（以下简称《标准》）。评测工具的内容要依据《标准》中的内容标准来做，而探究环节主要参照《标准》中的七个要素来实施。有研究表明，科学探究是内容关联和情境关联的。也就是说，科学探究的能力水平，在不同的探究内容和探究环境下是不同的。因此，评测结构也应当分学科内容和探究情境来确定。具体来说，科学探究的评测工具，需要体现学科背景和具体情境。所以，评测学生的科学探究能力，应当在学校实验室的环境下，与某一个或者某几个具体的学科相关联。自然，评测结构的确定要以《标准》为依据，在学校情境中展开。

2. 确定行为编制细目表

在确定了评测结构以后，就需要对评测的具体行为进行界定了。比如，若评测的结构确定为中学生的科学技术观，我们就可以以下面的行为作为评测的对象：

（1）定义科学和技术；

（2）认识科学与技术的异同；

（3）解释科学与技术的相互作用；

（4）分析科学技术与社会的融合方式；

（5）鉴赏科学技术的历史与社会文化维度。

界定行为是为编制细目表作准备的。与概念理解评测用的双向细目表的结构相似，这里的双向细目表也需要对评测的内容作出层次的划分。每一个层次需要至少一道题。一般来说，题目数越多，评测的信度就越高。但也不是多多益善，因为题目太多，就会降低评测的效益。

关于用于科学探究评测的双向细目表的具体编制方法、试题试测、审读、实测方法等，都与前面所讲类似，这里不再重复。

3. 探究试题的常见形式

为了帮助读者了解科学探究试题的具体形式和内容，下面介绍几种常用的科学探究评测内容及其相关的评测方式。它们分别是实验操作技能评测、综合探究技能评测和科学探究观念评测。

（1）实验操作技能评测。

尽管评测学生的实验技能可以部分地由纸笔测验来完成，但最为有效的方式无疑是实际操作测试。在对学生进行实际操作测试之前，需要准备一个考虑完备的观察检核表或者等级评定量表。如表2-2-2所示是一个等级评定量表的例子。

表2-2-2　显微镜操作技能等级评定量表

姓名：＿＿＿＿＿＿＿　　　日期：＿＿＿＿＿＿＿

实验技能	初步掌握	比较娴熟	非常娴熟
双手搬运显微镜			
擦拭显微镜镜头			
认识显微镜部件			

（续表）

实验技能	初步掌握	比较娴熟	非常娴熟
准备显微切片			
安装显微切片			
调节显微镜灯光			
调节显微镜焦距			

从表中我们可以看到，实验技能的等级评测量表是与具体的评测内容相关的，也就是说，不同的实验技能，需要采用不同的评测量表。有研究表明，实施这样的评测虽然耗时费力，却是效度最高的评测方法。

（2）综合探究技能评测。

所谓综合探究技能，是指在探究过程可能用到的各种技能的总称。一般包括提出假设、定义变量、设计实验、分析数据、得出结论、评价反馈等。综合技能的评测也可以通过表现式评测来实现。具体来说，就是交给评测对象一个探究任务，在他实施探究的过程中进行实时评测。表现式评测由三项内容组成：一是探究任务，二是答题方式，三是评定量表。表 2-2-3 所示是一个评测学生提出研究假设能力的实例，从中我们可以学习到技能评测题目的编制方法。

表 2-2-3　提出研究假设能力评测题目示例

评测目标	题目示例
设定一个问题，其中因变量已确定，还有一系列可能的自变量，让被试确定可以被验证的研究假设	一名中学生正在制作水火箭。他可以改变火箭中水的总量、火箭的发射角度以及通过在火箭箭头部分添加沙子的方法来改变火箭的总质量。他想知道什么因素会影响火箭的最终飞行高度。下面的哪一个假设是可以被验证的？ 1. 使用热水比使用冷水能使水火箭飞得更高。 2. 使用四个尾翼的水火箭比只使用两个尾翼的水火箭飞得更高。 3. 尖头的水火箭比圆头的水火箭飞得更高。 4. 储水多的水火箭比储水少的水火箭飞得更高。

（3）科学探究观念评测。

评测师生科学探究观念的方式有很多，用得最多的还是纸笔测验式的多项选择题，也可以是一个开放式问题加上深度访谈。下面是一个多项选择题的实例。

科学与技术是紧密相关的：

A. 因为科学是所有技术进步的基础，尽管很难看出技术是怎样促进科学发展的。

B. 因为科学研究导致技术的应用，而技术的发展也提升了科学研究的能力。

C. 因为尽管它们并不相同，但它们的联系是如此紧密，以至于我们很难将它们区分开。

D. 因为技术是一切科学发展的基础，尽管很难看出科学是怎样促进技术进步的。

E. 科学与技术没有太大的差异。

F. 我对这个问题的了解太少，无法作出选择。

G. 以上所有的选项都不符合我的观点。

以上介绍了评测工具的开发与运用。工具评测作为一种量化研究方法，是美国物理教育研究的主流方法，它在美国的物理教育研究领域里所发挥的作用不可低估也不可替代。它能够给我国的物理教育研究带来什么是一个值得深入研究的课题。全盘照搬地"拿来"是不可取的，因为中美两国的国情不同；有所取舍地"借鉴"倒是值得考虑的，问题是如何借鉴。工具评测至少有两个方面是值得借鉴的，一是用于探查学生相异构想的概念理解评测工具的运用；二是用于评测学生科学探究思想和方法能力的探究评测工具的使用。而对于评测工具，尤其是科学探究评测工具开发方法的学习和研究，或许是我国广大物理教育工作者的当务之急，因为该领域里的评测工具情境性很强，美国同行不可能、实际上也没有将各个具体情境中的探究评测工具都开发出来，所以很多事情还得我们自己去做。

第三节　深度访谈

所谓深度访谈，是指调查者与调查对象之间采用一对一深入谈话的方式收集数据的过程。在物理教育研究中，访谈方法的运用常常伴随着其他方法，如一般评测和工具评测的方法。访谈法的特点，是可以深入了解调查对象的所思所想，包括他们对于所学物理概念、规律的认识，以及情感态度动机方面的内容。所有这些，都是一般以评测为手段的量化方法所无法做到的。比如：学生学习物理的相异构想，可以通过工具评测的方法去了解它们的种类，但很难通过评测的方法了解那些相异构想产生的原因。这时就可以借助访谈的方法。又比如：为帮助学困生提高解题的能力，我们需要了解他们的问题解决方式，这时我们可以找一些学生来做他们容易出错的物理题，并且一边让他们做题，一边与他们交谈。

只要访谈的对象数量足够多，就可以将学生在该领域里所有可能的解题方式都了解清楚，包括正确的和错误的。这样就能大大提升教学的针对性和实效性。再比如：现在越来越强调科学素养的教育。那么，什么是科学素养我们就得搞清楚。科学素养中最基础的东西就是科学观，也就是人们对于科学的看法。这样一来，我们教育工作者就需要对学生的科学观进行调查。而调查科学观，除了采用问卷调查的方法以外，也可以采用访谈的方法。其实，访谈往往也是编制调查问卷的基础。本节主要介绍访谈的设计、访谈的策略、访谈的程序和访谈资料的分析。

一、访谈的设计

访谈的设计包括访谈结构的选择、访谈维度的确定以及访谈问题的编写。

（一）访谈结构的选择

访谈结构一般可分为结构型、无结构型和半结构型。结构型访谈又称为封闭型访谈。它具有标准化的访谈结构。其中，访谈对象的选择方法和标准、访谈问题、提问顺序以及记录方式等都有严格的规定，研究者对所有的受访者都以同样的程序提问同样的问题。无结构型访谈又称为开放型访谈。这类访谈没有固定的访谈问题，也没有固定的访谈形式。研究者鼓励受访者运用自己的语言表达自己认为重要的观念，目的是为了了解受访者看待问题的角度以及他们对于某些现象的意义解释。在此类访谈中，访谈的方式也不作任何规定，完全视具体情况而定。半结构型访谈又称为半开放型访谈。在这类访谈中，研究者对于访谈的形式与内容都有所控制，但也允许受访者有一定的自由发挥。这里，研究者通常有一个事先准备好的访谈提纲，但它对于研究者来说仅仅是一种提示，研究者什么时候提问什么问题则视具体的访谈情境而定。

在物理教育研究领域，越来越多的人开始采用半结构型访谈。这种访谈方式有三个优点：一是有较高的研究效率。因为访谈具有一定的问题范围，所以目标比较明确，因而能够在有限的时间内收集到研究者所需要的足够资料。二是便于比较研究。由于使用访谈提纲，所以研究的结果也具有一定的收敛性和可比性。这使得研究者可以将自己的研究结果用来与相关的研究结果进行比较，从而得出有用的结论。三是便于量化研究。访谈的结果运用于量化研究，主要是通过为问卷编制服务来实现的。大家知道，问卷调查是一种量化研究，而作为一种质的研究方法，访谈可以帮助研究者了解调查对象的语言习惯和表达方式，从而提高问卷调查的效度。

（二）访谈维度的确定

访谈维度也称为预设维度，它是指收集和整理资料的基本框架，它的作用是对研究者应当从哪几个方面向受访者提问以及从哪几个方面来整理资料作出规定。这种以维度来规定资料的收集和整理框架的方法被广泛运用于师生观念的研究。确定访谈维度的依据有两点，一是实践经验，二是现存文献。比如，笔者所做的一项关于理科教师学业评价观的研究当中，通过专家咨询并查阅现存文献，选定了四个维度，即评价的目的、评价的内容、评价的主体和评价的方法。它们分别回答学业评价的四个关键问题，即为什么评、评什么、谁来评和怎样评。事实上，这四个问题也被认为是当前理论界研究学业评价的四个热点问题。有研究者将学业评价观的研究维度确定为评价的目的、评价的内容、评价的方法和评价的功能。鉴于评价的目的与评价的功能在意义上相近，将它们作为两个不同维度可能会收集到一些重复的资料，从而降低研究效率，因此，笔者最终确定了评价目的、内容、主体、方法四个维度。

（三）访谈问题的编写

一般认为，访谈问题的形式与类型对获取访谈资料的数量和质量都会有重要的影响，而访谈问题的形式与类型又取决于研究的目的与研究的范围。

首先是访谈问题的形式。访谈问题采用什么样的形式决定于研究者需要获取什么样的信息。访谈问题的形式一般有两种：一种是封闭式的问题。它只提出"是"与"不是"的问题，也只需要得到"是"与"不是"的回答。另一种是开放式的问题。它鼓励受访者以开放的方式描述自己的观念、感受、态度或者经验。

如果研究的主要目标，是探索而非验证调查对象对于相关问题的看法，则可采用开放式的访谈形式，设计一些开放式的问题。否则，可以采用一些较为封闭的问题。其次是访谈问题的类型。访谈问题一般可以分为关键问题和实际问题。关键问题主要从几个预设维度出发，直接就调查者关注的核心问题发问。关键问题是访谈的核心内容，访谈的成败往往取决于关键问题谈得如何，所以一定要选好。在前面所举的例子中，其关键问题如下：

（1）您为什么要评价学生的学习？

（2）您在教学中都使用过哪些评价学生学习的方法？

（3）您认为学业评价应该由谁来实施？

（4）就学业方面而言，您喜欢什么样的学生？

实际问题则是用来"旁敲侧击"的，若在关键问题上谈得不好，实际问题可能会成为很好的补充。实际问题就教师在实际教学情境中的经验、感受或实际发生的行为发问。设计这类问题的目的,是收集访谈对象对于相关问题的深层看法,同时也可以达到为访谈"热身"的目的。

如果访谈之前研究者听过访谈对象的课,那么,这时的实际问题,既可以包括一些与评价环境相关的问题,又可以包括与刚刚发生的课堂教学行为有关的问题。此时的实际问题可以这样设计:

(1)您能谈一下刚才那一节课的教学设计吗?

(2)您如何判断课堂教学的目标是否达成?

(3)高考对于您评价学生的内容和方式有影响吗?

(4)您对我国当前中小学学业评价的总体环境怎么看?

二、访谈的策略

访谈策略的正确运用是访谈得以顺利进行的重要保障,反之,访谈就会"卡壳"或出现"偏见"。访谈策略的选择又与研究者的研究目的、受访者的经历和表达能力有关[①]。访谈策略其实也就是访谈中应当注意的问题。

第一个策略是适度干预。干预可以分为几种不同的情形。一是受访者不理解调查者提出的问题,这时就需要对问题进行适当的解释。二是受访者说着说着跑了题,调查者需要及时将其拉回。三是受访者谈到感兴趣的话题时,占用时间过长,这时也需要及时进行提醒或转换话题。

第二个策略是因势利导。为了营造一个宽松、舒适的访谈氛围,研究者不一定按照预定的访谈问题顺序提问,如受访者谈完一个问题后自然地过渡到后面的问题,这时研究者因势利导就该话题继续往下交谈,待这个问题谈完以后再回到前面未谈到的问题上来。这时的访谈提纲对于研究者来说,主要作为一种提示,它可以告诉研究者哪些问题已谈到,哪些还没谈,以免遗漏重要的问题。

第三个策略是正确把握研究关系。所谓研究关系是指研究者、受访者以及研究工作之间的相互关系。它包括两个方面的问题:一是研究者个人因素对研究的影响,如研究者的性别、年龄、文化背景、社会地位、受教育程度、个性特点和形象整饰等身份特点对研究

---

① BRENNER M, BROWN J, CANTER D. The research interview: use and approaches [M]. London: Academic Press, 1985.

的影响，以及研究者的角色意识、看问题的角度、个人与研究问题有关的生活经历等对研究的影响。二是研究者与被研究者的关系对研究的影响，包括局内人与局外人、熟人与生人、上级与下级以及性别异同、年龄异同等关系[①]。

认识和把握研究关系是访谈中应当特别注意的一个问题，因为它也会对研究的结果产生较大的影响[②]。笔者在攻读博士学位期间，曾作为教育部"新课程背景下高中学生学业评价研究"课题组的主要成员到过部分受访者所在的学校，与这些学校的领导和教师比较熟悉。在他们眼里，调查者身份是"专家""教授""博士"。调查者的这种特殊身份给研究带来的影响是双重的。一方面，调查者的食宿得到妥善安排（访谈期间，调查者住在其中一所学校），访谈对象、访谈地点、听课班级的确定都十分顺利。另外，作为一名大学物理教师，研究者有十多年的物理教学经验，选定的 16 名受访对象也都是高中物理教师，这使得调查者与受访对象之间能够就相关问题进行具体而深入的交流。另一方面，"专家""学者"的标签也给研究带来了负面的影响：首先，受访者容易将研究者视作"国家意志"和"正确理念"的化身，他们会用"你是专家，这些你都是知道的啦"这样的话来搪塞调查者的提问。其次，受调查者特殊身份的影响，受访者也会用一些他们自认为是调查者所期待的说法来"迎合"调查者。这种倾向和答问方式无疑会成为"效度威胁"，进而降低研究的效度。有鉴于此，调查者采取了相应的对策——每次正式访谈之前都明确地告诉受访者：第一，这是一次教师观念的调查，调查的结果主要用于科研。对于本项研究而言，观念没有正确与错误之分。第二，调查者所要调查的是教师本人的观念，不是专家学者的观念或书本上的观念。与此同时，调查者以平等的态度参与交谈，除了有问题需要解释或需要将"跑题"的受访者拉回的情形外，一般不轻易打断对方的谈话或插入任何评论。

第四个策略是构建良好的研究环境。构建有利于访谈的研究环境也是访谈中需要采用的一项策略。所谓研究环境，是指研究过程中调查者、受访者以及与之有重要关系或对受访者有重要影响的人员之间构成的三角关系。有研究表明，若以教师作为调查对象，取得校长或地方教育行政官员对于研究的支持是非常重要的[③]。同时，为提高访谈的效度，又需要尽量减少可能来自校方的不利影响。还是以上述调查研究为例，可以采用以下措施。

一是访谈前随堂听课。对于调查者而言，随堂听课有利于了解教师在真实环境下的评

① 陈向明. 质的研究方法与社会科学研究［M］. 北京：教育科学出版社，2000：93.

② BRENNER M，BROWN J，CANTER D. The research interview：use and approaches［M］. London：Academic Press，1985.

③ 高凌飚. 中国教师教育观研究［M］. 武汉：湖北教育出版社，2004：113.

价行为，为访谈双方找到共同话题，从而引出教师对于相关问题的真实看法。而对于校方来说，随堂听课又成为一种教学管理行为，这是校方所欢迎的。因为在他们看来，有"专家"随堂听课，教师会比平时更加认真地备课、讲课，课后还要与"专家"交流，或许还有"专家"评课，这样对于提高课堂教学质量、提升教师教学水平是有利的。

二是严格按照"一对一"的方式进行访谈。一般来说，多人同时进行的访谈会产生相互干扰，若有领导在场，这种影响更大[①]。在访谈期间，有两所学校邀请调查者参与听课后的评课，出于尊重校方并尽量了解受访教师工作环境的考虑，调查者均接受了邀请并两次参与了评课。但调查者时刻提醒自己：多听少说。因为说得过多，可能会影响稍后与受访教师的访谈效果，他（或她）会按照调查者认为"正确"的观念来回答问题。另外，也有个别学科组长或备课组长要求参与访谈，都被调查者有礼貌地拒绝。

三、访谈的程序

访谈一般都要经历访谈预约、正式访谈、文字转录以及确认反馈等程序。

首先是访谈预约。访谈预约最好是在正式访谈的前一周，通过电话或者电邮的方式告知受访者有关访谈的目的、方式与程序。

其次是正式访谈。正式访谈开始前，可以先作几分钟的自由交谈，主要目的是"热身"，即为正式访谈营造一个宽松自然的谈话氛围。此间交谈的内容，是调查者与受访者各自的自我介绍，包括教育背景、生活经历和教学经历。与此同时，在征得受访者的同意后，调查者可以记录下受访者的住宅电话、移动电话、电子信箱等联系方式，以便日后的沟通和交流。随后，调查者正式介绍访谈的目的，并在征得受访者同意后开始录音。这是正式访谈的开始。访谈先从具体问题开始，如要求受访者简要叙述刚刚讲过的一节课的教学设计，并对课堂上发生的评价行为作出解释。比如：在一次随堂听课时，调查者看到将作为受访对象的主讲教师向全班提问"产生摩擦力的三个条件"。一名女生被点回答问题。当她说到"两个接触面之间要有'弹力'"时，教师点评说："你的回答基本正确。但书上的说法是'挤压'而不是'弹力'，所以最好还是用'挤压'。"事实上，在物理学中，两种表述意义完全相同。课后调查者让这名教师解释为什么要求学生必须按照书本上的说法来表述问题。他的回答是：这是外部考试向我们教学提出的要求，如果不这样做，学生将来是会吃亏的。这种对具体评价行为的意义解释，可以让调查者了解到受访者深层的评价目

---

① 陈向明. 质的研究方法与社会科学研究［M］. 北京：教育科学出版社，2000：269.

的。在与课堂教学内容相关的具体问题谈完以后，再过渡到其他的抽象问题。在实际的访谈过程中，调查者尽量少看访谈提纲，访谈的主要问题最好都记在脑子里，根据访谈的进程选择适当的问题提问。如果在访谈快要结束时，从访谈提纲上发现有些问题还没有提及，调查者应当及时补上。

再次是文字转录。在正式访谈中记录下来的语音文件，需要尽快地转换成文字文本。因为时间一长，调查者就可能忘记当时的某些具体情境，转换出来的文字就会"失真"。文字转录除了要尽快，还需要"高保真"。也就是要保留受访者话语的原汁原味，包括语气词都不能随意改动。换句话说，文字转录需要逐字逐句，不要作出任何概括，这些原汁原味记录下来的文字，对于稍后访谈数据的分析整理非常重要。

最后是确认反馈。访谈录音转换成文字文本以后，调查者可以将这些文本以电子邮件或者其他方式发送给受访者，请他们对文字内容进行核实后发回。这样做既是出于提高研究信度的需要，也是尊重受访者的一种表现。此外，在每次访谈结束时，为表示感谢，送给受访者一件小物件也是保障良好研究关系的有效方法。事实上，这一做法在西方国家很常见。

四、访谈资料的分析

所谓资料分析，是指根据研究的目的对所获得的原始资料进行系统整理，然后采用逐步集中和浓缩的方式将资料反映出来，其最终目的是对资料进行意义解释[1]。下面以某教师观念研究[2]为例，介绍访谈资料的分析方法。该研究的资料分析经历了三个阶段：第一阶段，从资料中提取关键词和关键短语；第二阶段，对教师的观念进行编码；第三阶段，对教师的观念进行分类。如图 2-3-1 所示。

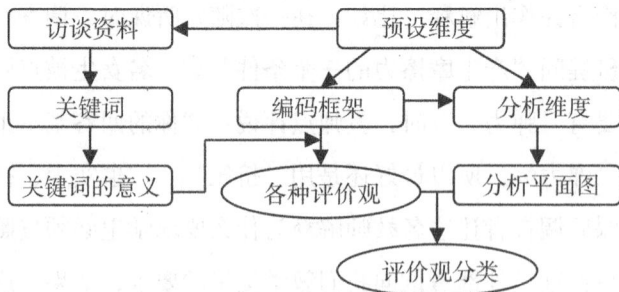

图 2-3-1 资料分析的过程

① 陈向明.质的研究方法与社会科学研究 [M].北京：教育科学出版社，2000：269.
② 吴维宁.理科教师学业评价观研究 [D].广州：华南师范大学，2007.

（一）抽取关键词与关键短语

抽取关键词与关键短语是资料分析的第一个阶段。这一阶段的主要任务是理解教师在访谈过程中所说的与评价问题相关的重要语汇的具体含义，并将它们抽取出来作为以后进一步分析之用。事实上，对于教师在访谈中提到的重要概念（关键词）的理解，在访谈过程中就已经开始了。比如：一名受访教师在访谈中说到"我一般比较注重提问'尖子生'"。研究者为弄清她对于"尖子生"的具体界定，便进一步追问"你所说的'尖子生'是指什么样的学生呢？"这名教师的回答是："他们是我需要重点培养的学生。我现在需要多发现这样的学生，将来在高二（她现在正在教高一）分班时，我会将这些学生编到'物理班'[①]来。"这样，研究者既了解了受访者的评价目的，也弄清了她关于"尖子生"的具体含义：这里她所指的"尖子生"并非一般意义上成绩好的学生，而是特指物理成绩好，且将来会选考物理的学生。这样，"尖子生"就作为一个关键词被提取出来，并且被赋予了特定的含义。当然，系统的资料分析是在录音文字稿经过受访教师核实以后进行的。这一阶段采取的主要策略，是通过电子邮件的方式与受访教师进行交流，目的是请他们对访谈中不甚清晰的说法加以核实或作进一步的说明。比如：在访谈中有一名教师谈到"只要是对于学生有用的考查方式，就算是在高三我也会采用；如果对于学生没用，就算是在高一、高二我也不会采用"。在整理资料时，研究者注意到谈话中"有用"这个词比较特别。于是研究者立即给这位教师发了一封电子邮件，请他对这个词的含义作进一步的说明。这位教师回信说："就目前针对我的学生是高三年级学生来说，所谓的'有用'就是能给他们创造更多更好的机会进入高层次的学府深造。"这样，这位教师所说的"有用"一词的意义就很清楚了。用这种方式提取的关键词和关键短语，以各次访谈序号为基本单元存放以备后续分析之用。

（二）对关键词和关键短语进行编码

对关键词与关键短语进行编码是资料分析的第二个阶段。这一阶段的主要任务是在资料中寻找反复出现的带有规律性的词汇、主题或概念并进行归类，从而使资料系统化以备认定教师的观念之用[②]。它是提取关键词后对资料作进一步系统化整理的过程。这一阶段的资料整理需要有一个编码框架，其作用如同图书馆里的书目编码系统，是对资料进行分类整理的依据和存取的媒介。该研究采用的编码框架，是前面提到的学业评价的四个预设

[①] 2007 年广东高考将采用 "3+X+ 文科基础 / 理科基础" 的考试形式。其中的 "X" 就是学生选考的科目。"物理班"就是由选考科目 "X" 为物理的学生所组成的教学班级。

[②] 高凌飚. 中国教师教学观研究 [M]. 武汉：湖北教育出版社，2004：118.

维度，即资料的编码实际围绕学业评价的目的、内容、方法和主体四个维度来展开。具体来说，对关键词和关键短语的编码分为两个步骤来完成：第一步，将前一个阶段提取的关键词和关键短语按四个不同的维度"收拢"起来，同时保留其访谈序号。如在"学业评价的目的"维度下，汇集了从"访谈1"到"访谈16"[①]中所有与"评价目的"有关的关键词和关键短语。具体形式如下。

预设维度一：学业评价的目的

访谈1：引发学生的思考；让学生产生收获感；……

访谈2：……

…………

预设维度二：学业评价的内容

访谈1：……

访谈2：……

…………

这一步的目的，是将关键词与关键短语按照预设维度来存放，这是对教师评价观进行分类的必要步骤。同时，由于保留了各个关键词与关键短语的访谈序号，使后续查找关键词和关键短语出处或者原句的工作更加便捷（因为在研究结果部分，需要将代表各种观念的典型原句列出）。第二步，在上一步的基础上，寻找关键词和关键短语中具有相同主题的词汇或概念，用一个新的关键词来概括（这一关键词实质上是一个概括程度更高的关键词），再将该维度下所有具有相同主题的关键词与关键短语都汇集到这个新的关键词下，并将归属于这个新的关键词之下的旧有关键词和关键短语的访谈序号保留下来（原因同第一步）。如在"学业评价的目的"维度下，"维持课堂纪律""让走神的学生集中注意力"等关键短语都与"控制课堂"有关，因此将这些短语都归入"控制课堂"这一主题之下。具体形式如下。

预设维度一：学业评价的目的

主题1：备战高考（访谈2、3、4、5、8、12）

主题2：控制课堂（访谈2、3、5、6、7、8、9、12、13、14、16）

主题3：获取信息（访谈1、2、3、4、5、7、8、10、11、12、13、15、16）

…………

---

① 该研究共访谈了16名教师。每一名教师都是先听课，后访谈。对每一名教师的访谈时间都是半小时左右。

从这一步编码得出的新的关键词中，已经可以看到各种学业评价观的雏形。它们成为进一步认定教师学业评价观所需要的、概括程度最高的分析素材。

（三）认定受访者观念

仍以上述研究为例，对教师的学业评价观进行"认定"是资料分析的第三个阶段，它也是资料分析的最终目的。这一阶段的主要任务是以上一个阶段提取的关键词为基础，根据访谈资料和预设维度来确定 "分析维度"（ 即正式用于认定教师评价观的维度），然后利用"分析平面图"对教师的学业评价观进行具体认定。

1.确定分析维度

预设维度是根据理论分析和前人相关研究的经验确定下来的，是否能够用于认定教师的学业评价观，要视收集到的访谈资料而定。如果访谈资料不能提供足够的支持（如资料不够或不能从中看到教师不同的评价观念），则该维度将被取消。该研究设定的四个预设维度中，"学业评价的主体"维度最后被取消，原因是从该维度收集到的资料看不出教师观念的差异，因为绝大多数教师的观念都是一样的：学业评价应该由教师来评。其他三个维度上收集到的资料，则可以明显看到教师观念间的差异，所以最终用作认定教师学业评价观的分析维度被确定为 "学业评价的目的""学业评价的内容"和"学业评价的方法"。

2.对受访者观念进行编码

以上述理科教师评价观研究为例，这里对教师学业评价观进行编码的过程，实质上就是在不同的分析维度上，依据程度的不同，将教师的学业评价观（以最后提取的关键词来表示）以"教师中心"逐步过渡到"学生中心"的方向进行排列的过程。如在"学业评价的目的"维度上，分析出的按上述方向排列的五个观点是"控制课堂""备战高考""教学检查""能力培养"和"主体发展"。

3.最终认定受访者观念

对受访者的观念进行认定，实际上就是按照一定的规则，依据收集到的材料对受访者的观念进行分类。其中的规则，就是所谓的"分类平面图"（如图2-3-2所示）。图中，每一行代表一个维度，每一列代表一种观念。如前所述，上述研究所确定的分析维度有三个，每一个维度上的评价观念有五种。具体的排列方法是：同一个维度的观念排在同一行中，按照极端的"教师中心"到极端的"学生中心"顺序排列。这样，最具"教师中心"特点的学业评价观构成分类平面图上最左边的一栏，它代表了教师评价观的一种类型，这样也就认定了一种教师学业评价观。分类平面图上的栏目数代表了教师学业评价观的种类数。

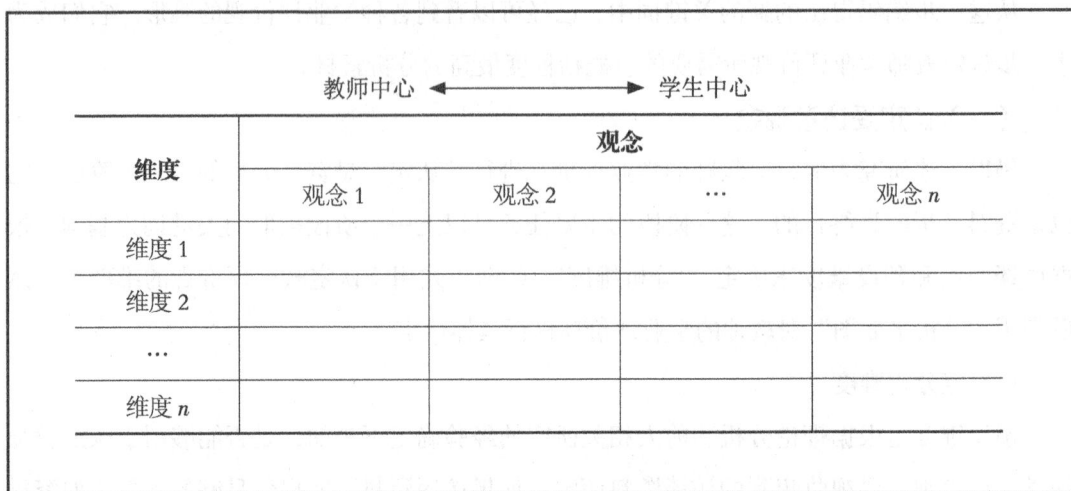

图 2-3-2　理科教师评价观分类平面图

图 2-3-2 所示是用于确定受访者观念的一种工具，我们把它叫作分类平面图。将初步概括后的关键词依照一定的规则放入其中的位置后，就形成一个完整的观念分类表。

表 2-3-1　理科教师学业评价观一览表

维度	观念				
	管理导向的评价观	升学导向的评价观	教学导向的评价观	能力导向的评价观	主体导向的评价观
评价的目的	维持纪律	备战高考	获取信息督促学习	激发兴趣培养能力	个性发展鼓励创新
评价的内容	纪律表现	高考考点	作业情况知识掌握	物理能力综合素质	过程方法情感态度
评价的方法	课堂点评	考前训练	课堂提问纸笔测验	科技活动实验探究	过程评价多元评价

如表 2-3-1 所示是上述访谈研究最终得到的理科教师学业评价观的分类一览表。表中共有五种不同的评价观。如第一列为管理导向的评价观，它的评价目的是维持纪律，它评价的内容是学生的课堂表现，它采用的评价方法是课堂点评。

以上是关于师生观念调查中采用的访谈方法的介绍。应当说，观念调查是访谈法中程序较为复杂的一项研究内容。至于学生学习物理的相异构想的调查，或者解题方式的调查，若使用访谈法，则程序要相对简单一些。具体方法在案例篇中再结合实际的案例进行介绍。

第四节　内容分析

在量化研究方法体系的大家庭中，除了工具评测以外，内容分析也在物理教育研究领域里受到越来越多研究者的青睐。那么，什么是内容分析？如何实施内容分析？下面分别介绍内容分析的含义、设计和实施。

一、内容分析的含义

内容分析原本是传播学的研究手段，它被广泛地运用于对各种传媒的研究。比如对各种书刊、报纸、演讲、视频、录音等进行分析，然后运用统计的方法得出研究结论。目前，内容分析已成为教育与心理研究领域的常用方法。它不仅仅是一种资料分析的手段，更已成为一种独立而完整的科学研究方法。通过内容分析，可以对有关研究文献、实验记录、访谈文本、观察记录、教学材料、学生作业等各种材料进行剖析，从而得出真实客观的研究结论。在物理教育研究领域，国内外同行主要将它用于对物理教材、学生作业和高考试卷的研究。

内容分析的适用范围很广，既可以分析文字型材料，如教材、作业、考卷、记录等，又可以分析非文字型材料，如录音、视频等；既可以分析现成的材料，又可以分析专门收集的材料。比如：教学中正在使用的教科书、学生刚刚完成的作业等，都是现成的分析材料；而为达成特定研究目的而收集的访谈记录、观察记录等，就是专门收集的材料。两者都适合做内容分析。但在做内容分析时，还是对材料内容有一定要求的。比如，材料内容应该具有明显、意义直接、易于理解等特点。对于潜在的、具有深层或主观性的内容不适合采用内容分析法，否则得出的研究结论难以做到客观和准确。简言之，适合于内容分析的材料，应当具有便于精确分类和量化处理的特点。

二、内容分析的设计

在正式实施内容分析之前，需要对内容分析作出整体的设计，具体包括明确研究目的、选择分析单元、确定分析维度等。

（一）明确研究目的

在运用内容分析的方法之前，我们需要搞清楚它都适合哪些研究目的。一般认为，在物理教育研究领域，内容分析主要适用于下列三种研究目的。

一是趋势分析，即通过比较某一个研究对象在一定时期内的变化情况，探讨该研究对象的发展变化趋势。比如：通过分析"文革"后十年高考物理试卷在题型、知识点分布等方面的变化情况，可以探讨高考物理命题的变化趋势，为中学师生备考提供重要信息；通过内容分析也可以发现试卷结构和知识点考查频度上的若干问题，从而为命题者提供有益的参考。

二是现状分析，即通过相关材料的分析，掌握研究对象存在的问题与不足。比如，通过对我国现存物理教育类期刊进行内容分析，可以了解我国物理教育研究在研究内容和研究方法上存在的问题和不足，从而为物理教育工作者、物理教育研究者和相关期刊的主办者提供有价值的意见和建议。另外，对于学生的作业进行内容分析，也属于现状分析的范畴。

三是比较分析，即通过横向对比和分析，找出不同研究对象之间的异同，从而为特定群体提供有用的信息。比如：通过比较不同物理教师的课堂教学行为，可以揭示他们在教学方式上的异同；通过比较不同物理教材的栏目设置、知识点分布、作业形式，可以揭示不同教材在教育目标、教育方式和教育手段上的异同，从而为教师及教材编制者提供有价值的意见和建议。

（二）选择分析单元

所谓分析单元，是指在描述或者统计研究对象时所使用的最小单位。比如，在研究国外某物理教育研究期刊中各类文章的分布状况（包括实证与非实证文章）时，文章就是分析单元。表 2-4-1 就是一个内容分析设计的实例。其内容分析的最小单位，即分析单元，是一篇一篇的文章；在对教材做内容分析时，篇、章、节都可以成为分析单元；在对教学过程做内容分析时，一个录像镜头、一个教学情景、一段师生互动都可以成为分析单元。

表 2-4-1　内容分析的类目及分析单元设计表

样本	被研究的期刊（专栏）	《美国物理学杂志》物理教育研究专栏				
	年、卷、期					
	类目确认 分析单元	第1篇	第2篇	…	第 n 篇	频数小计
	实证研究	√			√	
	非实证研究		√			

（三）确定分析维度

在表2-4-1中，我们想对国外某物理教育研究期刊上某一专栏所刊载的文章进行分类，这些文章从总体被分为两类：实证研究和非实证研究。它们所在的栏目叫作类目或分析维度。所谓类目或分析维度，是指根据研究的需要，将需要研究的资料进行分类后得到的具体项目。比如，表2-4-1中的实证研究与非实证研究就是分析维度中的两个项目。又比如，若要研究一篇文章题目的好坏，我们就可以设计准确性与简洁性两个项目。再如，若要研究实证研究的具体方法，我们可以将实证方法分解为复合方法与基本方法两个不同的项目。若要再继续分下去，还可以将基本方法分解为一般评测、工具评测、深度访谈、内容分析和出声思考五个子项目。从这里我们可以看到，内容分析可以像掰洋葱一样，一层一层地掰开、一层一层地分解。

选择分析维度的方法有两种：一种是利用现成的分析维度，另一种是自行确定分析维度。现成的分析维度就是别人用过的分析维度。使用这样的分析维度时，需要找来两个评判者，让他们各自独立地依据给定的维度，对需要分析的材料进行编录，也就是"对号入座"，然后计算他们之间的评判信度（具体方法稍后介绍）。如果信度不高，就要找出原因，重新选择分析维度，直到两个评判者评判结果的一致性程度令人满意为止。自行确定的分析维度，就是研究者根据需要和具体情况，自己确定的分析维度。采用这样的分析维度，首先需要对研究的材料进行全面的浏览或略读，而后在此基础上初步制定分析维度，然后不断地重复试分析—修订的过程，直到最终形成客观完备的分析维度。

为保障内容分析的客观性和有效性，在选择确定分析维度的过程中，有四项原则必须遵守：其一，维度的意义要清晰。具体来说，确定下来的分析维度，尤其是最具体的子维度，一定要有操作性的定义，这样才能有效保障内容分析的客观性。其二，维度分类要有完备性。也就是说，分类必须要完全彻底，不留死角，即要保证所有的分析单元都有处可放，不允许出现某一个分析单元无处可归的现象。其三，维度分类要具备排他性。举例来说，就是不能有某一个分析单元既可放到这个维度，又可放入那个维度。其四，维度要有稳定性。在进行正式的内容分析时，不能开始有一个分析维度系统，分析到后来又变成另外一个分析维度系统，也就是说，不能一边分析一边修改维度。在上述工作做好以后，就可以正式实施内容分析了。

三、内容分析的实施

在完成基本设计以后，内容分析的实施一般包括抽取材料、评判记录和结果处理。

（一）抽取材料

抽取材料其实就是针对分析材料的抽样。为什么要抽样呢？因为如果我们想要将研究的结论进行推广，就必须要有足够的证据证明我们获取的材料是具有代表性的。显然，我们不可能也没有必要将研究总体中的每一个个体一个不落地拿来分析。这样就得采用一定的方法，使得我们由此获得的样本具有一定的代表性，这个获取样本的过程就是抽样。常用的抽样方法一般有随机抽样、分层抽样、目的抽样和方便抽样。关于抽样方法的详细内容见第一章第三节，此处不拟详述。

分析材料的抽样一般包括三种类型，第一种叫作来源抽样，第二种叫作时间抽样，第三种叫作分析单元抽样。来源抽样就是对材料的来源进行抽样，比如决定选取什么教材、杂志进行分析，就是来源抽样；确定对什么时间段的材料进行分析，就涉及时间抽样的问题；而确定什么作为分析单元，就是分析单元抽样。应当选取什么样的抽样方法，抽取什么内容，则要具体情况具体分析。具体操作方法见本书案例篇部分。

（二）评判记录

在抽样的工作完成后，我们就可以对抽取的样本材料进行评判记录了。在做评判记录时，比较规范的做法是借用评判记录表，也就是用表2-4-1所示的分析维度和分析单元设计表来实施。这里需要注意的问题有三点：一是要严格按照各个维度的操作定义来实施判断并作出记录。一般只作有或无、多或少的判断和客观数值记录，不作好或坏、美或丑、道德或不道德的价值判断。二是判断结果最好是数值型的，以适应此后数据处理的要求。三是要作评判记录者信度分析。一般来说，无论是采用自行确定的分析维度，还是采用现成的分析维度进行内容分析，都需要在正式评判记录之前作出信度分析，它是保障内容分析客观性的重要手段。

评判者信度是什么？又该如何计算呢？所谓评判者信度，是指两个或两个以上不同的评判者，按照统一的分析维度和分析单元，借助同样的评判记录表，对于同一个材料样本进行内容分析时，其判断和记录结果的一致性程度。评判者信度值越高，评判记录的结果就越可靠。评判者信度的计算公式如下：

$$R = \frac{n \times (\text{平均相互同意度})}{1 + [(n-1) \times \text{平均相互同意度}]} \tag{2-3}$$

其中，R 为评判者信度，n 为参加评判的人数，相互同意度是指两个评判者之间相互同意的程度，平均相互同意度则是相互同意度的平均值。相互同意度的计算公式为如下：

$$相互同意度 = \frac{2M}{N_1 + N_2} \tag{2-4}$$

其中，M 是两者都完全同意的类目数；N_1 是第一个评判员所分析的类目数；N_2 是第二个评判员所分析的类目数。

例如：某研究项目共有 10 个类目，两个评判员的评判结果有 9 项是一致的，则他们之间的相互同意度可作如下计算。

解：相互同意度 $= \dfrac{2 \times 9}{10 + 10} = 0.90$，

信度 $= \dfrac{2 \times 0.90}{1 + (2-1) \times 0.90} = 0.95$。

在实践中，内容分析的实施通常都是由研究者找一些研究助手作为助理评判员，先作简单的培训，再让他们各自独立进行评判，然后根据他们的评判结果与自己的评判结果求相互同意度，最后在此基础上求评判者信度。

例如：某研究项目有四个评判员参与评判，四个人对于同一内容分析结果的相互同意度如表 2-4-2 所示，则其信度分析的过程如下。

表 2-4-2　相互同意度数据表

评判员	与其他评判员的相互同意度		
	A	B	C
D	0.85	0.67	0.84
C	0.74	0.75	—
B	0.68	—	—

解：平均相互同意度 $= \dfrac{0.85 + 0.67 + 0.84 + 0.74 + 0.75 + 0.68}{6} = 0.755$，

信度 $= \dfrac{4 \times 0.755}{1 + (4-1) \times 0.755} = 0.93$。

（三）结果处理

经过上述一系列程序以后，我们就得到了可以用于内容分析的数据库。对于这些数据的分析方法包括频数分析、相关分析、差异检验等。具体方法详见第三章。

对于建立起来的数据库进行不同方式的处置，叫作内容分析的结果处理。由于研究目的是不同的，结果处理的方法也不相同。前面讲到，内容分析的目的主要有三种，即趋势分析、现状分析和比较分析。相应地，内容分析的结果处理方式也有三种，分别是趋势分析模式、比较分析模式和意向分析模式。下面分别作介绍。

1. 趋势分析模式

该模式主要用于分析同一来源的材料在不同时期的不同特点，以凸显其发展趋势。它的示意图如图 2-4-1 所示。

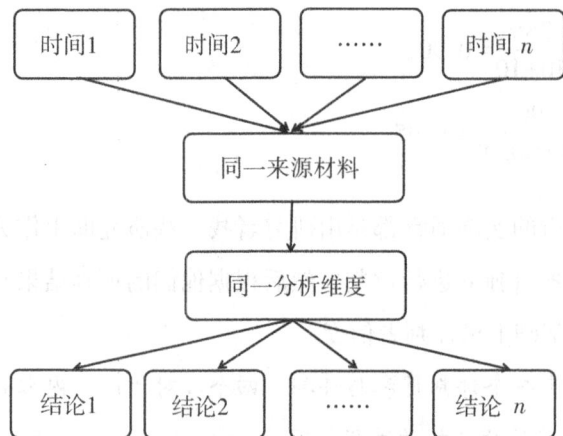

图 2-4-1　趋势分析模式示意图

比如，我们可以分析不同时期的物理高考试卷在考查内容和考查方式上的不同特点，分析的结果可以为命题者和学校师生提供有益的信息。这里，资料来源都是高考物理试卷，但是时间是不同年份的。分析的维度有两种：一种维度用于分析知识点，另一种维度用于分析题型。但是对所有年份的试卷进行内容分析时，这两种维度的具体内容都是相同的。

2. 比较分析模式

该模式主要用于比较同一时期不同来源材料的不同特点。其示意图如图 2-4-2 所示。

比如，我们可以比较分析同一时期中美物理教材在各章知识点数量、栏目数量、习题数量、插画数量等方面的异同。其中，中国教材和美国教材就是不同来源的材料，分析的维度都是

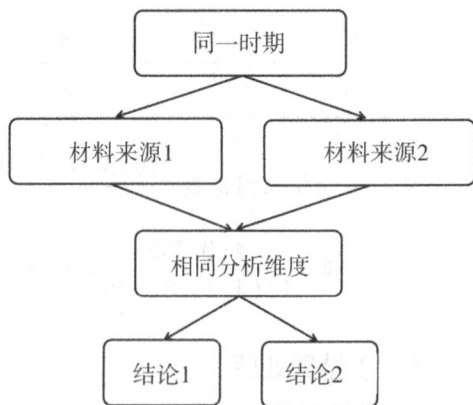

图 2-4-2　比较分析模式示意图

知识点数量、栏目数量等。

3. 意向分析模式

该模式主要用于分析同一时期同一来源的多种不同材料所具有的特点，又称为意向分析。其示意图如图 2-4-3 所示。

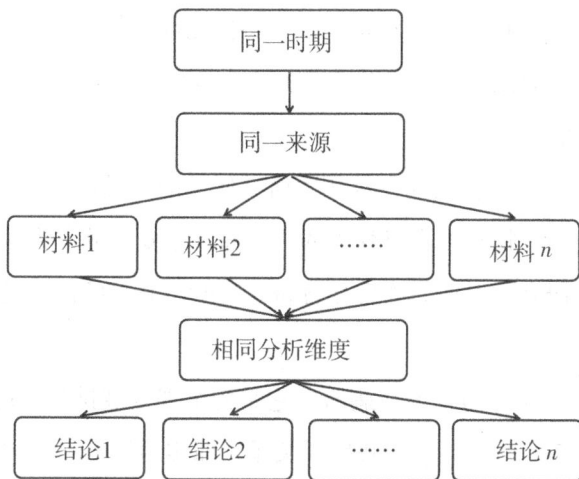

```
                    ┌──────────┐
                    │  同一时期  │
                    └──────────┘
                         │
                    ┌──────────┐
                    │  同一来源  │
                    └──────────┘
           ┌──────┬─────┴──────┬──────────┐
      ┌────────┐┌────────┐┌────────┐┌────────┐
      │  材料1  ││  材料2  ││ ······ ││  材料n  │
      └────────┘└────────┘└────────┘└────────┘
           └──────┴─────┬──────┴──────────┘
                  ┌────────────┐
                  │  相同分析维度  │
                  └────────────┘
           ┌──────┬─────┴──────┬──────────┐
      ┌────────┐┌────────┐┌────────┐┌────────┐
      │  结论1  ││  结论2  ││ ······ ││  结论n  │
      └────────┘└────────┘└────────┘└────────┘
```

图 2-4-3　意向分析模式示意图

比如，我们可以利用该模式来分析同一名教师，在同一个时期，当他采用不同的教学方法时所产生的不同教学效果。此外，该模式也可用来分析同一名教师的教学思想、教学方法和教学态度等特点。

第五节　实验研究

在物理教育研究的英文文献中，我们不难看到实验研究的大量案例。这些案例多半是由各种基金，包括国家自然科学基金资助的研究项目，它们的目标就是检验新课程、新教法的有效性与可行性。这些实验研究为新课程新教法的推进与推广发挥了不可替代的作用。前面介绍了物理教育研究中常用的实证方法，如评测方法、访谈方法、内容分析等。上述方法都是单独使用的实证方法。而实验方法则既可以单独使用，也可以兼用以上各种方法，因而可以看作一种复合型的实证研究方法。本节介绍实验的相关概念、设计模式和实验控制的一般方法，最后讨论实验效度的问题。

一、实验及其相关概念

这里的"实验"显然不是指物理实验，而是指针对物理课程或者物理教学方法的实验。教学实验是这样一种活动，它需要设计一个能够反映研究对象本质特征的教学情境，并使研究对象尽量不受实验变量以外因素的干扰，然后对其施以处理，以观察研究对象某种特性的变化，从而检验实验处理与研究对象的该种特性之间因果关系的假说是否成立。这样的实验又称作真实验。下面先介绍与实验有关的几个概念。

（一）主试与被试

所谓主试，就是负责实施测试并完成相关研究任务的人员。主试可以由研究者自己来充当，也可以由他人充当。物理教育研究中的主试通常是专职的研究人员或在职教师。

所谓被试，就是被研究的对象。物理教育研究中的研究对象往往是学生。

（二）实验处理

实验处理简称处理，又称为干预或刺激，它是为了观察被试的反应而人为地对被试采取的行动。前面讲过，实验就是为了寻找因果关系，而实验处理就是因果关系中的自变量，它可能是因果关系中的因，也可能不是，这要看实验检验的结果。在物理教育研究领域，我们常常需要研究教学方法与教学效果的因果关系。实验处理常常表现为教学干预，即教学方法。处理通常表现为不同的水平。这里的"水平"就是指自变量的不同取值。若教学方法有三种——讲授法、合作学习法以及基于项目的研究性学习法，那么，这时的处理就有三种不同的水平——讲授法、合作学习法以及基于项目的研究性学习法。

（三）前后测与变量

1. 前后测

即在处理实施前后对被试进行的观测。比如，在实验某种教法之前，对于学生实施的测验就是前测，而在一个阶段的教学之后实施的测验，就是后测。

2. 变量

即在实验中能够对实验结果产生影响的各种因素。比如，影响教学效果的因素有很多，既有教学方法的影响，也有教学设备的影响，还有学生认知能力和学习动机等方方面面的影响，这些因素都是变量。

变量的种类有很多，包括自变量、因变量、实验变量、控制变量等。下面分别作介绍。

（1）自变量，即由于自身的变化引起实验结果的变化，这个变量就是自变量。

（2）因变量，即因自变量的变化而引起变化的变量。

（3）实验变量，即实验所关注的自变量。因为影响因变量的因素即自变量可能会有很多，但实验往往只关注其一个或者几个自变量，这个（些）被关注的自变量就成为实验变量。

（4）控制变量。在实验的过程中，研究者往往会有意识地控制，或者采用某些措施消除某个或者某些自变量对于因变量的影响，而只观察实验变量对因变量的作用效果，这时被控制的自变量就是控制变量。

（四）实验干扰

所谓实验干扰，就是引起实验误差的各种因素。一般说来，引起实验误差的因素即实验干扰有以下类型，需要在实验的过程中加以排除。

1. 不等组

在实验中，通常会设计一个实验组和一个控制组。研究者会对实验组的成员施加实验干预，而采取一定措施使控制组的成员不受任何实验干预的影响，从而检验实验干预的实际效果。要想实验结果准确有效，一般应使所分的实验组与控制组同质，也就是要等组。比如，要检验某种新教法是否有效，若选一些学习好的学生作实验组，而选一些学习差的学生作控制组，就会使实验结果发生偏差。

2. 选择偏好

就是分组的过程中让被试有选择的权力。如有的学生喜欢加入实验组，而有的学生不愿意参与实验，如果完全以学生的意愿进行分组，那么实验的等组性就难以保障，所以分组时不可以让学生自愿报名。

3. 极端抽样

就是在实验的过程中抽取特别好的学生或者特别差的学生作为研究样本。应该说，抽取极端样本来研究是可以的，比如研究天才学生的思维方式或者学习过程，从而揭示某些不为人知的东西。但若是要研究某种教学方法的效果，并指望能够将它推而广之，那最好找中等水平的学生来作样本。

4. 突发事件

有些突发性的事件，如实验学校突然接到上级的通知，需要改变原有的教学计划甚至教学方式，被试因为反对实验中的某些做法，或者因为转学而中途退出实验等，都会对实验的结果产生影响。

5. 实验溢出

又称为控制组污染，它指实验组与控制组互通信息。如原有班级的学生被随机地分为实验组与控制组，两组的同学可能会有一些交流，这些交流会对实验的结果产生影响。

6. 实验补偿

一般说来，实验往往给被试带来一定的益处。如采用新教法可能提升学生的学习成绩。如果实验班教师同时执教控制班，该教师就有可能感觉对不起控制班的同学，因而有意无意地给控制班的同学"开小灶"，从而对实验结果产生影响。

7. 前测影响

前测影响又称为练习效应。实验一般都设计有前测与后测，经过前测的记忆力较好的某些被试，会在后测中取得较好的成绩，这样就会模糊实验处理的影响，最终影响实验的结果。

8. 实验敏感

就是被试因为知道自己被实验从而引起的异常表现。比如，若实验是为了研究学习动机与学习成绩之间的相互关系，研究者会对被试进行学习动机的问卷调查，一旦被试知道自己正在被实验，他（她）就可能猜测研究者的倾向并按照研究者的意向作答。这无疑会对实验结果产生干扰。

二、常见的实验设计模式

实验设计一般包括单组实验设计、等组实验设计、所罗门四组实验设计和多因素实验设计。本书介绍其中常见的两种实验设计：单组实验设计和等组实验设计。

（一）单组实验设计

所谓单组实验设计，就是只有一个组的实验设计，它采用一个实验变量，针对同一组被试施加影响，而后测定被试所产生的变化，以确定实验因素的效果。上述过程可以用以下方法进行表述。

$$Y_0 \rightarrow XO \rightarrow Y$$

上式中，Y_0 为前测结果，X 为实验处理，O 为被试，XO 表示被试接受实验处理，Y 为后测结果，整个实验结果可表述为 $C=Y-Y_0$。

从以上描述我们可以看到，单组实验存在着设计上的缺陷：实验结果其实不一定能够从实验处理中得到解释，因为该实验设计缺乏实验控制，其他因素即非常实验处理的影响没有得到排除。比如，试验某种教学方法的效果，若只做单组设计，则前后测的差值即实验结果就不能完全用教学方法的作用来解释，因为学生若是非常聪明并且非常努力，也可能导致前后测的巨大差异。所以从这个意义上说，单组实验设计其实是一种前实验，因为它缺乏必要的实验控制。而实验控制得如何，是判断实验质量的重要指标。

（二）等组实验设计

为消除单组实验设计的弊端，人们在实验中增加了一个组，该新增组被称为对照组或控制组。而原来那个被用作实验的组被称为实验组。等组实验设计的基本思想是：找两个同质的组，让它们分别接受水平不同的两个实验处理，最后对于两个水平处理所产生的结果进行测量并加以比较，以判断某种实验处理的实际效果。上述过程可以用以下方法进行表述。

$$G_1H:Y_{10} \rightarrow X_1O \rightarrow Y_1$$
$$G_2:Y_{20} \rightarrow X_2O \rightarrow Y_2$$
$$C = C_1 - C_2 = (Y_1 - Y_{10}) - (Y_2 - Y_{20})$$

上式中，G_1、G_2 分别表示两个等组。X_1 和 X_2 分别表示两个不同水平的实验处理，Y_{10} 和 Y_{20} 分别表示两个等组的前测结果，Y_1 和 Y_2 分别表示两个等组的后测结果，C_1 和 C_2 分别表示两个组的实验结果，而 C 则表示两个组实验结果的差值，也就是最终的实验结果。

由于两组同质，所以 $Y_{10}=Y_{20}$，因而 $C=Y_1-Y_2$。

与单组实验设计相比，等组实验设计有更好的实验控制，从而能够大大减少实验误差。

等组实验设计要求两个组要"同质"，也就是要求除实验因素以外，其他所有可能影响实验的因素都相同，包括被试各个方面的特性都必须"足够的"相同或者相等。如何判断它们的同质性是否足够呢？这要用统计测量的方法来判断。具体地说，就是通过统计的方法来获取相关数据，以此检验两组前测得分的平均值的差异是否显著。具体统计方法见第三章。

三、实验控制与实验效度

前面讲到真实验就是有效地排除了各种实验干扰的实验。那么，究竟该如何排除这些干扰，又该如何提高实验的质量呢？下面讨论实验控制和实验效度问题。

（一）实验控制

所谓实验控制，就是排除实验干扰因素的各种举措。实验质量的好坏取决于实验控制的效果。换句话说，实验控制是决定实验质量的关键因素。我们该如何进行实验控制呢？一般来说，实验控制的方法分为两种：一种叫作有形控制法，另外一种叫作无形控制法。

1.有形控制法

它是通过实验设计来实现实验控制的。有形控制法又可以分为两种情况：一种是通过实验组的设计来实验控制，如等组设计或者所罗门四组设计等，都可以实现实验控制的效果。另一种是采用随机抽样的方法来分组，以增强各组对于总体的代表性。

2.无形控制法

它是通过统计的方法来实现实验控制。若能按照真实验设计的要求，实验组与控制组被判定为完全意义上的等组，这样当然好，但在实际操作上并不容易，因为参与实验的班级往往并不是等组，如学习成绩有差异。这时我们可以将学生的前测成绩作为协变量，将两组的成绩进行协方差分析，从而获得实验处理效果的有用信息。

（二）实验效度

实验效度是衡量实验质量的重要指标。而实验效度又分为两种：一种叫作内在效度，另一种叫作外在效度。

1.内在效度

它反映实验控制的有效程度，即反映实验处理是否是促成因变量变化的唯一原因的程度。实验控制得越好，内在效度就越高。

2.外在效度

它反映实验结果在实验情境以外的条件下推广和应用的可能性，也就是说，从实验环境中得出的结论运用到其他环境中时所受到的限制越少，实验的外在效度就越高。

通常情况下，我们既希望实验控制得好，又希望实验结果外推的可能性大。但这往往是矛盾的。因为往往实验控制得越好，被控制的变量数目就越多，与真实情境的差异也就越大，外推的可能性也就越小。尽管内在效度与外在效度并非一定此消彼长，但在很多情况下，内在效度越高，外在效度也就越低。我们该如何看待内在效度与外在效度及其相互关系呢？

第一，没有内在效度作保证的外在效度是没有意义的。如果没有内在效度，也就不称其为实验了，那样的研究就成了问卷调查，当然也就失去了外推的意义，因为实验就是寻找或者确立因果关系，因果关系确立不了，拿什么去外推呢？所以，在实验研究的过程中，首先需要保证内在效度，没有内在效度，就没有实验。内在效度是实验的灵魂。

第二，外在效度低的实验也有价值。比如，皮亚杰的认知发展阶段学说，是在一个特殊环境下实验的产物，它不适合任何一个自然班级的情况，却是一个非常具有理论价值的实验结果。又比如，自由落体实验的结果告诉我们，轻重物体下落的速度一样快。这是物理学中一个非常重要的结论。但我们很难在自然界看到这样的现象，所以它的外推性很低，但谁能说它没有意义呢？

第三，内在效度没有统一的指标。因为不同的实验其控制难度不同，因而不可能用一个统一的标准来衡量不同实验的质量。虽然质量指标不统一，但在实验研究的报告中，研究者还是应当对实验控制的具体方法和过程作出详细的描述，这也是撰写实验研究报告的一个基本规范。

第六节　个案研究

本节介绍个案研究的含义与特点、实施程序以及个案研究报告的撰写。

一、个案研究的含义与特点

个案研究起源于医学诊疗学中的病案研究和刑侦学中的刑事案例研究。它是对个别案例进行深入研究，以向有关方面提出建议，或者在真实问题情境中寻找问题解决办法的一种研究方法。个案研究有以下特点。

（一）研究对象个别而典型

个案研究的样本可以是一个个体，如一个学生、一名教师或者一位校长；也可以是一个团体，如一个学习小组、一个班级甚至是一所学校。样本的选取一般需要具有一定的代表性，如针对学生学习困难问题而设计的个案研究，就要找学困生作为研究样本；针对教学思想和教学方法而设计的个案研究，就要找教学名师来作样本；要研究课改效果，就要找参与课改的实验学校作样本；要研究薄弱学校的问题，就要找城乡接合部或者偏远地区的学校作样本。

（二）研究内容全面而深入

个案研究的内容既可以是研究对象的现在，也可以是其过去，甚至是未来。它既可以是静态的分析和诊断，又可以是动态的追踪和调查。由于研究的对象不多，所以研究者有充足的时间和充沛的精力进行深入细致的考察和分析。如研究一个学生为什么会在短时期内学习成绩突然下滑，就可以从他的知识基础、学习态度、家庭环境、教学方法、师生关系等诸多因素、多个侧面进行详细考察；研究一所学校为何薄弱，可以从它的经费投入、师资水平、教学管理、学生来源、周边环境等方面进行考察。

（三）研究方法综合而多样

虽然有人将个案研究作为一种与调查法和实验法相提并论的研究方法，但其实它可以同时采同多种方法，因而是一种复合型的研究方法。如研究一所农村中学的物理教学状况，可以同时采用文献研究的方法、访谈的方法、观察的方法、问卷的方法、测量的方法，甚至实物收集的方法。

二、个案研究的实施程序

个案研究的程序因研究内容与研究目的的不同而不同，但大致有一个基本的程序，即制订研究计划、选择研究案例、收集整理资料、提出建议方案、继续追踪研究。

（一）制订研究计划

个案研究往往需要经历一段相对较长的时间，因而需要对整个研究过程有一个总体的安排。如可以将整个研究分为若干个阶段，明确每一个阶段的中心任务。研究计划既要有长期的安排，又要有短期的安排。而且计划也不是一成不变的，待了解了对象的基本情况以后，还可能会根据研究对象的日程安排，对研究的计划作出适当的调整。

（二）选择研究案例

选择研究案例就是选择个案研究的对象。一般来说，个案研究案例的选择有三种不同的方式。第一种方式叫作随机抽样。就是研究者事前并无十分清晰的调查主题，只是到了研究现场以后，才对想要研究的主题产生了较为清晰的认识，于是对需要研究的案例作出确认。第二种方式叫作目的抽样。就是事先有一个明确的研究主题，而后再根据想要研究的主题来"按图索骥"，寻找适合的研究案例。第三种方式叫作方便抽样。就是根据自己的研究资源来确定对象，如果研究者与某校领导比较熟悉，那么选择该校教师作为研究对象可能就比较方便，容易得到对方的配合；或者与某位教师比较熟悉，那么研究该教师的学生可能就能较为方便地收集到相关的资料。但不管是哪一种抽样方式，都必须以保证案例的典型性为前提。

（三）收集整理材料

收集资料是个案研究的重要环节。如前所述，个案研究的特点就是研究的深入和方法的全面，因而可以通过各种各样的手段方法来获取有关研究对象的信息。若以学校或者教师、学生为研究对象，这些信息可以包括教育行政管理部门的相关文件、校方的规章制度、教师的备课本、学生的作业本、教师的教学日志、学生的日记或周记、学生的考试试卷等。除了获取上述纸质信息，研究者还可能通过访谈、听课、观察等方法收集与研究对象相关的其他信息。这些信息既可以是第一手，又可以是第二手的。需要注意的是，资料来源的可靠性是需要认真检验的，并在研究报告中应加以详细说明，因为个案材料的真实性是个案研究的灵魂。若材料不真实，个案研究的结果便毫无意义。面对收集来的各种材料，研究者要预先制订一个整理方案，既可以纵向地按时间序列整理，又可以作横向比较式的整理，还可以一个侧面一个侧面地整理。

（四）提出建议方案

个案研究的目的往往是为了找到问题的症结，提出解决问题的办法。所以个案研究的结果就是要告诉有关方面：问题出在哪里，应当怎样做。有些问题只有政府才能解决，这时研究者就可以向政府相关部门提建议；有些问题学校或者教师就可以解决，这时就可以拿出一个基于一定调查研究的行动方案给学校或者教师，供他们参考——这就是个案研究的价值所在。但需要注意的是，个案研究的结果或者结论不能够随意夸大或者外推，因为不同的个案其背景不同，适用条件也各不相同。若随意外推，将个案研究的结果夸大为普适的结论，就会犯错误。

（五）继续追踪研究

对于一般个案研究而言，提出了建议或者改进方案，研究也就随之结束。但有些个案研究需要对改进方案的实际效果进行研究，那就需要做持续追踪。如针对留守儿童教育问题的个案研究，在找到问题的症结、提出了相应的教育对策以后，若还想检验这些对策是否有效，就需要研究者长期地跟踪研究对象，继续收集相关资料，并整理得出后续的研究结论。

三、个案研究报告的撰写

个案研究报告与一般论文的写作结构大致相同，都需要有题目、作者姓名、单位、摘要、关键词、文献综述、研究问题、研究假说、研究方法、研究过程、研究结果、结论讨论等。但它也有自己的特别之处，如个案研究特别强调对研究过程和研究关系的描述，以及为了帮助改进个案而提出的建议或者方案。具体来说，个案研究报告一般包括以下内容。

（一）研究目的和研究背景的介绍

个案研究报告首先要阐明研究的内容和目的。个案研究的目的通常是为了"解剖麻雀"，也就是对某一个具有典型意义的个案进行深入细致地考察，以发现问题并提供解决问题的方案。除此之外，还要对相关的理论背景进行介绍。

（二）研究所关注的核心问题

个案研究关注的问题可能不止一个，如留守儿童的问题，可能包括多方面因素，但一个研究不太可能面面俱到，研究者所关注的核心问题可能只是众多问题中的一个或者两个。这样的研究才可能深入，研究的结果才会具有参考借鉴价值。

（三）个案的选择标准

个案的选择其实就是抽样的过程，如前所述，抽样的方法有三种：随机抽样、目的抽样和方便抽样。不论采用哪种抽样方式，都必须保证样本的代表性或典型性。这里样本的代表就是选择标准。

（四）个案的基本情况

个案的情况介绍是研究报告中需要详细描述的内容。比如以学生作为个案的研究，就需要介绍学生的姓名（可以隐去真名而用英文字母代替，如 Z 同学，W 同学，S 同学等）、性别、年级、学习情况、家庭情况、学校环境等，这些情况的描述需要尽可能详细。

（五）研究的阶段划分

可以用文字描述的方法，也可以用流程图的方式来介绍个案研究的阶段划分。一般来说，流程图比文字描述更清晰明了，不过流程图的下方需要有必要的文字说明。

（六）研究关系的描述

从总体上说，个案研究属于质的研究范畴，研究关系对于研究结果有重要影响。什么叫研究关系呢？研究关系就是研究者与研究对象之间的关系。一方面，研究者需要与研究对象之间建立良好的关系，否则他（她）就可能不配合；另一方面，研究者还要时刻提醒对方，研究者需要听到的是真心话，希望看到事物的本来面目。

（七）资料的收集与分析方法

对于资料的收集和分析方法的描述也需要做到尽量详细，因为这关系到研究效度的问题。个案研究中通常需要用到大量的访谈，访谈通常需要录音，录音还需要转换成文字文本。研究者对于文字文本分类、编码等整理过程必须写得清晰而翔实。另外，听课记录、教师教案、学生作业、考试试卷等实物的收集过程也需要详细介绍。

（八）研究结果的展示

个案研究的结果往往内容丰富且形式多样。这就需要有一个整体的安排，否则就会显得很凌乱。一般来说，既可以按照时间的顺序来安排，又可以分为不同的主题来组织。比如，你要研究一名特级物理教师的教育思想或教学方法，则可以将研究结果的呈现顺序定为：对教师教案的分析→听课记录的分析→对访谈录音的文字文本的分析→对学生作业的分析→对学生考试试卷的分析等。

（九）推广性分析及改进建议或方案

一般说来，个案研究不太适宜谈推广的问题，这是由个案研究的特点决定的。因为它用的是个别的案例，虽然具有典型性，但不同的个案情况各有不同，A 案例的结果未必适用于 B 案例。也就是说，我们不能得出"A 如此则 B 必当如此"这样的结论。尽管这样，个案研究的结论对于其他同类个案是具有启发意义的。在个案研究的基础上提出的改进建议和方案也是具有借鉴意义的。

第七节　一致性分析

在物理教育研究方法家族中，一致性分析是一个新成员。它在课程评估和课程改进的过程中发挥着不可替代的作用。下面介绍一致性分析的主要模式和基本步骤。

一、一致性分析的主要模式

在教育领域，一致性可以被理解为课程系统中不同要素间的匹配程度，如教师课堂教学与课标的匹配性、各类考试评价与课标的匹配性、不同版本教材与课标的匹配性等。其中，评价与课标之间的一致性分析报告最早来自美国。1998 年，美国科学教育国家委员会（NISE）创建了课程与评价一致性分析协会，主要工作是建构课标和评价一致性分析工具。2000 年，美国制定了法案，第一次通过法律的方式阐述了一致性的概念。此后，全美各地积极实施一致性研究，并且发展出了几种不同的一致性分析模式。目前，一致性分析方法也受到越来越多国内研究者的关注。下面介绍一致性分析的主要模式。

（一）韦伯模式（Webb 模式）

美国学者诺曼·韦伯于 20 世纪 90 年代提出了 Webb 模式，它是最早的一致性检测方式。韦伯用"金字塔"模型描述课标，塔顶确定为"学习领域"，即课程目标的整体划分，塔的中部为该领域下承接的单元目标，塔的底部为单元目标中更为具体的学习目标。Webb 模式的使用步骤为：首先将标准中的知识内容与知识深度进行编码，接着将测验试题的知识内容和知识深度进行编码，最后按照四个不同维度对标准与测验试题的一致性进行分析，得到一致性水平。

Webb 模式的局限性在于该模式适合用在选择题数量比例较多的试卷中，而国内大部分地区物理试卷选择题数量不超过 50%，这样一来，采用该模式进行研究将会导致研究的有效性大大降低。尤其是在试题中的综合性知识点考查较多的情形下，以 Webb 模式作为研究范式统计出的试题与课标的一致性程度不能客观地反映真实情况。

（二）成功模式（Achieve 模式）

该模式是由美国 Achieve 公司的两名主要负责人罗伯特和斯莱特共同创造的。Achieve 模式从不同的角度对试题进行分析，后来，国内学者对该分析方法进行了细化，使之变成一个三维度（向心性、挑战性、均衡性）、六指标（内容、表现、来源、等级、平衡、范围）的分析模型。Achieve 模式同样存在局限性，这主要体现为：

（1）该模式仅为定性分析，难以用此模式对样本作横向和纵向分析。

（2）这种分析模式各维度都缺乏预设阈值，使之无法很好地为定量分析中的结论分析提供参考标准。

（三）实施课程调查模式（SEC 模式）

由美国的教育研究中心学者安德鲁·帕特和约翰·史密森在 Webb 模式的基础上改良而成的一种一致性分析模式。Webb 模式从知识种类、知识深度、知识广度、知识分布的平衡性四个维度来进行一致性分析，而帕特和史密森则认为，一致性的直接衡量标准就是知识种类是否一致，其核心指标就是知识深度是否一致，因此将原本 Webb 模式的四个维度改良为集中在两个维度上，即内容主题和认知层次，并构建"内容主题 × 认知层次"二维矩阵，比较标准与评价对象的二维矩阵的契合程度，以此来判断一致性。

SEC 模式的局限性在于使用该模式得出的研究结果与客观事实会存有一定的误差，该误差主要源自编码者。编码者对编码内容的理解会受到自身经验的影响。为提高研究信度，必须先确定编码原则，然后邀请多位具备相关理论知识并具有相关教学经验的编码者，依照编码原则协助编码，以此降低误差。

二、一致性分析的基本步骤

Webb 模式是一种定量的一致性分析方式，从知识种类、知识深度、知识广度、知识分布的平衡性四个维度进行分析，适用于研究选择题较多的样本。Achieve 模式是一种定性的一致性分析方式，在各维度都缺乏预设阈值，使之无法很好地为定量分析中的结论分析提供参考标准。SEC 模式是在 Webb 模式的基础上改良而成的一种定量的一致性分析模式，将研究的维度集中在知识种类和知识深度上，具有内容简洁、易于实施的特点。因此本节主要介绍 SEC 一致性分析模式的实施步骤。

（一）构建二维分析框架

依据标准和评价对象的特点划分内容主题和认知层次，构建同一个二维矩阵作为一致性分析框架。如研究某年中考物理试题与初中物理课标的一致性程度，首先需构建一个二维分析矩阵，确定两个分析维度，即内容主题和认知层次。

1. 确定内容主题

以《义务教育物理课程标准（2011 年版）》[①]为例，其中科学内容的一级主题有 3 个，二级主题有 14 个，二级主题下还有 63 个内容细分条目。有研究表明：待测项目所含有的内容主题过多或过少，都将使一致性分析的结果不可信。有鉴于此，并借鉴相关的研究实践经验，我们按照知识内容间的相关性，将课标科学内容中的 14 个二级主题归并为 9 个内容主题，即将二维分析矩阵中的内容主题确定为"物质形态与变化""物质属性及新材料""运动和力""声和光""电和磁""机械能""内能""电磁能"和"能量守恒和能源"九个部分，如表 2-7-1 所示。

表 2-7-1　内容主题的划分

内容主题	内容主题所包含的二级主题
1. 物质形态与变化	1.1 物质的形态和变化
2. 物质属性及新材料	1.2 物质的属性
	1.3 物质的结构与物质的尺度
	1.4 新材料及其应用
3. 运动和力	2.1 多种多样的运动形式
	2.2 机械运动和力

① 由于在实施该项目研究的时间是在 2021—2022 年，其间尚未公布《义务教育物理课程标准（2022 年版）》，故采用了《义务教育物理课程标准（2011 年版）》进行研究，特此说明。

（续表）

内容主题	内容主题所包含的二级主题
4. 声和光	2.3 声和光
5. 电和磁	2.4 电和磁
6. 机械能	3.2 机械能
7. 内能	3.3 内能
8. 电磁能	3.4 电磁能
9. 能量守恒和能源	3.1 能量、能量的转化与转移
	3.5 能量守恒
	3.6 能源与可持续发展

2. 划分认知层次

表 2-7-2　物理课标中行为动词的界定

类型	层次	行为动词举例
认知性目标行为动词	了解	了解、知道、描述、说出、列举、说明
	认识	认识
	理解	解释、理解、计算
技能性目标行为动词	独立操作	会测量、会选用、会使用、会用……测量
体验性目标行为动词	经历	尝试、观察、经历、探究、能
	认同	关心、关注、有……意识
	内化	养成

　　课程标准二级主题下的 63 个知识条目中包含了如表 2-7-2 所示的三类目标中所有行为动词，但体验性目标中的"认同"和"内化"的要求难以以试卷试题的形式评价，因此本节在 SEC 二维分析框架中认知层次的选取上，依照物理课标中对行为动词的界定，保留认知性目标中的"了解""认识""理解"层次，去除体验性目标中"认同"和"内化"层次，保留"经历"层次，并将其与技能型目标中"独立操作"层次合并为"经历与操作"层次，用于考查学生的科学探究能力，即将二维矩阵的认知层次确定为"了解""认识""理解""经历与操作"，如表 2-7-3 所示。

表 2-7-3　认知层次的划分

认知层次	行为动词举例
了解	了解、知道、描述、说出、列举、举例说明、说明
认识	认识
理解	解释、理解、计算
经历与操作	会、会测量、会选用、会使用、会根据……估测、会用……测量
	尝试、观察、经历、探究、能

3. 确定一致性分析框架

根据上述分析，得到一致性分析框架如表 2-7-4 所示。

表 2-7-4　一致性分析框架的确定

内容主题	了解	认识	理解	经历与操作	合计
物质形态与变化					
物质属性及新材料					
运动和力					
声和光					
电和磁					
机械能					
内能					
电磁能					
能量守恒和能源					
合计					

（二）进行编码

将标准和评价对象按照内容主题和认知层次两个维度进行编码。

1. 课标的编码

《义务教育物理课程标准（2011 年版）》科学内容的二级主题下共有 63 条内容要求，这些内容要求多以"行为动词＋知识内容"进行呈现，且同一个内容要求可能会包含两个以上的知识内容，需要拆分后再编码。因此，本节将课标的编码原则确定如下：首先确定该条目所包含的行为动词和对应的知识点，然后按照前文对认知层次的划分和对内容主题的划分进行归类，最后进行赋值。

例：通过实验认识磁场。知道地磁场。

编码过程：行为动词为"认识""知道"，分别属于"认识""了解"认知层次。知识内容为"磁场""地磁场"，同属于"电和磁"这一内容主题。因此在二维矩阵表格内容的主题"电和磁"中认知层次"认识"这项赋值"1"，在内容主题"电和磁"中认知层次"了解"这项同样赋值"1"。

2.试卷的编码

不同于课标的编码，试卷中的试题里不会直接出现行为动词，而内容主题的确定同样需要结合具体题目综合分析后才能确定，因此在采用 SEC 一致性框架对试卷进行编码的过程中，需要先确定试卷的编码步骤，然后根据不同的题型做进一步说明。

这里所确定的试卷编码步骤如下：

①确定该题所考查的知识点。

②确定知识点所属的内容主题。

③确定学生解答该题所需达到的认知层次。

④由评分标准确定每个知识点占据的分值。

⑤将分值统计至 SEC 二维矩阵表格对应的单元格中。

以下面的选择题（3分）为例：下列自然现象由液化形成的是（　　　　）。

A.河面的冰　　　　　B.地上的霜　　　　　C.山上的雪　　　　　D.山间的雾

编码过程：

①由题干可知，本题所考查的知识点为液化现象。

②"液化现象"属于"物质形态与变化"这一内容主题。

③学生解答该题仅需简单辨别四个自然现象即可得出答案，对应的认知层次为"了解"。

④该题的分值为 3 分。

⑤因此在 SEC 二维矩阵表格中，内容主题为"物质形态与变化"，认知层次为"了解"，具体赋值为 3 分。

（三）编码数据的统计与归一化处理

统计编码数据至二维矩阵表格中，例如对标准的编码，按照上述课标的编码原则，将"通过实验认识磁场。知道磁场。"这一知识条目进行编码统计，在二维矩阵统计表的内容主题"电和磁"、认知要求"认识"这一栏统计数字 1，在二维矩阵统计表的内容主题"电和磁"、认知要求"了解"这一栏统计数字 1，此后在编码新的知识条目时，依次往上累加，从而得到标准的二维矩阵统计表。用同样的方式，例如对评价对象的编码，按照上述的试卷编码原则，对试卷的分值进行编码统计，得到评价对象的二维矩阵统计表。为了分析评价对象（例如试卷）与标准（例如课标）在不同内容主题和认知层次上的占比差异，以及后续代入帕特公式计算两者的一致性，需要对评价对象与标准的二维矩阵统计表做归一化处理，即将两者的二维矩阵统计表中每个单元格数值分别比上各自最终合计的数值，使得每个二维矩阵表格中每个单元格的数值相加之和为1，得到对应的二维矩阵比率表格。

表 2-7-5　物理课标的 SEC 二维矩阵统计表

内容主题	了解	认识	理解	经历与操作	合计
物质形态与变化	9	0	0	2	11
物质属性及新材料	13	0	2	2	17
运动和力	18	3	3	6	30
声和光	10	2	0	4	16
电和磁	11	1	0	3	15
机械能	9	0	0	0	9
内能	4	1	0	0	5
电磁能	7	1	2	5	15
能量守恒和能源	10	4	0	0	14
合计	91	12	7	22	132

表 2-7-6　物理课标的 SEC 二维矩阵比率表

内容主题	了解	认识	理解	经历与操作	合计
物质形态与变化	0.0682	0	0	0.0152	0.0833
物质属性及新材料	0.0985	0	0.0152	0.0152	0.1288
运动和力	0.1364	0.0227	0.0227	0.0455	0.2273
声和光	0.0758	0.0152	0	0.0303	0.1212
电和磁	0.0833	0.0076	0	0.0227	0.1136
机械能	0.0682	0	0	0	0.0682
内能	0.0303	0.0076	0	0	0.0379
电磁能	0.0530	0.0076	0.0152	0.0379	0.1136
能量守恒和能源	0.0758	0.0303	0	0	0.1061
合计	0.6894	0.0909	0.0530	0.1667	1.0000

例如，表 2-7-7 和表 2-7-8 分别为研究者通过编码得到的初中物理课标与武汉市 2022 年中考试卷二维矩阵统计表与比率表。

表 2-7-7　武汉市 2022 年中考物理试题 SEC 二维矩阵统计表

内容主题	了解	认识	理解	经历与操作	合计
物质形态与变化	1	0	0	3	4
物质属性及新材料	0	0	1.5	0	1.5
运动和力	10.5	2	6.5	2	21
声和光	6.25	0.75	0	3	10
电和磁	0	0	0	4	4
机械能	5	0	0	0	5
内能	1.5	0	0	0	1.5
电磁能	6	0	6	8	20
能量守恒和能源	2.25	0.75	0	0	3
合计	32.5	3.5	14	20	70

表 2-7-8　武汉市 2022 年中考物理试题 SEC 二维矩阵比率表

内容主题	了解	认识	理解	经历与操作	合计
物质形态与变化	0.0143	0	0	0.0429	0.0571
物质属性及新材料	0	0	0.0214	0	0.0214
运动和力	0.1500	0.0286	0.0929	0.0286	0.3000
声和光	0.0893	0.0107	0	0.0429	0.1429
电和磁	0	0	0	0.0571	0.0571
机械能	0.0714	0	0	0	0.0714
内能	0.0214	0	0	0	0.0214
电磁能	0.0857	0	0.0857	0.1143	0.2857
能量守恒和能源	0.0321	0.0107	0	0	0.0429
合计	0.4643	0.0500	0.2000	0.2857	1.0000

（四）计算评价对象与标准之间的一致性系数

将比率表中的数据代入帕特公式计算出一致性系数，从而得到反映评价对象和标准之间的一致性程度的重要指标。

1. 帕特公式

$$P = 1 - \frac{\sum_{i=1}^{n} |(X_i - Y_i)|}{2}$$

其中 P 值为一致性系数数值，n 表示二维矩阵比率表格中单元格的总数量（去除合计栏），i 表示矩阵中第 i 个位置的单元格（即去除合计栏的二维矩阵比率表中第一个带数值的单元格从左往右依次数到第 n 个带数值的单元格中的任意一格），i 的取值范围在 1 到 n 之间，X_i 表示标准的二维矩阵中第 i 个单元格中的比率数值，Y_i 表示评价对象的二维矩阵中对应的第 i 个单元格中的比率数值。通过该公式计算出的 P 值应处于 0 到 1 之间，P 值趋于 1，表示评价对象与标准越吻合；P 值趋于零，表示评价对象与标准差异越大。

2. Matlab[①] 计算一致性系数 P 值的方法

（1）打开 Matlab 界面，新建脚本，输入代码。

A=[9 0 0 2;13 0 2 2;18 3 3 6;10 2 0 4;11 1 0 3;9 0 0 0;4 1 0 0;7 1 2 5;10 4 0 0];

B=[1 0 0 3;0 0 1.5 0;10.5 2 6.5 2;6.25 0.75 0 3;0 0 0 4;5 0 0 0;1.5 0 0 0;6 0 6 8;2.25 0.75 0 0];

a=A/sum(A（:）);

b=B/sum(B（:）);

c=sum(sum(abs(a–b)));

P=1–c/2

其中 A 为物理课标的 SEC 二维矩阵统计表中的数据，B 为武汉市 2022 年中考物理试卷 SEC 二维矩阵统计表中的数据。

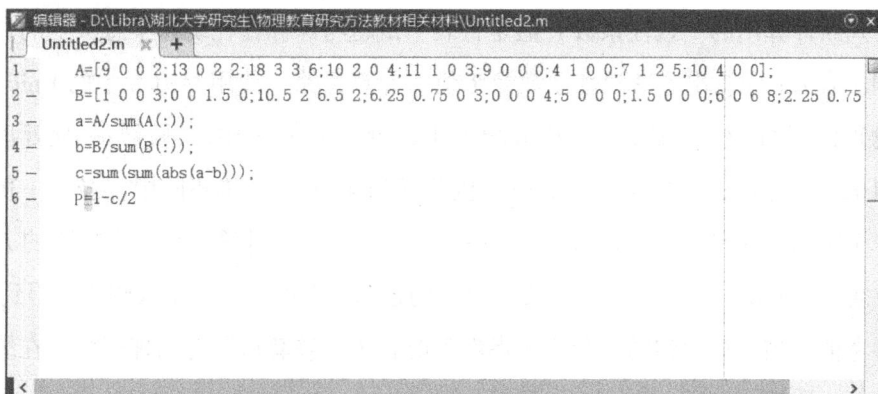

图 2-7-1 一致性系数 P 值的计算步骤 1

---

① Matlab 是美国 MathWorks 公司出品的商业数学软件，用于数据分析、深度学习、图像处理等领域。

（2）点击运行，得到一致性系数 P 值。

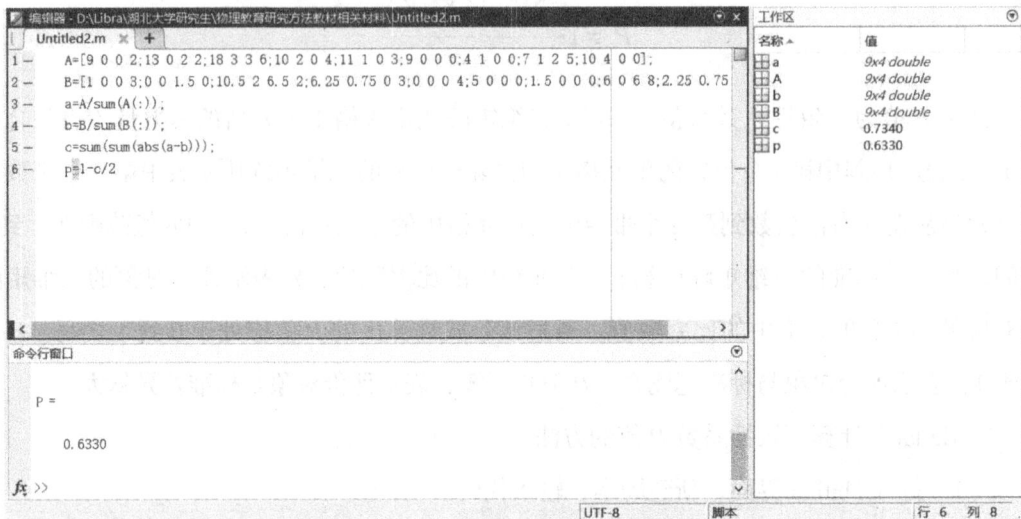

图 2-7-2　一致性系数 P 值的计算步骤 2

由此可以得出武汉市 2022 年中考物理试题与物理课标的一致性系数 P 值为 0.6330。

（五）P 值与可接受标准值和显著性参考值的比较

1. 可接受标准值

一般认为，一致性系数的可接受标准值为 0.5，即当 P 值大于 0.5 时，就可以认为评价对象与标准之间的一致性程度达到了可以接受的水平，两者具有一定吻合程度。当 P 值小于 0.5 时，则认为评价对象与标准之间的一致性程度没有达到可以接受的水平，吻合程度较低。

2. 显著性参考值

为了判断计算出的一致性系数 P 值是否表明试题与课标存在统计学意义上的显著一致性，美国学者 Gavin 提出了一致性系数参考值的计算思路：使用 Matlab 中的 Unidrnd 函数将上述物理课标的 132 个知识点随机分配到 4×9 的二维矩阵中，进行归一化处理，得到一个随机的比率矩阵，再把试题的分值随机分配到 4×9 的二维矩阵中，经归一化处理，得到另一个随机的比率矩阵，代入 Porter 一致性计算公式，计算两个比率矩阵的 P 值。将该过程重复 20000 次，即可得到一个关于 P 值的正态分布图像，采用双侧检验得到 95% 水平上的参考值。当计算得到的 P 值大于参考值时，表明该套试题与物理课标存在统计学意义上的显著一致性。

当物理课标的知识点数目为 132 条，试卷分值为 70 分，对应的矩阵为 4×9 的二维矩阵时，按照上述过程，使用 Matlab 中的 Unidrnd 函数将 132 个知识点随机分配到 4×9 的二维矩阵中，进行归一化处理，得到一个随机的比率矩阵，把 70 分随机分配到 4×9 的二维矩阵中，经归一化处理，得到另一个随机的比率矩阵，把两个比率矩阵中的数值代入帕特公式，计算两个比率矩阵的 P 值。将该过程重复 20000 次，即可得到一个关于 P 值的正态分布图像，采用双侧检验得到 95% 水平以上的参考值，此时计算出试卷与课标一致性系数的显著性参考值为 0.76。因此在上述研究中，当 P 值大于 0.76 时，则表明评价对象（试卷）与标准（课标）的一致性程度达到了统计学上的显著一致性，即两者之间的吻合程度高。当 P 值小于 0.76 时，表明评价对象与标准的一致性未达到统计学上的显著性水平，即有待提升。

（六）具体的分析

将评价对象（试卷）的 SEC 二维矩阵比率表和标准（课标）的 SEC 二维矩阵比率表的相关数据代入 Excel 表格，通过柱状图的形式，从内容主题和认知层次上做具体的分析。

例如，将上述武汉市 2022 年中考物理试题 SEC 二维矩阵比率表与课标的 SEC 二维矩阵比率表的相关数据（合计那一栏的数据）代入 Excel 表格，采用柱状图进行比较。

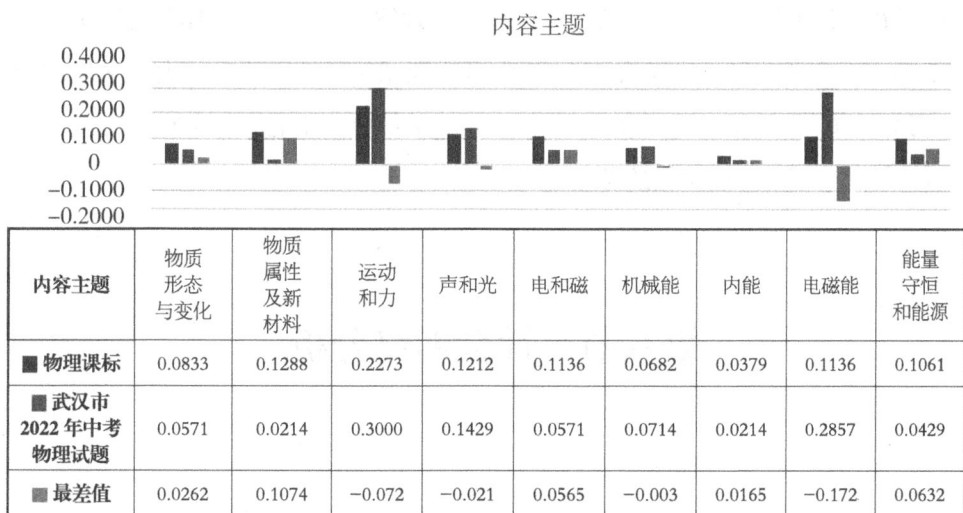

内容主题

内容主题	物质形态与变化	物质属性及新材料	运动和力	声和光	电和磁	机械能	内能	电磁能	能量守恒和能源
■ 物理课标	0.0833	0.1288	0.2273	0.1212	0.1136	0.0682	0.0379	0.1136	0.1061
■ 武汉市 2022 年中考物理试题	0.0571	0.0214	0.3000	0.1429	0.0571	0.0714	0.0214	0.2857	0.0429
■ 最差值	0.0262	0.1074	−0.072	−0.021	0.0565	−0.003	0.0165	−0.172	0.0632

图 2-7-3　武汉市 2022 年中考物理试题与物理课标在内容主题上的比较

从内容主题的维度来分析，武汉市 2022 年中考物理试题与课标在"声和光""机械能""内能"这三个主题的考查比例上较为吻合。两者在"物质属性及新材料""运动和力""电磁能"这三个主题的考查比例上存在一定差异。武汉市 2022 年中考物理试题相较于课标更加注重对于"运动和力""电磁能"的考查。

认知层次

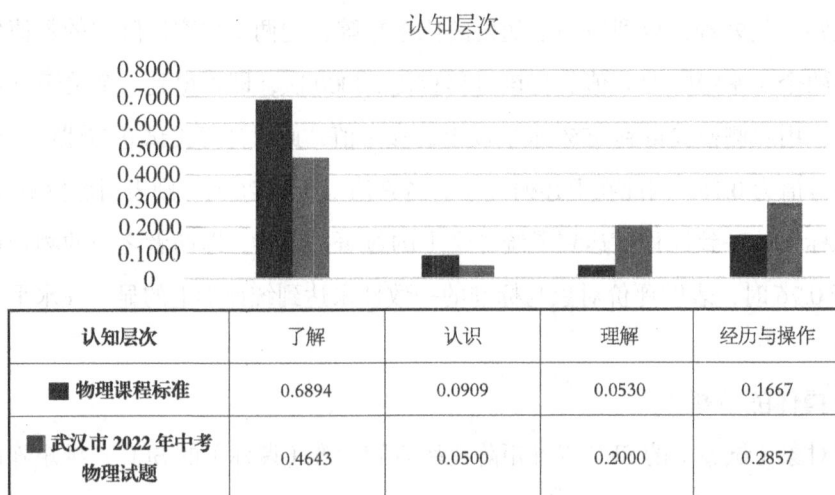

认知层次	了解	认识	理解	经历与操作
■ 物理课程标准	0.6894	0.0909	0.0530	0.1667
■ 武汉市 2022 年中考物理试题	0.4643	0.0500	0.2000	0.2857

图 2-7-4　武汉市 2022 年中考物理试题与物理课标在认知层次上的比较

从认知层次的维度来分析，武汉市 2022 年中考物理试题与物理课标在"认识"这一个层次的考查比例上较为吻合。两者在"了解""理解""经历与操作"这三个层次的考查比例上存在一定的差异。武汉市 2022 年中考物理试题相较于课标加大了学生对于"理解""经历与操作"认知层次的要求，更加重视学生的综合运用能力与实验探究能力。另外，试题还减少了在"了解"层次上的考查比例。

第八节　社会网络分析

一、社会网络分析的概念与意义

（一）概念

社会网络分析（Social Network Analysis，简称 SNA）是一种研究社会结构、网络模式和个体关系的定量方法。社会网络是由节点和边组成的网络，其中节点表示行动者，可以是个体、群体、团队、社区、组织、政党乃至民族国家，节点通过某种关系（如朋友、敌人、盟友等）以连边的形式互相连接。社会网络分析的主要目的是通过分析节点和边之间的相互作用来揭示社会网络的组织和功能特征。社会网络分析在多个学科领域都有广泛的应用，如社会学、心理学、经济学、管理学、人类学、教育学等。

（二）意义

1. 揭示社会结构特征

社会网络分析通过分析网络中的节点和边的分布、密度、集聚系数等指标，可以揭示社会结构的特征，如层次、集团、中心性等。计算网络的度分布、聚类系数等，可以判断网络是否符合"小世界"特性，即任何两个节点之间路径很短。这有助于研究者发现社会现象背后的组织和规律。

2. 识别重要的个体和关系

通过计算网络中节点的各种中心性指标（如度中心性、紧密中心性、介数中心性等），社会网络分析可以帮助研究者识别网络中的关键个体和关系，进而分析它们对整个网络的影响。度数高、处在多条最短路径上的节点往往在网络中具有重要影响力。

3. 发现社会网络中的社区

社会网络分析可以通过社区发现算法，识别网络中紧密联系的节点群体，揭示它们在社会结构中的作用。社区发现算法可以识别出网络中的多个密切相连的子群体。

4. 跟踪和预测网络的演变

社会网络分析可以用于分析网络在不同时间点的变化，从而揭示个体和关系的演变过程。基于网络拓扑结构，可以建立传染病传播的数学模型，模拟其在网络上的演化。此外，基于网络结构特征的预测模型还可以用于预测未来的网络演化趋势。

5. 解决实际问题

社会网络分析在很多实际问题中都有应用，如疫情传播分析、信息传播研究、社会影响力评估等。通过对这些问题的网络分析，研究者可以更好地理解问题背后的社会机制，为政策制定和实践提供依据。

二、社会网络分析的指标与方法

社会网络分析的基本指标和具体方法如下。

（一）基本指标

社会网络所包含的数据主要分为"属性数据"和"关系数据"两类。它所依赖的指标多出自数学家与物理学家研究的复杂网络，其指标主要包括节点、边、度、密度、聚类系数、中心性等。

1. 节点（Node）

节点是社会网络中的基本单位，通常表示个体。在教学研究中，节点可以代表学生、教师、其他的参与者、教学资源等。节点包含的数据即"属性数据"，如节点个体（能动者）的态度、意见和行为方面的数据。比如，在一个班级的社会网络中，每个学生的身份就是自己抽象节点的属性。

2. 边（Edge）

边表示节点之间的关系。边可以是有向的（如学生 A 向学生 B 提问）或无向的（如学生 A 与学生 B 互相学习）。边还可以赋予权重，表示关系的强度或频率。在社会网络分析中，边所包含的是"关系数据"，如接触、关联、联络、群体依附以及聚会等方面的数据，适用于关系数据的分析方法就是网络分析方法。

3. 度（Degree）

度是一个节点在网络中的关系数量。有向网络中，度可以细分为入度（指向该节点的关系数量）和出度（从该节点指向其他节点的关系数量）。

4. 密度（Density）

密度表示网络中实际存在的关系与可能存在的关系之比。密度越高，网络中的关系越丰富，通常意味着更强的社会凝聚力。

5. 聚类系数（Clustering Coefficient）

聚类系数衡量一个节点的邻居节点之间边的数量与可能的边的数量之比。高聚类系数表明一个节点的邻居节点很可能彼此相互连接。

6. 中心性（Centrality）

中心性用于度量节点在网络中的重要性。常见的中心性指标包括度中心性（Degree Centrality）、紧密中心性（Closeness Centrality）和介数中心性（Betweenness Centrality）。度中心性表明这个节点直接连接的邻居节点的数目。邻居节点数目越多，信息传播能力越强。紧密中心性这个值越大，则说明节点越靠近网络的中心，信息传播速度越快。介数中心性代表着这个值越大，则说明节点控制着更多信息的传递，具有更重要的中介和控制能力。

（二）呈现方式

社会网络的呈现方式往往依赖于研究目标和数据可视化的需求。一般而言，社会网络可以通过节点列表、边列表、网络图以及邻接矩阵等多种形式来呈现。这些呈现形式各有优点和局限，适用于不同的研究场景和分析需求。下面，我们将以一个无权无向的社会关系网络为例，详细介绍社会网络的四种呈现方式。

1. 节点列表

节点列表是一种基本的网络呈现形式，它将所有网络中的节点按某种顺序罗列出来。列表中通常包含节点的编号、节点的标签，以及节点的各种属性等信息。节点列表可以清晰地呈现网络中的所有节点和节点的基本信息，方便用户查找和分析节点。例如，表2-8-1是一个示例节点列表。每个节点都有一个唯一的编号，且可能带有一个或多个属性。

表 2-8-1　节点列表举例

ID	标签	性别	籍贯
A	张琇晶	女	北京
B	苏古兰	女	江苏
C	吕优悠	女	浙江
D	叶旭尧	男	湖北
E	陆俊彦	男	湖南
F	廖曼柔	女	湖北
G	董寄柔	女	上海
H	赖鸿飞	男	新疆
I	姜才俊	男	四川
J	熊思茵	女	湖北

2. 边列表

边列表是另一种基本的网络呈现形式，它可以列出网络中的每一条边，并标明每条边的起始节点和终止节点。这种呈现形式直观地揭示了网络中节点间的相互关系。例如，表2-8-2是一个无向网络的边列表。每一行表示一个边，列出了边的起始节点和终止节点。

表 2-8-2　边列表举例（无向）

节点	联系
A	B
A	E
A	H
A	I
E	B
E	C
I	F
I	J

3. 网络图

网络图是网络的图形化呈现形式，它使用点来表示节点，用线来表示边，从而直观地展示网络的整体结构和节点间的关系。网络图对于揭示网络的全局特性和识别网络中的重要节点非常有用。图 2-8-1 是一个无向网络图的例子。每个点代表一个节点，每条线代表一个边。点和线的颜色、大小和形状都可以用来表示节点和边的属性。在此图中，有底色节点代表男生，无底色节点代表女生。

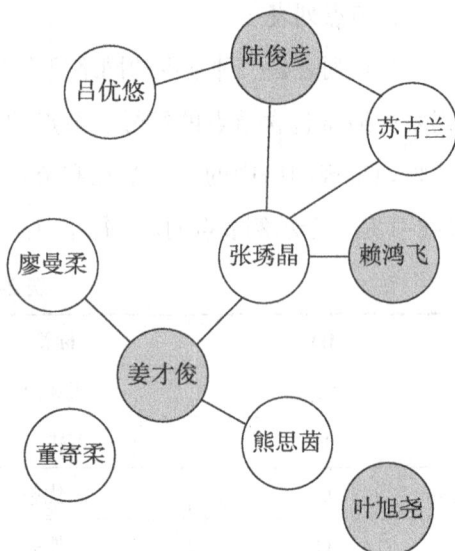

图 2-8-1　无向网络图

4. 邻接矩阵

邻接矩阵是一种二维矩阵形式的网络呈现形式，矩阵的行和列都代表网络中的节点，矩阵元素表示对应的两个节点间是否存在边。邻接矩阵可以清晰地呈现网络中节点间的连接关系，便于计算和分析。例如，表 2-8-3 是一个无权无向网络的邻接矩阵。矩阵的每个元素表示对应的两个节点间是否存在边，1 表示存在边，0 表示不存在边。

表 2-8-3　邻接矩阵（无权无向）

节点	节点									
	A	B	C	D	E	F	G	H	I	J
A	0	1	0	0	1	0	0	1	1	0
B	1	0	0	0	1	0	0	0	0	0
C	0	0	0	0	1	0	0	0	0	0
D	0	0	0	0	0	0	0	0	0	0
E	1	1	1	0	0	0	0	0	0	0
F	0	0	0	0	0	0	0	0	1	0
G	0	0	0	0	0	0	0	0	0	0
H	1	0	0	0	0	0	0	0	0	0
I	1	0	0	0	0	1	0	0	0	1
J	0	0	0	0	0	0	0	0	1	0

选择不同的网络呈现形式可以突出网络的不同角度，便于对网络结构进行全面分析。例如，节点列表和边列表更便于观察和分析网络的局部特性，如节点的属性和节点间的相互关系；而网络图和邻接矩阵则更便于观察和分析网络的全局特性，如网络的整体结构和节点间的相互连接关系。

不同的网络呈现形式可以相互补充，共同揭示网络的复杂特性。因此，在实际的网络分析过程中，我们通常会根据分析的目标和需求，灵活地选择和使用不同的网络呈现形式。

（三）分析方法

1. 描述性分析

描述性分析主要关注网络的基本特征，如节点数量、边数量、度、密度等。此外，还可以计算各指标的分布和集中趋势，以便更加深入地了解网络结构。

2. 社区发现

社区发现旨在识别网络中紧密联系的节点群体。常用的社区发现算法包括Louvain算法、Girvan-Newman算法和标签传播算法等。

3. 网络演化分析

网络演化分析关注网络随时间的变化。通过比较不同时间点的网络结构，研究者可以揭示网络关系的形成和演变规律。

4. 影响力分析

影响力分析关注网络中某些节点对其他节点的影响。常见的影响力分析方法包括线性阈值模型、独立级联模型等。

在教育教学研究中，社会网络分析有助于揭示学生与教师之间的互动、学生间的学术支持、教学资源的传播等多种现象。通过运用社会网络分析的基本指标和方法，研究者可以更好地把握学校中的社会结构关系对教师的教学和学生学习的影响。

（四）社会网络分析的软件

社会网络分析的软件是一种辅助工具，可以帮助用户进行数据输入、处理、可视化、统计、模拟等操作，从而得到有价值的信息。目前，市面上有多种社会网络分析的软件，它们各有特点和优劣，适用于不同的场景和需求。以下是一些比较常用或者知名的社会网络分析软件。

1. Gephi

这是一款开源免费跨平台的复杂网络分析软件，它主要用于各种网络和复杂系统，动态和分层图的交互可视化与探测。它有着友好的界面、高效的渲染引擎、多样的文件格式支持，以及丰富的可定制化插件。它还可以进行各种指标和算法的计算，如中心性、密度、路径长度、模块化等，并且可以进行过滤和排名。

2. UCINET6

这是一款集成了多种功能和算法的社会网络分析软件，它可以处理多种格式的数据，如文本文件、KrackPlot、Pajek、Negopy、VNA等，并且可以进行一维和二维的数据分析。它还包括了一个名为 NetDraw 的可视化工具，可以绘制各种类型的网络图，该软件支持 PNG、PDF、SVG 等文件格式，并能够导出为上述格式的文件。

3. Pajek

这是一款专门用于大型网络分析的免费软件，它可以处理多达十亿个节点和边的网络，并且提供了多种布局、颜色、大小、标签等可视化选项。它还可以进行各种统计分析，如连通性、聚类系数，小世界性等，该软件支持 EPS，SVG，BMP 等文件格式，并能够导出为上述格式的文件。

4. NetMiner

这是一款商业化的社会网络分析软件，它可以处理多种类型的数据，如文本文件、数据库、网页等，并且提供了多种可视化方式，如散点图、直方图、饼图等。它还可以进行各种指标和算法的计算，如中心性、密度、路径长度、模块化等，该软件支持 PNG、PDF、SVG 等文件格式，并能够导出上述格式的文件。

5. CiteSpace

这是一款基于 Java 的可视化分析软件，它可以用于探索和分析科学文献中的趋势、模式、热点和前沿。它可以从 Web of Science 等数据库中导入数据，并且生成各种类型的网络图，如共引网络、共现网络、时序网络等。它还可以计算各种指标和算法，如中心性、密度、路径长度、模块化等，该软件支持 PNG、PDF、SVG 等文件格式，并能够导出为上述格式的文件。

6. VOSviewer

这是一款基于 Java 的可视化分析软件，它可以用于构建和探索科学文献中的共词网络、共引网络、共作者网络等。它可以从 Web of Science 等数据库中导入数据，或者使用自定义的文本文件。它提供了多种布局、颜色、大小、标签等可视化选项，该软件支持 PNG、PDF、SVG 等文件格式，并能够导出为上述格式的文件。

7. NetworkX

这是一个基于 Python 的网络分析库，它可以用于创建、操作和研究各种类型和规模的复杂网络。它提供了多种数据结构和算法，如有向图、多重图、树、最短路径、聚类系数等，并且支持导入和导出多种格式的数据，如 GraphML、GML、Pajek 等。

8. Scimago Graphica

这是一款用于数据分析和可视化的软件，它由 Scimago Lab 开发，基于 Scopus 数据库。它可以用于探索和分析科学文献中的趋势、模式、热点和前沿，并且生成各种类型的网络图、散点图、直方图、饼图等。它还可以计算各种指标和算法，该软件支持 PNG、PDF、SVG 等文件格式，并能够导出为上述格式的文件。

这些软件为用户提供了便利的网络数据处理和模型建立平台，辅助进行节点、网络参数计算，评估网络结构与动态演化。用户可以根据研究需要选择不同的软件工具。在本书的第六章第四节中，我们以 Gephi 软件为例，详细介绍社会网络分析的具体方法。该软件具有免费开源、插件多、不需要编程等特性。读者还可以根据需要，自行搜索了解其他软件的具体功能与应用。

三、社会网络分析在物理教育研究中的应用

在物理教育研究中，社会网络分析可以被用来研究学生、教师、教材等之间的互动关系，及这些关系如何影响物理学习的效果。以下是一些社会网络分析在物理教育研究中的应用实例。

（1）映射学生社交网络结构和变化，分析学生之间的社交联系对学习的影响。例如：

① Brewe 等人 2010 年对比了讲座课和互动课课程开始与结束时的网络结构变化。

② Goertzen 等人 2013 年研究了学生社交网络结构对物理专业学习成绩的影响。

（2）将网络指标与学习成果联系，如学生成绩、自我效能等，探究网络位置对学习的影响。例如：

① Traxler 等人 2018 年发现网络中心性与论坛活跃度相关。

② Vargas 等人 2018 年发现中心性与作业和考试成绩相关。

（3）比较不同教学法产生的网络结构差异，以量化不同活跃学习环境的特征。例如：

Commeford 等人 2021 年提对比了同行指导、SCALE-UP 和模型教学法产生的网络结构差异。

（4）构建概念网络，分析专家和新手的知识网络区别。例如：

Koponen 和 Pehkonen 2010 年通过概念网络分析专家和新手知识框架的区别。

（5）利用错误选择网络分析学生误区结构。例如：

Brewe 等人 2016 年利用多项选择题错误回答构建网络分析学生力学概念中的误区。

社会网络分析在物理教育研究中的具体案例，读者可参阅第六章第四节。

思考与练习

2-1. 物理教育研究方法都有哪些？其中常用的实证方法又有哪些？

2-2. 请列举一两个标准化的评测工具，并谈谈其使用方法。

2-3. 请谈谈等组实验设计的基本原理。

2-4. 根据文中所述，社会网络分析的基本指标包括哪些？请简要说明每个指标的含义。

2-5. 如表 2-1 所示为某研究者通过上述的二维分析框架对武汉市 2021 年中考物理试题进行编码所得的 SEC 二维矩阵统计表，请将其转化为 SEC 二维矩阵比率表的形式。

2-6. 尝试从内容主题的维度进行分析，将武汉市 2021 年中考物理试题 SEC 二维矩阵比率表（各内容主题合计一栏），武汉市 2022 年中考物理试题 SEC 二维矩阵比率表（各内容主题合计一栏），物理课程标准 SEC 二维矩阵比率表（各内容主题合计一栏），三个表格中的数据统计至同一个 Excel 表格中，通过柱形图比较三者在内容主题上的差异。

表 2-1　武汉市 2021 年中考物理试题 SEC 二维矩阵统计表

内容主题	了解	认识	理解	经历与操作	合计
物质形态与变化	2.25	0	0	0.75	3
物质属性及新材料	0	0	1	0	1
运动和力	1.75	3.25	13.5	3	21.5
声和光	6.25	0.75	0	3	10
电和磁	2	0	0	2	4
机械能	2.75	0	0	0	2.75
内能	1	1	1	0	3
电磁能	3	0	12	6	21
能量守恒和能源	3	0.75	0	0	3.75
合计	22	5.75	27.5	14.75	70

技术篇

本篇主要介绍物理教育研究的常用技术，包括物理教育的统计和测量技术。严格地讲，这些技术并不是物理教育研究所独有的，而是一般量化的教育研究的常用技术。如方法篇所述，量化方法目前是国内外物理教育实证研究中的常用方法，而在我国高等师范院校中，物理教育专业的学生受到的相关训练还很不够，其中，系统的教育统计和测量技术尤其欠缺。为此，本篇将重点为本科生介绍统计与测量的基本方法，如描述性统计、推断统计、常用测验的编制方法以及测验质量的分析与评测方法等。上述所有的统计内容，都将在统计软件SPSS环境下来实现。对于研究生而言，还可选学本篇第三章中的结构方程模型和第四章中的Rasch模型。

第三章　物理教育统计技术

在物理教育研究的过程中，我们时常需要对量化的数据进行处理，这就要用到统计方法。本章介绍描述统计和推断统计的方法，以及结构方程模型。下面先介绍统计软件SPSS的基本操作方法，而后介绍各种统计方法在SPSS环境下的实现途径。

第一节　SPSS 入门

SPSS是英文Statistical Package for the Social Sciences的简称，意思是"社会科学统计软件包"，它是目前国际上社会科学研究领域里最为流行的统计软件之一，其特点是功能强大且易于操作。本节介绍SPSS的基本结构和基本操作，如启动退出、编辑窗口、输出窗口、变量定义、数据输入、数据清理和频数统计，其中包括基本统计图表的生成方法。

一、启动、退出

（一）启动

如果电脑中已安装好SPSS软件，那么启动方法有两种：一种是利用"开始"菜单启动；另一种是使用快捷方式启动。第一种启动方法是：单击"开始"按钮，在"所有程序"菜单项中找到"IBM SPSS Statistics"并点击该选项，出现下拉菜单，再选择"IBM SPSS Statistics 19"并点击该按钮，即可启动SPSS。第二种启动方法是：直接点击桌面上的快捷方式图标"IBM SPSS Statistics 19"，即可启动SPSS。该快捷方式的建立方法是：单击"开始"按钮，在"所有程序"菜单项中找到"IBM SPSS Statistics"，点击该选项，出现下拉菜单，再选择"IBM SPSS Statistics 19"并右击鼠标，出现二级下拉菜单，将鼠标移动至"发送到"选项，又出现第三级下拉菜单，选择"桌面快捷方式"并点击该选项，这时电脑桌面就会出现"IBM SPSS Statistics 19"快捷方式图标。该快捷方式的建立过程如图3-1-1所示。

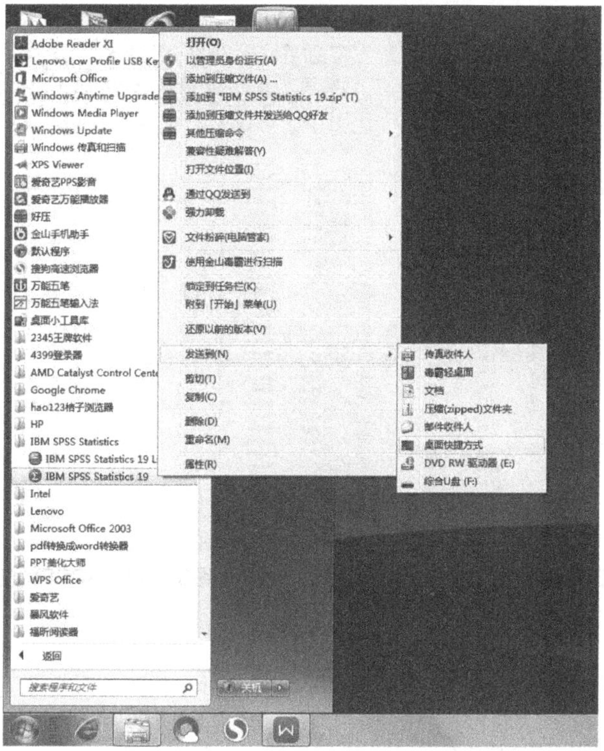

图3-1-1　建立SPSS的桌面快捷方式

（二）退出

选择数据编辑栏中的"File"菜单中"Exit"命令，或者直接点击标题栏中的关闭按钮，即可退出SPSS。

二、编辑窗口

SPSS启动以后，就会显示一个界面，该界面就是一个数据编辑窗口。该窗口又由两个不同的部分组成，一个部分是数据窗口（Data View），另外一个部分是变量窗口（Variable View）。两者之间可以实现切换，切换的按钮在屏幕左下方。图3-1-2和图3-1-3分别显示的是数据窗口和变量窗口。窗口切换的方法是：移动光标到屏幕左下方的Data View或者Variable View处，点击即可实现两个窗口的切换。

数据窗口主要用于数据输入和数据清理等操作。变量窗口则主要用于对变量进行定义。变量定义以及数据输入、数据清理的具体方法稍后再作详细介绍。

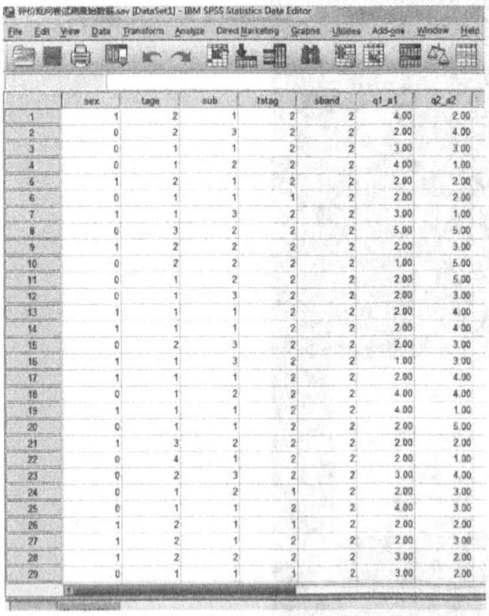

图3-1-2 SPSS的数据窗口

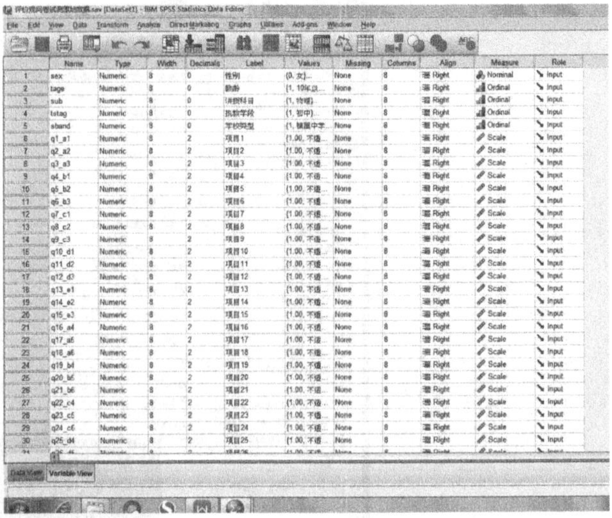

图3-1-3 SPSS的变量窗口

三、输出窗口

在用SPSS统计完相关的数据以后，系统会自动将统计结果在输出窗口显示出来，如图3-1-4所示。一般情况下，统计结果中既会有统计图，也会有统计表。用户可以将输出窗口中的统计图表以文件的形式直接保存，也可以复制到相关的文档之中。保存的方法与普通文件的保存方法相同。图表复制的方法是：先选中需要复制的图表，右击鼠标，再在下拉菜单中选择并点击"copy"（复制），最后再将复制的内容"paste"（粘贴）到需要的地方即可。

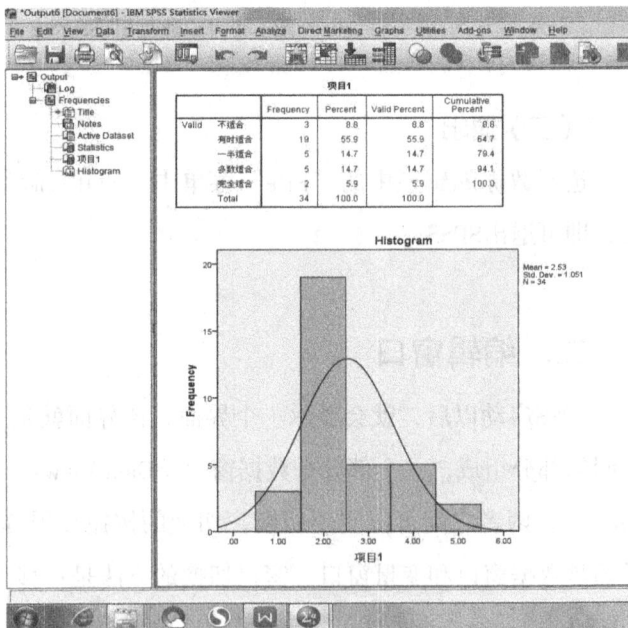

图3-1-4 SPSS的输出窗口

四、变量定义

SPSS对于数据的处理方式依据其类型的不同而不同。对于这些不同类型的数据，SPSS称之为变量。因此，在将数据输入到电脑之前，用户必须对数据的类型作出规定，这一过程叫作变量定义。变量定义具体包括定义变量名、定义变量类型、定义变量长度、定义变量标签、定义变量格式等。

SPSS启动后，屏幕上会出现一个空白的数据编辑窗口，如图3-1-5所示。数据可以从该窗口中直接输入，具体方法稍后会作介绍。但在输入数据前，我们需要对相关的变量进行定义。这时可以通过点击屏幕左下方的窗口切换标签"Variable View"，将数据窗口切换到变量窗口，如图3-1-6所示。它实际上是一个空白的数据文件，该窗口中的每一行代表一个变量的定义信息，具体包括：

图3-1-5　SPSS的空白数据窗口

图3-1-6　SPSS的空白变量窗口

（一）变量名

如图3-1-5所示的屏幕上方变量名栏中，写着Var0001、Var0002、Var0003等字样，它们是SPSS默认的变量名称（Name）。在实践中，我们通常需要将这些系统默认的变量名称改写为自己看起来更为方便易记的变量名称，这一过程就是变量定义。比如图3-1-3中的变量名称分别为教龄、执教学段、学校类型、执教学科以及各题目的得分等。取变量名可以用英文或者汉语拼音，但必须遵循下列原则：

（1）变量名称最多不能超过8个字符。

（2）首字母应该是英文字母，其后可以为字母或者数字，以及除了"？"" ！"" ＊"以外的其他字符，但不能以下画线"——"和圆点"."作为变量名称的最后一个字符。

（3）变量名称不能使用SPSS的保留字，如ALL、AND、OR、NOT、EQ、GE、GT、LE、LT、NE、TO、WITH等。

（4）系统不分变量名称中字符的大小写，如 XYZ 与 xyz 被系统认为是同一变量。

（5）变量名称必须唯一，不能有两个相同的变量名。

（二）变量类型

定义变量类型（Type）的步骤如下：先在图3-1-7中点击Type下面的矩形框，这时会在矩形框的右端出现一个正方形按钮，点击该按钮，就会出现图3-1-8所示的变量类型对话框。该对话框中各选项的含义分别是：Numeric是数值型；Comma是加显逗号的数值型；Dot是3位加点数值型；Scientific notation是科学记数法；Date是日期型；Dollar是带有美元符号的数值型；Custom currency是用户自定义型；String是字符串型。系统默认值是数值型。

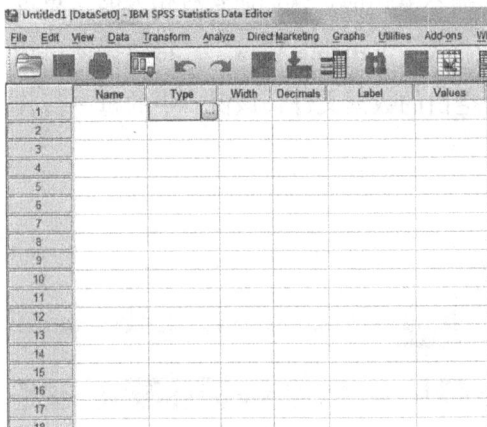

图3-1-7　定义变量类型长度及小
数点位数步骤1

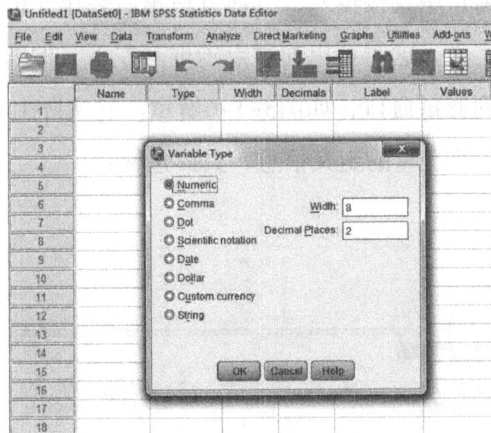

图3-1-8　定义变量类型长度及小
数点位数步骤2

（三）变量长度

定义变量长度（Width）就是设定变量的长度。如图3-1-8所示，系统的默认值为8，一般无须改变，所以简单的设定办法是取系统的默认值。

（四）变量小数点位数

定义变量小数点位数（Decimals）就是设定系统的小数点位数。如图3-1-8所示，系统的默认值为2，一般也无须改变，取其默认值，按下"OK"按钮即可。

（五）变量标签

变量标签（Label）是对变量名称的进一步说明。前面讲过，变量名称由8个以内的字符组成，所以在某些情况下它不足以对变量的情况作出详细的说明，这时就需要用变量标签对其加以详述。变量标签的长度可以长达120个字符。它是一个可选项（Optional），可以选，也可以不选。图3-1-3中的变量名称和对应的变量标签分别为sex（性别）、tage（教龄）、sub（执教学科）、tstage（执教学段）、sband（学校类型）、q1（项目1）、q2（项目2）等。

（六）变量值标签

在讲定义变量值标签（Values）之前，先说说有关数据类型的概念。用于统计的数据，按照测量的精确程度来划分，依由低到高的顺序可以分为定类数据（Nominal）、定序数据（Ordinal）和定距数据（Scale）。其中，定类数据是数据的最低级，它只是一种标记，主要用于区分变量的不同值，本身没有次序关系。比如，"性别"就是一个定类变量，因为它只有两个取值：男、女。这里，我们可以用1表示男，2表示女。但1和2此处没有大小的含义，只表示两种不同的性别。定序数据是数据的中间级。比如，文化程度就是一个定序变量，它的取值可以是小学、初中、高中、大学、研究生等。我们可以用1表示小学、2表示初中、3表示高中……这里的数字表示文化程度的不同次序，但各个不同的取值之间不是等距的，如我们不能说高中与初中之间的差异与初中跟小学之间的差异相同。定距数据是具有一定单位的实际测量值，如人的身高、学生的成绩等，都是连续取值。以上三种数据都是SPSS统计中常用的。

变量值标签是对于每一个变量取值的进一步说明。当变量是定类或者定序类型时，就要对变量值的标签进行定义。定义变量值标签的具体方法是：点击"Value"下面的矩形框，其右端会出现一个小方块，再点击该方块，就会出现一个变量值标签对话框，如图3-1-9所示。如果被定义的变量是"性别"，我们就可以在"Value"后面的矩形框内输入"1"，在Label后面的矩形框内输入"男"，再点击"Add"按钮，这样就定义了性别变量的一个值，即将"1=男"赋予了性别变量，如图3-1-10所示。用同样的方法，我们可以将"2=女"赋值给了该变量。将变量全部可能的取值都定义完成以后，就可以点击下面的"OK"按钮完成整个操作了。

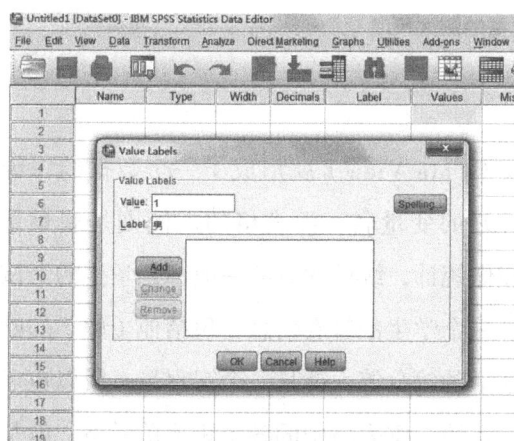

图3-1-9　定义变量值标签1

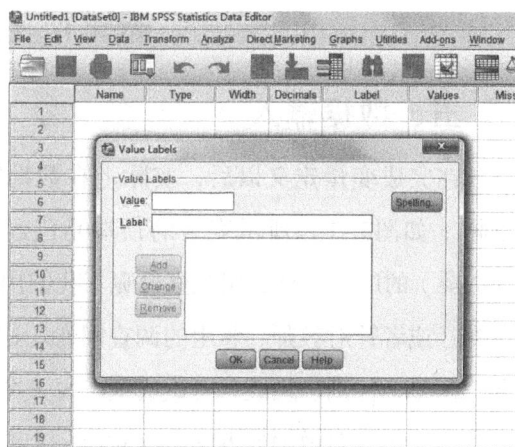

图3-1-10　定义变量值标签2

（七）缺失值

定义缺失值（Missing）就是对系统和用户的缺失值进行定义。一般情况下无须此类操作。

（八）变量显示宽度

定义变量显示宽度（Columns）就是对变量的显示宽度进行定义，一般直接选择其默认值8。

（九）显示的对齐方式

显示的对齐方式（Align）有三种，左对齐（Left）、右对齐（Right）和中间对齐（Center）。一般情况下可忽略此操作。

（十）变量的测试尺度

前面讲过，变量可以分为定类变量、定序变量和定距变量三种。我们可以根据变量的类型在Measure的下拉菜单中选择合适的测试尺度（Measure）。比如一般性别变量用"Nominal"，文化程度变量用"Ordinal"，而学生成绩变量则用"Scale"。具体的操作方法是：点击"Measure"下面的矩形框的右侧，这时出现一个下拉菜单，上面有"Scale" "Ordinal" "Nominal"三个选项。我们需要什么选项就点击该选项即可。

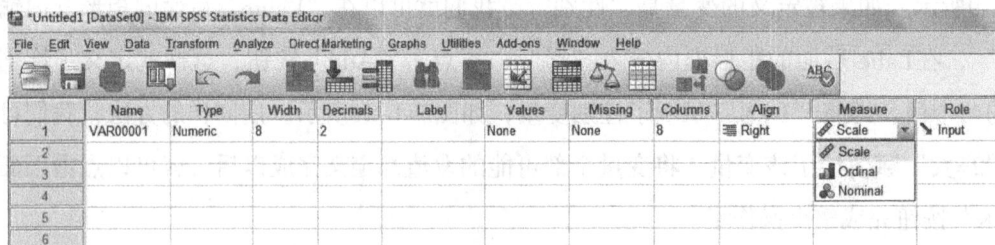

图3-1-11　定义变量的测试尺度

五、数据输入

在完成变量定义以后，实际上在数据窗口（Data View）就形成了一个数据的二维表格。如图3-1-2所示表格的顶端是已经定义好的变量名，而表格的左侧则是观察量（Case）的序号。什么叫观察量呢？我们用SPSS做统计，统计的对象一般都是学生的考试试卷，或者针对教师、学生的调查问卷。这里，一个学生的答卷信息，包括他（她）的姓名、学号、性别、班级、考试成绩、每一个问题上的等分等，就是一个观察量。所以也可以认为，每一名教师或者学生就对应一个观察量。该二维表格中的各个矩形单元格，就是数据输入的地方。

SPSS的数据输入方法有如下三种：

第一种方法是按照变量来输入数据。比如按照"性别"来输入数据，这时的数据输入顺序就是从上往下。若第一个学生是男生，就输入"1"；第二个学生是女生，就可输入"2"……直至将所有的变量对应的数据都输完为止。

第二种方法是全屏幕任意单元格输入数据。要想输入某观察量的某一个变量值，可以直接将光标移动到二维数据表中相应的单元格并点击它，使之成为当前操作单元，然后输入数据。这种数据输入方法主要用于对数据的修改或者补漏。

第三种方法是按照观察量序号输入数据。简单地说，这种输入方法就是按照一个学生一个学生的顺序输入数据。每个学生都有若干个变量，因此，输入的方向都是从左往右。该输入方法是数据输入最常用、也是最方便的方法。

六、数据清理

在数据采集或者数据录入的过程中，因为各种原因，数据中可能存在错误。在正式开始进行数据统计之前，必须对这些错误的数据进行清理，否则会给统计工作带来麻烦，甚至会给整个研究工作带来不可预料的严重后果。清理数据可能有不同的目的，这里主要介绍发现和清理奇异数据的方法。

检查奇异数据一般可以通过检查频数表来完成，具体步骤如下。

（1）在菜单栏中选择"Analyze"，展开下拉菜单，如图3-1-12。

（2）单击"Descriptive Statistic"菜单项弹出级联菜单，再单击"Frequencies"命令，这里屏幕上出现"Frequencies"对话框，如图3-1-13所示。

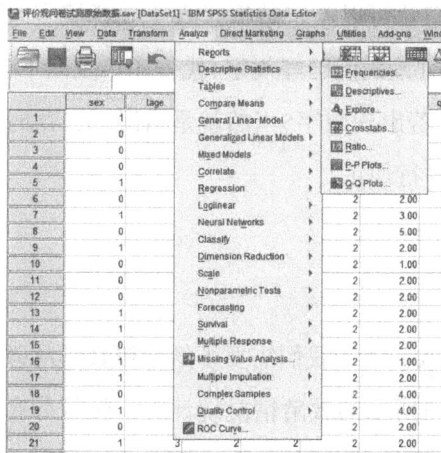

图3-1-12 奇异数据的检查与清理1

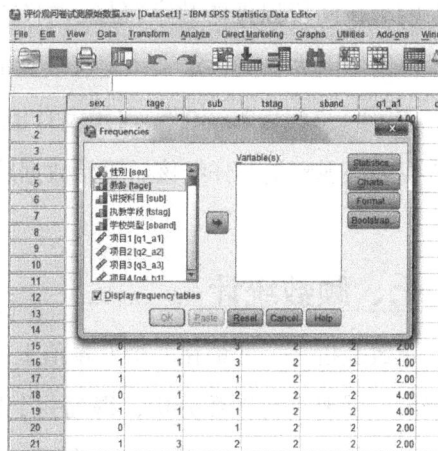

图3-1-13 奇异数据的检查与清理2

（3）将图3-1-13中左侧列表框中的变量比如"教龄"调到右边"Variable（s）："下面的对话框中。选中"Display frequency table"选项。

（4）单击"OK"按钮，屏幕上出现输出窗口，其中包括表3-1-1所示的"教龄"频数统计表。

表3-1-1中各种变量的含义如下：

（1）Frequency：某变量出现的频数。

（2）Percent：百分数。

（3）Valid Percent：有效百分数。

（4）Cumulative Percent：累计百分数。

表3-1-1 "教龄"频数统计表

教龄	变量			
	Frequency	Percent	Valid Percent	Cumulative Percent
10年及以下	19	55.9	55.9	55.9
11~20年	11	32.4	32.4	88.2
21~30年	2	5.9	5.9	94.1
31年及以上	2	5.9	5.9	100.0
总计	34	100.0	100.0	—

通常情况下，如果没有错误数据，有效百分数与百分数应该是相同的。一旦有错误数据，则有效百分数与百分数就会出现不一致的现象。比如在表3-1-1中若出现代表教龄变量中四个区间段以外的数字符号，如数字5，我们就可以断定数据录入（或者填表时）出现了差错。因为在变量定义（定义变量值标签）时，我们已经规定1代表10年及以下、2代表11~20年、3代表21~30年、4代表31年及以上。若出现数字5当然就是错误了，这时我们应该找到该观察量，仔细核对原始数据后，立即进行纠正。

七、频数统计

频数是指一个变量在一个变量值上的观察量数。比如我们需要了解学校教师的教龄分布情况，就要进行频数分析，得到一个如表3-1-1所示的教龄情况统计表。频数分布表的生成方法如图3-1-12和图3-1-13所示，生成的频数分布表如表3-1-1所示。这里再介绍一下频数统计图的生成方法。

前面刚刚介绍过的数据清理过程中得到图3-1-13中所示的对话框，将变量栏中的"教龄"调入"Variable"下面的对话框，如图3-1-14所示，点击右侧的"Charts"按钮，出现如图3-1-15所示的关于统计图类型对话框。

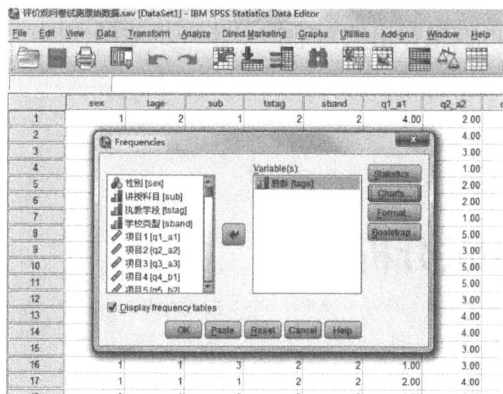

图3-1-14　频数统计图的生成1

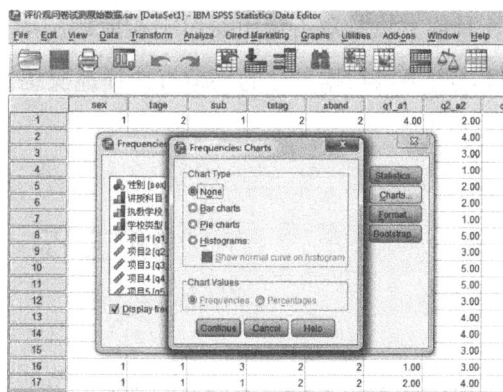

图3-1-15　频数统计图的生成2

其中，None表示不输出图；Bar charts表示显示条形图；Pie charts表示显示饼图；Histograms表示显示直方图。

要想让SPSS输出相应的统计图，只需点击相应的选项，再点击左下方的"Continue"按钮。这时统计回到图3-1-14所示的对话框，最后点击左下方的"OK"即完成生成统计图的全部操作。由此生成的条形图和直方图如图3-1-16和图3-1-17所示。

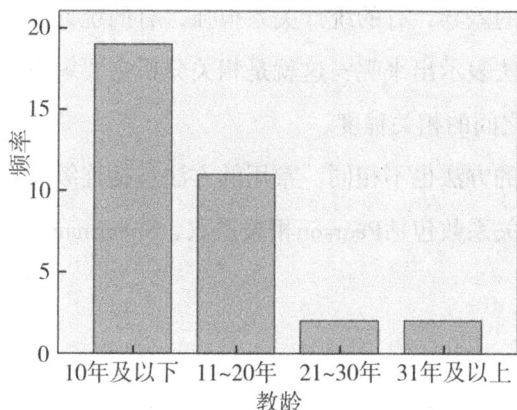

图3-1-16　频数统计条形图

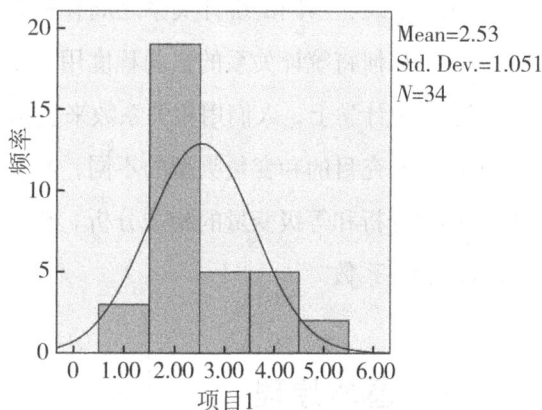

图3-1-17　频数统计直方图

对于初学者来说，条形图与直方图特别容易混淆。虽然在外形上相似，两者其实还是有区别的。区别有三点：其一，两种图形中矩形的高度都代表频数，但宽度意义不同。条形图中的宽度没有具体意义，只表示类别，其宽度也是固定的。而直方图中的宽度则是有意义的，它表示各组的组距。其二，条形图用于展示分类数据，而直方图则用于展示连续型变量。其三，直方图中的各个矩形是连续排列的，而条形图中的矩形则是分开排列的。

此外，各种统计图形还可以根据用户的需要进行编辑，比如对图形的标题进行编辑、变换图形中的各种填充色、改变横轴和纵轴的文字、将二维的统计图变换为三维统计图等。具体方法是双击输出窗口中相应的图形，再根据弹出的对话框一步一步地操作即可。对此读者可以根据自己的兴趣有选择地操练。

第二节　相关分析

我们知道，不同的事物之间都存在着相互联系。用于描述事物数量化特征的不同变量之间，也存在着相关联系，这种相互联系主要表现为两种不同的类型：一是函数关系，二是统计关系。函数关系就是因变量与自变量的关系，给出一个 x，就可以得到一个 y，两者之间一一对应，构成确定的关系。但在现实生活当中，变量之间的关系就不那么简单了。比如，子女的身高与父母的身高之间存在着一定的关系，但这种关系又不能够用一个简单的公式来表述。也就是说，给出一个 x，可能有好几个 y 与之对应。或者说，一个变量的值不能由另一个变量唯一地确定，这种关系就是统计关系。

人们发现，不同的统计关系之间存在着一定的差异，有的统计关系很强，有的统计关系很弱。如何将统计关系的强弱程度用数学的方法表示出来呢？这就是相关分析主要解决的问题。统计学上，人们用相关系数来表示变量之间的相关程度。

由于研究目的和变量类型的不同，相关分析的方法也不相同。常用的方法包括连续变量的相关分析和等级变量的相关分析。相应的相关系数包括Pearson相关系数、Spearman和Kendall相关系数。

一、基本原理

所谓连续变量，就是相互之间可以比较大小、并且可以用加减法来计算的变量，如身高、体重、成绩等，都是连续变量。用来衡量连续变量之间相关关系的统计量数叫作积矩相关系数，又称为Pearson相关系数。该相关系数可以用来表征诸如高中成绩与高考成绩、子女身高与父母身高等连续变量之间的相关。Pearson相关系数的计算公式如下。

$$r = \frac{\sum\limits_{i=1}^{n}(x_i - \bar{x})(y_i - \bar{y})}{\sqrt{\sum\limits_{i=1}^{n}(x_i - \bar{x})^2(y_i - \bar{y})^2}} \tag{3-1}$$

上式中，r为Pearson相关系数；x_i为第一个变量中的第i个数据；$\bar{x}$为第一个变量的平均值；y_i为第二个变量中的第i个数据；$\bar{y}$为第二个变量的平均值；n为x或者y的数据个数。

相关系数的取值范围为$-1 \leqslant r \leqslant 1$。$r=1$时，表示高度显著相关；$r=0$时，表示零相关，即没有关系；$r=-1$时，表示高度负相关。需要说明的是，一般情况下，取得上述几个数值的概率极小。实践中，计算得到的相关系数比较接近1时，我们就说相关显著；比较靠近0时，我们就说相关不显著；若数值接近-1，我们就说两者高度显著负相关。至于多大为显著、多大为高度显著，这涉及相关系数的显著性检验问题，稍后将结合具体问题再作介绍。

二、操作步骤

若我们要求数学成绩与物理成绩之间的相关系数，得到15名学生的两科成绩如表3-2-1所示。

表3-2-1 学生的数学成绩和物理成绩

科目	学生的成绩/分														
	1	2	3	4	5	6	7	8	9	10	11	12	13	14	15
数学	90	89	88	67	63	77	56	98	45	54	23	46	87	81	75
物理	89	92	90	66	65	75	55	95	40	50	33	50	84	80	77

将表3-2-1中的数据代到3-1式中，即可求出Pearson相关系数的值。这时3-1式中的x代表数学成绩，y代表物理成绩，$\bar{x}$代表数学成绩的均值，$\bar{y}$代表物理成绩的均值，这里的n为15。笔算相关系数比较麻烦，若借助计算机，就快捷得多了。

我们可在对相关变量作出定义的基础上，将表3-2-1中的数据输入计算机，只需操作几个按钮，即可得出需要的结果。具体操作步骤如下。

（1）如图3-2-1所示，单击菜单栏中的"Analyze"，在其下拉菜单中，选择"Correlate"展开级联菜单，单击"Bivariate"选项，弹出图3-2-2所示的对话框。

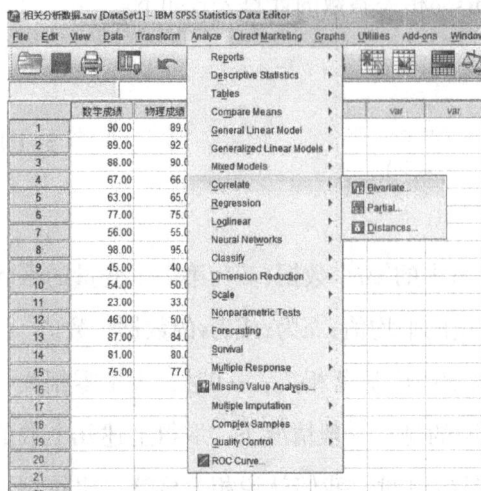

图3-2-1 相关分析操作步骤1

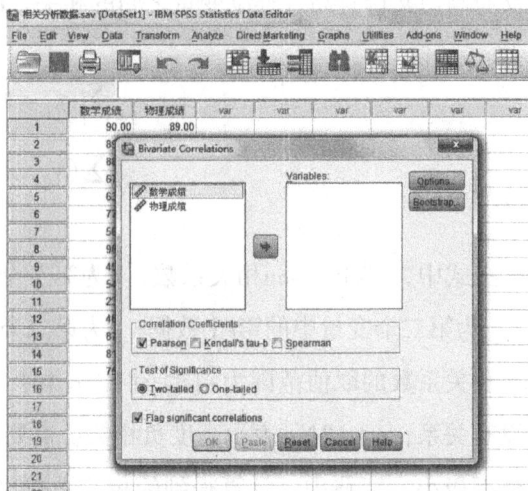

图3-2-2 相关分析操作步骤2

（2）将数学成绩和物理成绩调入右侧的Variables对话框，按下"OK"按钮即可。这里系统默认的相关系数是Pearson相关系数，默认的显著性检验采用"Two-tailed"（双尾检验），并且默认需要标示显著相关的相关系数值及其显著性水平。

如表3-2-2所示，表中的数值0.984即表示数学与物理成绩的Pearson相关系数，两个星号"**"表示两者高度显著相关。表下面的数字0.01表示显著性水平。一般来说，若相关在0.05水平上显著，则说明两个变量存在显著相关；若在0.01水平上显著，则说明两个变量高度显著相关。

表3-2-2 物理与数学成绩的相关分析结果

分析项目	数学成绩	物理成绩
Pearson Correlation	1	0.984**
Sig.（2-tailed）		0
N	15	15

注：**. Correlation is significant at the 0.01level（2-tailed）

（3）除了以表格的形式输出相关分析结果以外，我们还可以让计算机将相关分析的结果以图形的方式来呈现，也就是输出相关分析的散点图。具体方法如下。

如图3-2-3所示，在数据窗口（Data View）的菜单栏中，单击"Graphs"，弹出下拉菜单，选择"Legacy Dialogs"，又弹出级联菜单，再选择"Scatter/Dot"选项并单击，即生成散点图，如图3-2-4所示。

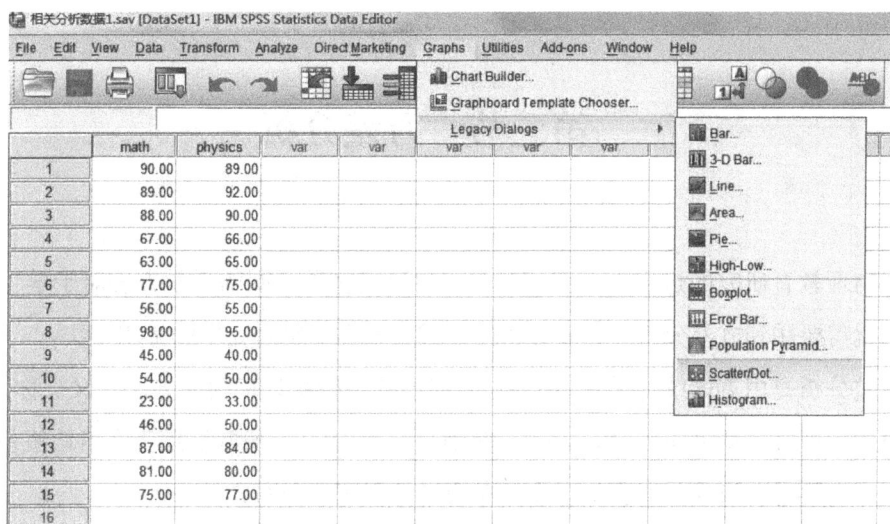

图3-2-3　生成散点图

　　用同样的方法，我们也可以计算出物理与英语等科目的相关系数，可能会出现图
3-2-5所示的负相关散点图。注意观察两者的区别。一般说来，相关程度越高，散点图的
线性特征越明显。反之，散点图中各点的散布就越大。另外，与频数分析中所介绍的各种
图形的编辑方法相似，这里只要双击输出窗口中的散点图，就可以对该图进行编辑。此处
不拟详述。

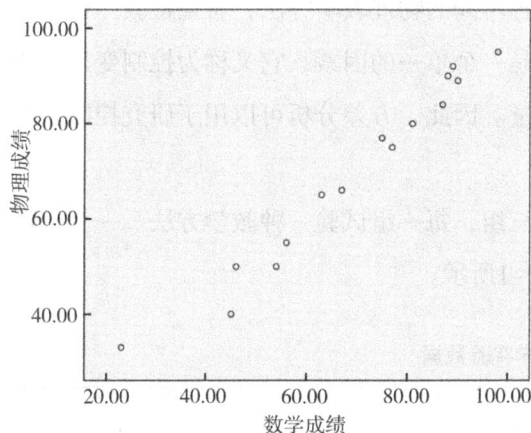

图3-2-4　正相关散点图

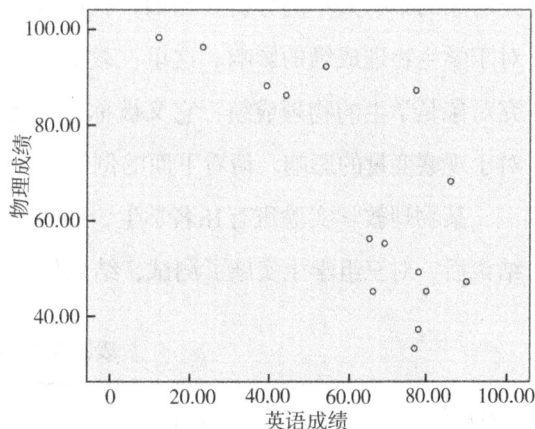

图3-2-5　负相关散点图

第三节　方差分析

在物理教育研究的过程中，我们时常需要研究多种不同的教学方法对于学生成绩的影响，这就需要用到方差分析。方差分析因而成为教学实验研究中的常用方法。

方差分析是由英国统计学家Fisher首先提出的一种统计检验的方法，又被称为F检验。方差分析的英文是Analysis of Variance，其缩写为ANOVA，通常被用于多组均值差异的显著性检验。它要求各组观察值服从正态分布或者近似正态分布。

方差分析的基本思想是：通过统计学的方法，确定各因素（控制变量，如教学方法）对于研究对象（如学生成绩）的影响力大小，通过方差分析，得出不同水平的控制变量是否对结果产生了显著的影响。方差分析分为单因素方差分析、双因素方差分析、多因素方差分析和协方差分析。本节只介绍较为常用的单因素方差分析和协方差分析。

一、单因素方差分析

所谓单因素，是指影响研究对象的因素只有一个。单因素分析就是对该单一因素对研究对象的影响大小的分析。比如，我们试验三种不同的物理教学方法，希望检验三种方法对于学生物理成绩的影响。这里，教学方法就是一个单一的因素，它又称为控制变量。研究对象是学生的物理成绩，它又被称为观察变量。因此，方差分析可以用于研究控制变量对于观察变量的影响。请看下面的例子。

某物理教学实验班有18名学生，随机分成三组，每一组试验一种教学方法。一个学期结束后，对三组学生实施了测试，结果如表3-3-1所示。

表3-3-1　教学实验数据

教学方法编号	1	1	1	1	1	1	2	2	2	2	2	2	3	3	3	3	3	3
学生成绩/分	76	82	79	59	54	89	70	72	75	66	54	92	92	79	88	96	99	90

上表中，第一行中的数字1、2、3分别代表三种不同的教学方法；第二行中的数字代表每名学生的考试成绩。下面介绍方差分析的具体操作步骤。

图3-3-1 建立教学实验数据文件

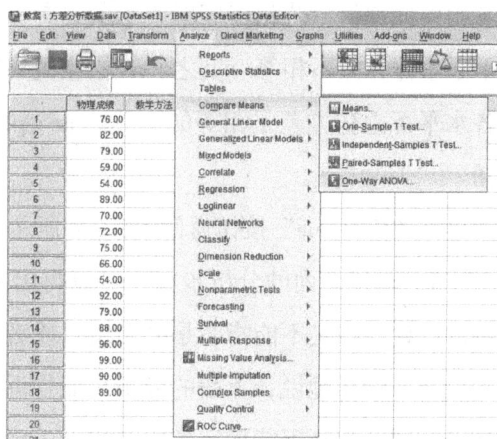

图3-3-2 方差分析操作步骤1

（1）根据表3-3-1，建立教学实验的数据文件，如图3-3-1所示。

（2）点击菜单栏中的"Analyze"打开下拉菜单，选择"Compare Means"弹出级联菜单，再在级联菜单中选择并点击"One-Way ANOVA"，如图3-3-2所示。弹出单因素方差分析对话框，如图3-3-3所示。

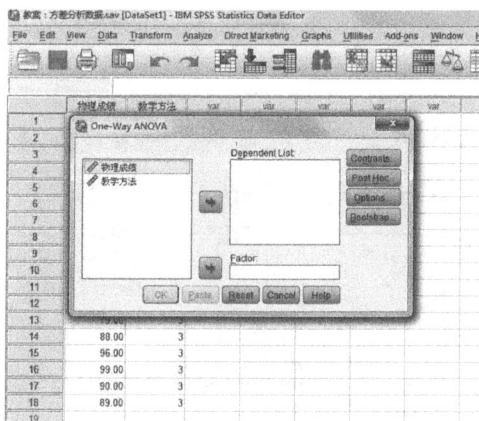

图3-3-3 方差分析操作步骤2

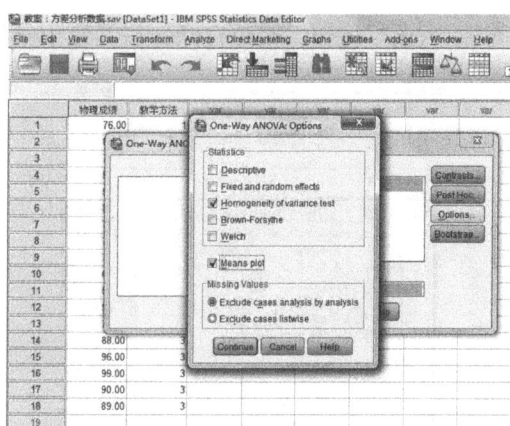

图3-3-4 方差分析操作步骤3

（3）先将左侧列表框中的"物理成绩"调入右侧"Dependent List"下面的文本框中，再将左侧的"教学方法"调入右侧"Factor"下面的文本框中。

（4）单击单因素方差分析对话框中的"Options"按钮，弹出如图3-3-4所示的对话框，选择其中的"Homogeneity of variance test"选项，以及其下的"Means plot"选项。Homogeneity of variance test，意思是方差齐性检验，这是进行方差分析时必须要做的一件事情。这里涉及推断统计的思想，其零假设是各水平下总体方差没有显著的差异。我们选中方差齐性检验的选项后，SPSS的运行结果中就会报告各水平下总体方差是否相等的结果，以及相伴概率值。若相伴概率值小于或者等于显著性水平，则拒绝零假设，即可以认为各水平下总体方差不相等。反之，若相伴概率值大于显著性水平，则接受零假设，即可以认为各水平下总体方差是相等的。"Means plot"选项表示绘制各水平下观察变量均值的折线图。

单击"Continue"按钮返回图3-3-3所示对话框。

（5）通过上面的分析步骤，可以得出不同水平的控制变量是否对观察变量产生显著影响的结论。但是不能指明是哪个组，或者说哪些组在对观察变量产生影响的大小上有显著的差异。通俗地说，上面的分析只能告诉我们，几种不同的教法在提升学生成绩方面是存在差异的，但还不能确定到底是哪种（或者哪些）方法比其他方法明显更优。要回答这个问题，就必须在多个样本均值间进行两两比较。具体做法是：单击图3-3-3对话框中的"Post Hoc"按钮，打开"One-way ANONA：Post Hoc Multiple Comparisons"对话框，如图3-3-5所示。该对话框中展示了几种比较分析的方法，其中最为常用的是LSD法，即最小显著差法。其中的显著性水平可在0与1之间任意指定，系统的默认值为0.05。这里，我们选择"LSD"选项。单击该对话框下面的"Continue"按钮。系统回到3-3-6所示的对话框，再单击"OK"按钮，系统自动运行并输出结果。

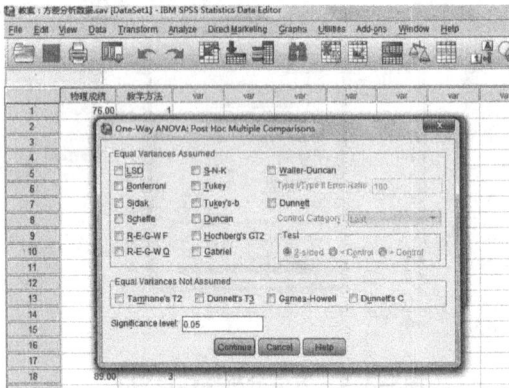

图3-3-5　方差分析操作步骤4

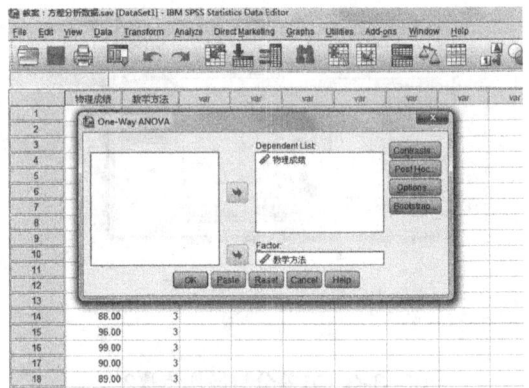

图3-3-6　方差分析操作步骤5

（6）若各个水平下总体方差不相等，则可选择图3-3-5对话框中"Equal Variance Not Assumed"选项区中的"Tamhane's T2"选项，就能得到总体方差不等情况下方差分析的结果。实践中，我们可以在操作步骤5时，就选中"Tamhane's T2"选项。如果总体方差相等，我们就看运行结果中的上半部分；如果总体方差不相等，我们就看运行结果中的下半部分。

表3-3-2　方差分析结果

分析项目	Sum of Squares	*df*	Mean Square	*F*	Sig.
Between Groups	1280.444	2	640.222	4.917	0.023
Within Groups	1953.167	15	130.211	—	—
Total	3233.611	17	—	—	—

表3-3-2就是方差分析的一般结果。该表显示出的主要信息是：方差检验的F值是4.917，而相伴概率值为0.023。它表明相伴概率明显小于显著性水平0.05，因而拒绝零假设，即三个组中间必有至少一个或者一个以上的组与其他组有显著的不同。或者说，三种教学方法在教学效果上有显著的差异。

表3-3-3　方差齐性检验结果

Levene Statistic	*df*1	*df*2	Sig.
1.304	2	15	0.301

表3-3-3是方差齐性检验的结果。它表明：相伴概率为0.301，远远大于显著性水平0.05，因此接受零假设，即可以认为三个组的总体方差是相等的。

表3-3-4　两两比较的结果

比较分析方法	（I）教学方法	（J）教学方法	Mean Difference（I-J）	Std. Error	Sig.	95% Confidence Interval Lower Bound	Upper Bound
LSD	1	2	1.66667	6.58815	0.804	−12.3756	15.7090
		3	−17.00000*	6.58815	0.021	−31.0423	−2.9577
	2	1	−1.66667	6.58815	0.804	−15.7090	12.3756
		3	−18.66667*	6.58815	0.013	−32.7090	−4.6244
	3	1	17.00000*	6.58815	0.021	2.9577	31.0423
		2	18.66667*	6.58815	0.013	4.6244	32.7090

（续表）

比较分析方法	（I）教学方法	（J）教学方法	Mean Difference（I–J）	Std. Error	Sig.	95% Confidence Interval	
						Lower Bound	Upper Bound
Tamhane	1	2	1.66667	7.55057	0.995	−19.9692	23.3026
		3	−17.00000	6.27606	0.083	−36.2293	2.2293
	2	1	−1.66667	7.55057	0.995	−23.3026	19.9692
		3	−18.66667*	5.81473	0.038	−36.2137	−1.1197
	3	1	17.00000	6.27606	0.083	−2.2293	36.2293
		2	18.66667*	5.81473	0.038	1.1197	36.2137

注：*. The mean difference is significant at the 0.05 level

表3-3-4是三个组的均值两两比较的结果。由于方差是齐性的，我们只需要看此表的上半部分，即只看LSD这一栏的内容。从表中我们不难看到，1、3组和2、3组之间的相伴概率都小于显著性水平0.05，所以教学方法1和2都与教学方法3有显著差异；而教学方法1、2之间的相伴概率远大于0.05，所以1、2组之间没有显著差异。这一结果也可以从图3-3-7中明显地看出：第3组的均值远远大于1、2组，而1、2组的均值相差不大。如果用通俗的话来解释该方差分析的结果，就是教学方法3明显地优于教学方法1和2。

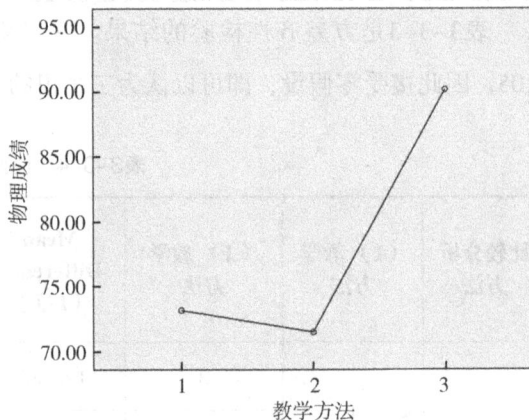

图3-3-7　比较观察变量均值的折线图

二、协方差分析

前面讲到，方差分析主要研究控制变量对于观察变量的影响。但是有些观察变量还受到一些难以控制的随机变量的影响，如果不能消除这些随机变量的影响，方差分析的结论就不准确。比如，我们想研究不同的教学方法对学生考试成绩的影响，而学生在接受以这些教学方法来实施的教学之前，其已有的知识水平也会对考试的成绩产生影响。我们如果能够以某种方法消除学生原有知识水平对其最终考试成绩的影响，那么，方差分析的结论就是准确的。否则，结论就会有偏差。

协方差分析就具备这样的功能。它将难以控制的随机变量作为协变量，在分析中将其排除，然后再分析控制变量对观察变量的影响，从而实现对控制变量效果的准确评价。一般来说，协方差分析要求协变量是连续数值型。

比如，某中学物理教研组想研究3种不同的教学方法对学生物理学习成绩的影响。他们对3组学生（每组由6名学生组成）分别用3种不同的教法实施教学，学期结束后，用同一份试卷对3组同学实施了评测。另外，他们还找到了所有同学的物理入学成绩作为协变量，进行协方差分析。学生的测验成绩及入学成绩如表3-3-5所示。

表3-3-5　学生的测验成绩及入学成绩

姓名	测验成绩	入学成绩	组别	姓名	测验成绩	入学成绩	组别
李继忠	99	98	1	卢昌宝	99	76	2
李 丽	88	89	1	胡 兰	70	89	2
赵桂荣	99	80	1	高作慧	89	89	2
胡代光	89	78	1	安志军	55	99	3
张 欣	94	78	1	吴晓兵	50	89	3
肖大亮	90	89	1	熊道平	67	88	3
胡学文	79	87	2	熊道红	67	98	3
梅传伟	56	76	2	卢萍萍	56	78	3
陈竹娥	89	56	2	杨桂琴	56	89	3

协方差分析的操作步骤如下：

（1）依据表3-3-5中的数据建立用于协方差分析的数据文件，如图3-3-8所示。

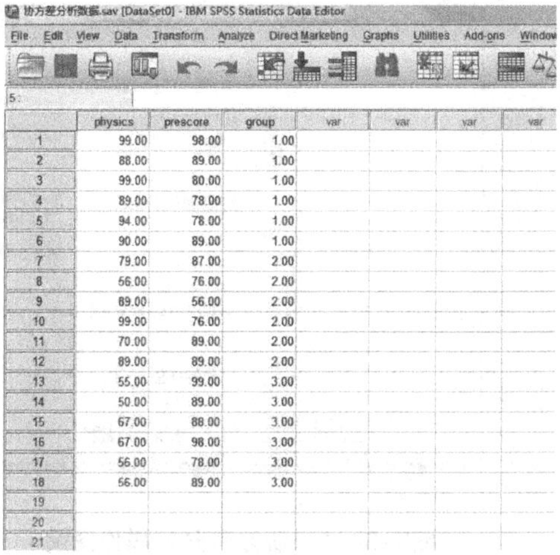

	physics	prescore	group	var	var	var	var
1	99.00	98.00	1.00				
2	88.00	89.00	1.00				
3	99.00	80.00	1.00				
4	89.00	78.00	1.00				
5	94.00	78.00	1.00				
6	90.00	89.00	1.00				
7	79.00	87.00	2.00				
8	56.00	76.00	2.00				
9	89.00	56.00	2.00				
10	99.00	76.00	2.00				
11	70.00	89.00	2.00				
12	89.00	89.00	2.00				
13	55.00	99.00	3.00				
14	50.00	89.00	3.00				
15	67.00	88.00	3.00				
16	67.00	98.00	3.00				
17	56.00	78.00	3.00				
18	56.00	89.00	3.00				
19							
20							
21							

图3-3-8　建立协方差分析数据文件

（2）单击菜单栏中"Analyze"，弹出下拉菜单，将光标移到"General Linear Model"处，又弹出级联菜单，选择"Univariate"命令，并单击之。系统弹出"Univariate"对话框，如图3-3-9和3-3-10所示。

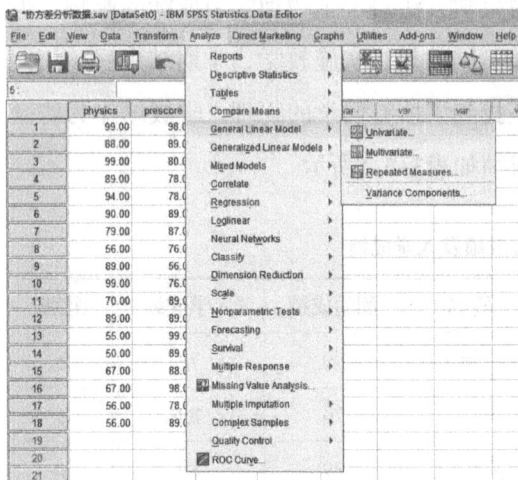

图3-3-9　协方差分析操作图解1

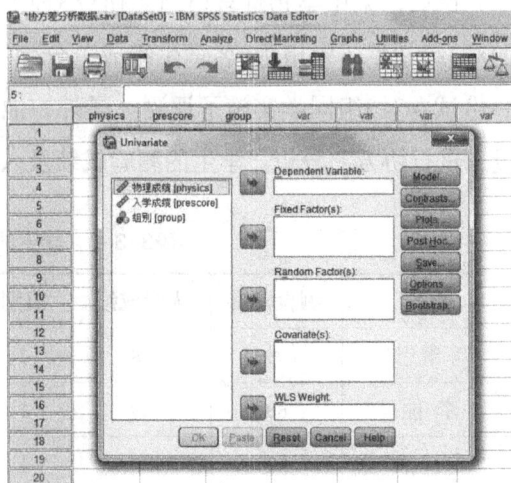

图3-3-10　协方差分析操作图解2

（3）将图3-3-10"Univariate"对话框中左侧变量列表框中的"物理成绩""组别"和"入学成绩"分别添加到该对话框右侧的"Dependent Variable：""Fixed Factor（s）"和"Covariate（s）"文本框中，如图3-3-11所示。此时，"物理成绩"成为观察变量，"组别"成为控制变量，而"入学成绩"则成为协变量。

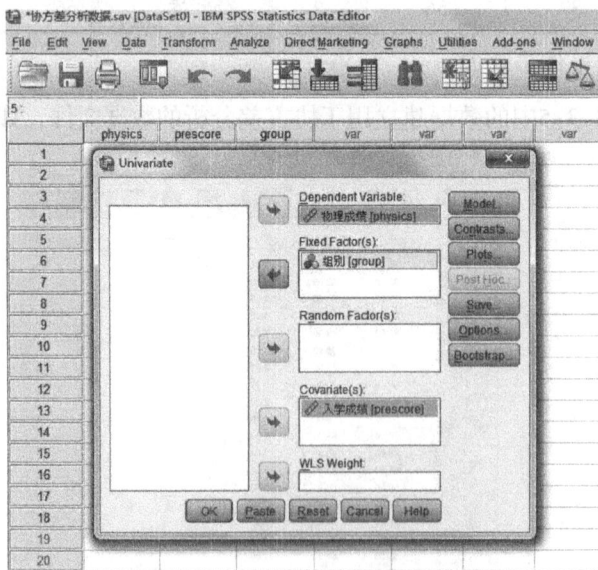

图3-3-11　协方差分析操作图解3

（4）单击该对话框左下端的"OK"按钮，操作程序结束。系统自动生成协方差分析结果，如表3-3-6所示。

表3-3-6　协方差分析的结果

Source	Type III Sum of Squares	df	Mean Square	F	Sig.
Corrected Model	3695.190	3	1231.730	11.091	0.001
	1387.824	1	1387.824	12.496	0.003
prescore	8.857	1	8.857	0.080	0.782
group	3364.083	2	1682.041	15.146	0
Error	1554.810	14	111.058	—	—
Total	112898.000	18	—	—	—
Corrected Total	5250.000	17	—	—	—

结果表明：作为控制变量的教学方法的方差分析的F值及相伴概率分别为15.146和0，这说明不同的教学方法对学生的物理成绩产生了显著的影响；而作为协变量的入学成绩变量的方差分析的F值和相伴概率分别为0.080和0.782，这说明协变量即入学成绩没有对观察结果造成显著影响。

第四节　卡方检验

在物理教育研究中，经常遇到属性资料的问题。比如，学生学习物理的兴趣分为喜欢和不喜欢，对某一命题的态度分为赞成与反对，以及按性别分为男生和女生，考试成绩分为及格与不及格，等等。属性资料所得数据都是数据，如人数、个数等。对属性资料进行差异性检验时与测量数据资料不同，需要应用另一种检验方法，即卡方检验，记作χ^2。它所要解决的问题是判断实际观察次数与理论次数是否一致的问题。比如：已知某校男女生比例为3∶2。在某次对学生学习兴趣的调查中，不喜欢物理的有90人，如果按照比例去推断，不喜欢物理的女生应有36人（男生人数应为54人），这是理论次数；而实际调查的不喜欢物理的女生为40人，这是实际次数。如果想知道40和36是否有显著差异，就可采用卡方检验的方法。

一、卡方的基本公式

所谓卡方，就是实际观测得到的次数与某一期望次数（理论次数）之差的平方除以期望次数之总和。其公式为

$$\chi^2 = \sum \frac{(f_0 - f_e)^2}{f_e}$$

（3-2）

其中 f_0 是实际观测量次数，f_e 是按某一假设的期望数。

可以看出，卡方是实测数与理论期望数偏离程度的指标，也就是说实测数与理论期望数差异的大小，可从卡方值的大小来说明。卡方越小，也就是观测的事实与理论期望数吻合得越好，如果实测数与理论数相同，卡方值为零。

在计算卡方时，确定理论次数或期望次数是关键的一步。它一般根据某种理论分布，如二项分布、正态分布等，按一定概率通过样本的实际观测总次数来计算。具体应用依实际情况而定。

例如：假设抽取80名中学生，问卷调查他们对任课物理教师是否喜爱。其中52人喜爱，28人不喜爱。假设所抽样本来源于两种意见各半的总体，求卡方值。

因为在假设中，两种意见各占一半，即 $p=q=0.5$，那么根据80人的样本计算理论次数 $f_e=80 \times 0.5=40$。

表3-4-1　卡方检验用表

类别	喜爱	不喜爱
f_0	52	28
f_e	40	40
f_0-f_e	12	−12

由于有两个实测次数 f_0（52人，28人），则有

$$\chi^2 = \sum \frac{(f_0 - f_e)^2}{f_e} = \frac{12^2}{40} + \frac{(-12)^2}{40} = 7.2$$

二、卡方分布和卡方检验

卡方分布随自由度而不同，如图3-4-1所示。可以看出，当自由度 $df>30$ 时，卡方分布对称并近似呈正态。卡方分布曲线下的面积，或概率 P，在相关统计书的附录中按不同的自由度分别列出。

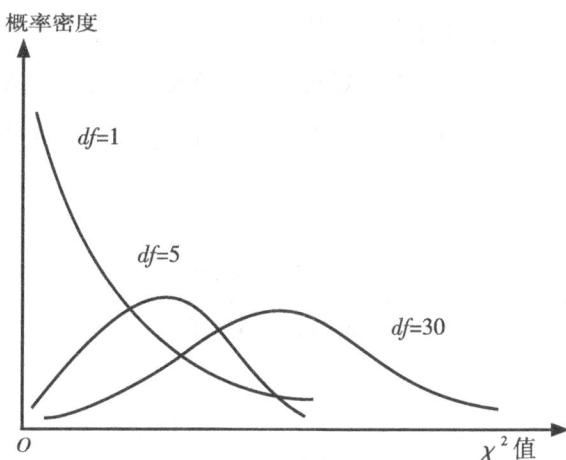

图3-4-1 卡方分布图

确定自由度的原则，是独立的类别K减去所受到的限制数M，即$df=K-M$。对于由m行和n列组成的联表来说，自由度$df=(m-1)(n-1)$。自由度的概念是，计算各类别（或各行、各列）的理论次数时，受到一些条件的约束，只有$K-M$类，或$(m-1)$行和$(n-1)$列是可以自由变化的。如上例中，只有喜爱或不喜爱两类，而两类人数加起来必须等于80人，当喜爱的人数确定为52人后，不喜爱人数只能是80-52=28人；或者不喜爱人数确定28人后，喜爱人数的确定，只能取52人。即两类中的一类次数可以自由变化，所以$df=K-M=2-1$。

三、卡方检验的步骤

利用卡方去检验实际观测数与理论期望数之差的显著性，叫卡方检验。其步骤如下。

（1）建立虚无假设。假设实际观测数与理论期望数无差异，即假设H：$f_0=f_e$。

（2）确定理论次数。

（3）计算卡方值。

（4）根据自由度查卡方分布表，确定显著水平的χ^2临界值$\chi^2_{0.05}$或$\chi^2_{0.01}$。

（5）对计算的卡方值与查表得到的卡方临界值进行比较，作出判断。

当$\chi^2 \geqslant \chi^2_{0.05}$，$P \leqslant 0.05$，舍弃$H$，说明差异显著。

当$\chi^2 \geqslant \chi^2_{0.01}$，$P \leqslant 0.01$，舍弃$H$，说明差异极显著。

当$\chi^2 < \chi^2_{0.05}$，$P > 0.05$，接受H，说明差异不显著。

前面例子中，$\chi^2=7.2$，$df=n-1=2-1=1$，查χ^2表中$\chi^2_{0.05}=3.841$，$\chi^2(=7.2)>\chi^2_{0.05}$（=3.841），所以$P<0.05$，舍弃假设$f_0=f_e$，从而说明两者不是来自意见各半的总体，存在

显著差异，即喜爱任课物理教师的学生占多数。

例如：跟踪调查某班学生从八年级到九年级上学期末学习物理兴趣的变化。统计不同时期非常喜欢学习物理的人数如表3-4-2所示。我们可以分析学生学习物理的兴趣是否有显著变化。

表3-4-2　兴趣调查用表

时间	非常喜欢的实际人数 f_0	非常喜欢的理论人数 f_e
八年级始	15	24
八年级上末	21	24
八年级下末	25	24
九年级上末	35	24

解：（1）假设学生学习物理的兴趣无变化，即设 $f_0 = f_e$。

（2）计算理论次数。非常喜欢学习物理的总人数 $N = 15 + 21 + 25 + 35 = 96$，则理论次数为 $f_e = \dfrac{96}{4} = 24$。

（3）计算 χ^2 值。

$$\chi^2 = \sum \frac{(f_0 - f_e)^2}{f_e} = \frac{(15-24)^2}{24} + \frac{(21-24)^2}{24} + \frac{(25-24)^2}{24} + \frac{(35-24)^2}{24} \approx 8.83。$$

（4）根据 $df = 4 - 1 = 3$，查 χ^2 分布表，得 $\chi^2_{0.05} = 7.815$。

（5）比较，作判断。因为计算的 $\chi^2 > \chi^2_{0.05}$，所以 $P < 0.05$，故从八年级到九年级上学期末非常喜欢物理的人数有显著变化，并达到0.05显著性水平。

四、卡方列联表

调查对象如有两个以上属性，每个属性又有两个或两个以上类别时，可列联表进行卡方检验，下面举例说明检验的方法和步骤。

例如：问卷调查八年级学生学习物理兴趣后，分别对男生和女生进行统计，数据如表3-4-3所示。试分析学习物理的兴趣与性别有无显著相关。

表3-4-3 卡方列联表

类别	喜欢人数	不喜欢人数	总计
男生	a 20（19.6）	b 8（8.4）	$a+b$ 28
女生	c 15（15.4）	d 7（6.6）	$c+d$ 22
总计	$a+c$ 35	$b+d$ 15	N 50

解：（1）先假设H：男女生性别与学习物理兴趣无关。

（2）计算四格的理论期望数。a格内的理论期望数（括号内数字19.6），是50人团体中男生喜欢物理人数的理论期望值。计算方法是：团体中男生所占的比例$p_1=\frac{28}{50}$，女生比例$q_1=\frac{22}{50}$；团体中喜欢物理的比例$p_2=\frac{35}{50}$，不喜欢物理的比例$q_2=\frac{15}{50}$。根据概率乘法定理，则男生喜欢的概率$P=p_1p_2=\frac{28}{50}\times\frac{35}{50}$，那么，在50人的团体中，男生喜欢物理的理论期望数$f_e=50\times\frac{28}{50}\times\frac{35}{50}=19.6$。

计算理论次数的一般公式是：横行总数乘相应的纵行总数再除以总次数N，即

$$f_e=\frac{横行总数\times纵行总数}{N}$$

所以a格内的理论次数$f_{ea}=\frac{28\times35}{50}=19.6$，

b格内的理论次数$f_{eb}=\frac{28\times15}{50}=8.4$，

c格内理论次数$f_{ec}=\frac{22\times35}{50}=15.4$，

d格内的理论次数$f_{ed}=\frac{22\times15}{50}=6.6$，

计算后将结果填入相应格内并加括号。

（3）计算χ^2值。

$$\chi^2=\sum\frac{(f_0-f_e)^2}{f_e}=\frac{(20-19.6)^2}{19.6}+\frac{(8-8.4)^2}{8.4}+\frac{(15-15.4)^2}{15.4}+\frac{(7-6.6)^2}{6.6}=0.06。$$

（4）查χ^2分布表。$df=(n-1)(m-1)=(2-1)\times(2-1)=1$，$\chi^2_{0.05}=3.841$。

（5）比较，作判断。因为$\chi^2=0.06<\chi^2_{0.05}$，所以$P>0.05$，接受假设，说明八年级学

生学习物理的兴趣与性别没有显著相关。

因为这种表的纵横两行各有两项，所以又称2×2联表，计算χ^2的简捷公式是

$$\chi^2 = \frac{N(ad-bc)^2}{(a+b)(c+d)(a+c)(b+d)}。$$

该例中的$\chi^2 = \frac{50\times(20\times7-8\times15)^2}{22\times28\times35\times15} = 0.06$。

例如：调查学生的物理学习成绩与学生物理学习兴趣的关系，选择九年级的100名学生统计考试成绩，并对学习兴趣按"A. 非常喜欢，B. 一般，C. 不喜欢"三类分别进行统计，同时把物理成绩分成平均分之上和平均分之下，列联表如表3-4-4所示。通过χ^2检验说明物理学习成绩与学习物理的兴趣是否有显著相关。

表3-4-4　物理成绩与物理兴趣的相关调查用表

成绩项	各兴趣项的人数			总计
	A.非常喜欢	B.一般	C.不喜欢	
平均分之上	30（23.4）	16（19.8）	6（8.8）	52
平均分之下	15（21.6）	22（18.2）	11（8.2）	48

注：括号里的数字为理论期望数。

解：假设成绩与兴趣无关。

计算各方格内的期望数，非常喜欢又在平均分之上的期望数：

$$f_e = \frac{\text{横行总数}\times\text{纵行总数}}{\text{总次数}} = \frac{45\times52}{100} = 23.4。$$

同理，计算其余五个格子中的期望数，并将结果填入相应格内，用括号括起来。

依χ^2公式计算：

$$\chi^2 = \sum\frac{(f_0-f_e)^2}{f_e} = \frac{(30-23.4)^2}{23.4} + \frac{(16-19.8)^2}{19.8} + \frac{(6-8.8)^2}{8.8} + \frac{(15-21.6)^2}{21.6} + \frac{(22-18.2)^2}{18.2} +$$

$$\frac{(11-8.2)^2}{8.2} = 7.25。$$

查χ^2分布表，$df = (3-1)\times(2-1) = 2$，对应的$\chi^2$临界值$\chi^2_{0.05} = 5.991$。因为$\chi^2 > \chi^2_{0.05}$，$P < 0.05$，所以舍弃假设，可以认为学习成绩与兴趣之间存在显著相关。

五、操作步骤

前面系统介绍了卡方检验的计算方法，但都是基于手工计算的。下面介绍卡方检验的SPSS实现方法。其优点是不用手工计算、不用查表，因而相对来说，更加方便快捷，在数据量比较大的情况下更是如此。

比如：某物理教学研究小组试用了三种不同的教学方法对50名学生实施教学，得到学生的成绩等级如表3-4-5所示（只显示了其中的8名学生的基本情况）。其中教学方法下面的数字1、2、3分别代表教学方法1、教学方法2和教学方法3；而成绩等级栏中的1、2、3则分别代表"优良""及格"和"不及格"。这是一般考核成绩的常用记录方式。

表3-4-5　不同的教学方法和各学生的成绩等级

学生编号	教学方法	成绩等级
1	1	3
2	1	1
3	2	2
4	2	1
5	3	3
6	3	2
7	3	3
8	2	2
…	…	…

对于该研究案例，采用SPSS进行卡方分析的操作步骤如下。

（1）建立数据文件。具体方法是：依据表3-4-5中的数据，建立包括两个变量（教学方法method、成绩等级grade）的数据文件。当然首先需要定义变量。由于上述两个变量分别都可以有三个不同的取值，这时需要对两个变量的标签值进行定义。其中，method的三个取值1、2、3的含义分别是：1=教学方法1；2=教学方法2；3=教学方法3。grade的三个取值1、2、3的含义分别是：1=优良；2=及格；3=不及格。标签值定义的具体方法见本章第一节。建立完成的数据文件如图3-4-2所示。

（2）单击"Analyze"菜单中的"Descriptive Statistic"菜单项中的"Crosstabs"命令，如图3-4-3所示。

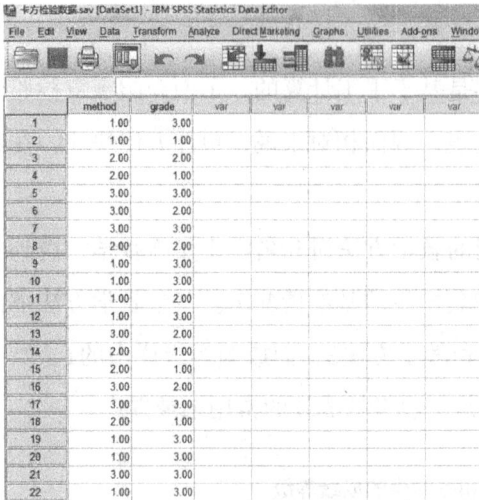

图3-4-2　建立数据文件

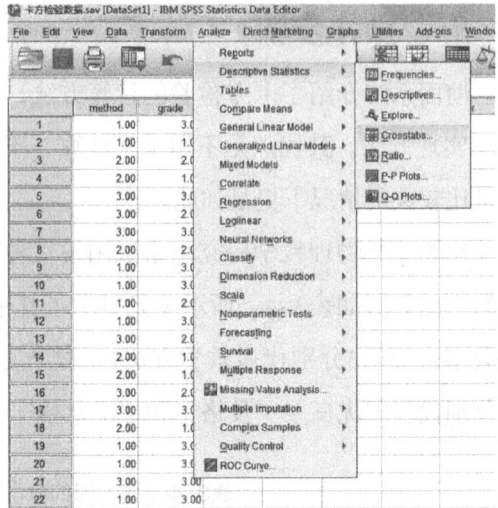

图3-4-3　实施卡方检验1

（3）系统弹出"Crosstabs"对话框，如图3-4-4所示。将选择列表中的变量"教法 [method]"调入右侧的"Row（s）："文本框中；将左侧的"成绩[grade]"调入右侧的"Column（s）："文本框中。如图3-4-5所示。

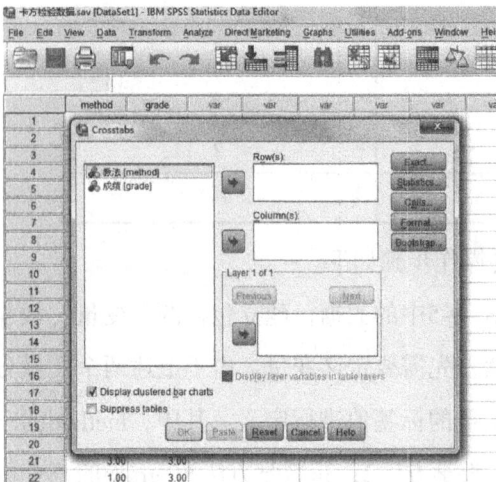

图3-4-4　实施卡方检验2

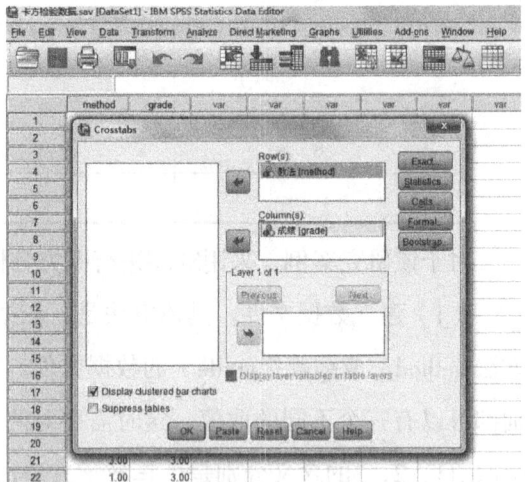

图3-4-5　实施卡方检验3

（4）选择列表框下面的"Display clustered bar charts"选项，它可以显示聚类条形图，目的是直观地展示各单元格内的频数数值。

（5）单击图3-4-5中的"Statistics..."按钮，弹出"Crosstabs：statistics"对话框，如图3-4-6所示。选择"Chi-square"，按"Continue"按钮返回图3-4-5所示界面。

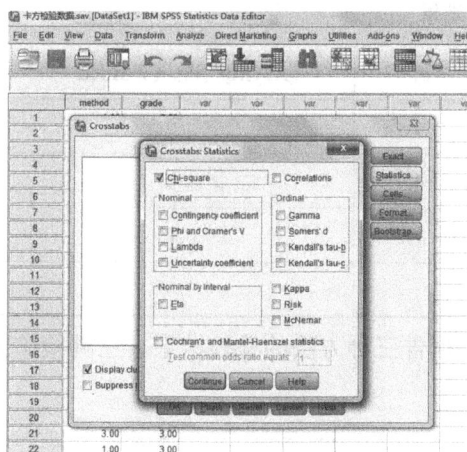

图3-4-6 实施卡方检验4

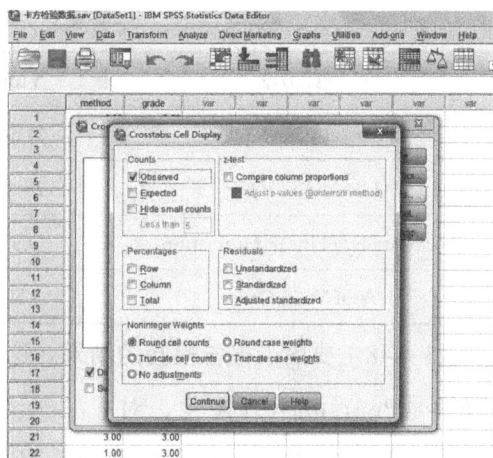

图3-4-7 实施卡方检验5

（6）单击"Cell..."按钮，弹出"Crosstabs：Cell Display"对话框，如图3-4-7所示。选择"Observed"选项，按"Continue"按钮返回图3-4-5所示界面。

（7）按"OK"按钮输出结果，如表3-4-6至表3-4-8及图3-4-8所示。

表3-4-6 观测量统计结果

Cases	Valid		Missing		Total	
	N	Percent	N	Percent	N	Percent
教法 * 成绩	50	100.0%	0	0%	50	100.0%

表3-4-6主要用于报告缺失值情况，本例中均为有效值。

表3-4-7 分层统计结果

教法	成绩			总计
	优良	及格	不及格	
教法1	1	5	12	18
教法2	12	3	1	16
教法3	2	5	9	16
总计	15	13	22	50

表3-4-7主要用于报告各类数据的分层统计结果。

表3-4-8　检验结果

统计方法	Value	*df*	Asymp. Sig.（2-sided）
Pearson Chi-Square	24.363[a]	4	0
Likelihood Ratio	26.146	4	0
Linear-by-Linear Association	0.555	1	0.456
N of Valid Cases	50	—	—

表3-4-8主要用于报告检验的结果。这里主要报告三种方法的检验结果。三种检验方法分别是Pearson卡方检验、对数似然比卡方检验，以及线性相关卡方检验。有模拟研究结果表明，在三种方法中，对数似然比卡方是准确的，即便对于小样本也是如此。

显然，表3-4-8中的前两种相伴概率值都小于通常给定的0.05或者0.01。考虑到本案例的样本容量及似然比卡方的准确性，可以否定不相关的零假设，即可以认为三种不同的教法所带来的学生成绩差异是显著的。

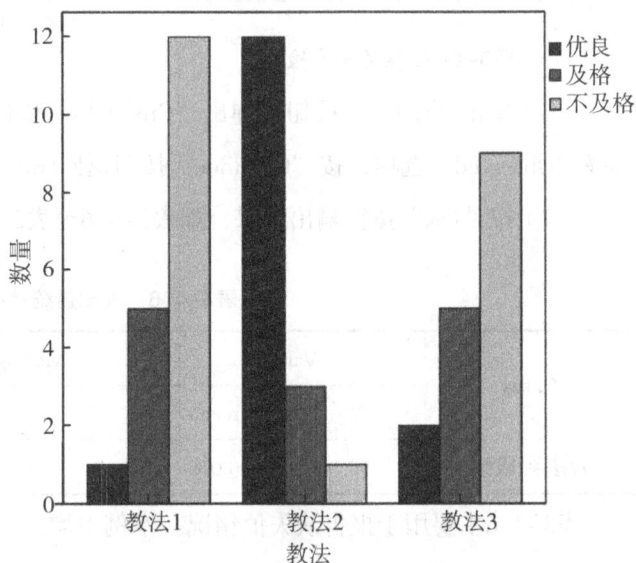

图3-4-8　数据分布统计图

第五节　*t*检验

一、基本概念

前面讲过，在实验研究的过程当中，研究者往往需要对实验组和控制组的前测成绩进行比较，看看两者之间是否存在差距。这样的比较需要使用统计检验的方法。*t*检验就是用于检验两组均值差异显著性的一种统计学方法。

t检验有两种类型，一种叫作配对样本t检验，另一种叫作独立样本t检验。上述实验组与控制组前测差异的显著性检验就属于后者。下面主要介绍独立样本t检验的SPSS的实现途径。请看下面的例子：

有两种同学分别作为实验组和控制组参与了某项物理新教法的实验研究。其中实验组的同学有12人，控制组的人数为14人。实验组的同学接受新教法的教学，而控制组的同学接受老教法的教学，教学结束后的考试成绩如表3-5-1所示。

表3-5-1　实验组与控制组同学的后测成绩

编号	实验组	控制组
1	4.75	2.38
2	6.40	2.60
3	2.62	2.10
4	3.44	1.80
5	6.50	1.90
6	5.20	3.65
7	5.60	2.30
8	3.80	3.80
9	4.30	4.60
10	5.78	4.85
11	3.76	5.85
12	4.15	4.25
13	—	4.22
14	—	3.84

二、操作步骤

下面介绍依据表3-5-1所列数据，在SPSS环境实现独立样本T检验的具体方法。

图3-5-1 建立t检验的数据文件

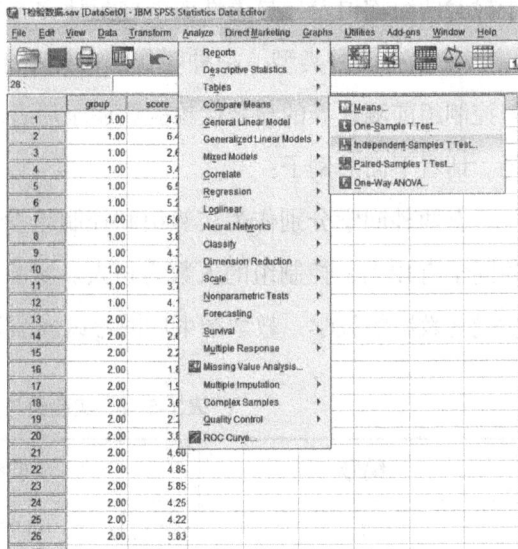

图3-5-2 t检验操作步骤1

（1）根据表3-5-1中的数据，在SPSS环境下建立如图3-5-1所示的数据文件。其中，group指组别，score指考试分数。"1"指实验组，"2"指控制组，它们分别是标签值变量"group"的两个取值。具体定义方法见本章第一节。

（2）单击菜单栏中的"Analyze"菜单，展开下拉菜单。单击"Compare Means"菜单项，弹出级联菜单，再单击"Independent-Samples T Test"命令，弹出独立样本t检验对话框。如图3-5-2和图3-5-3所示。

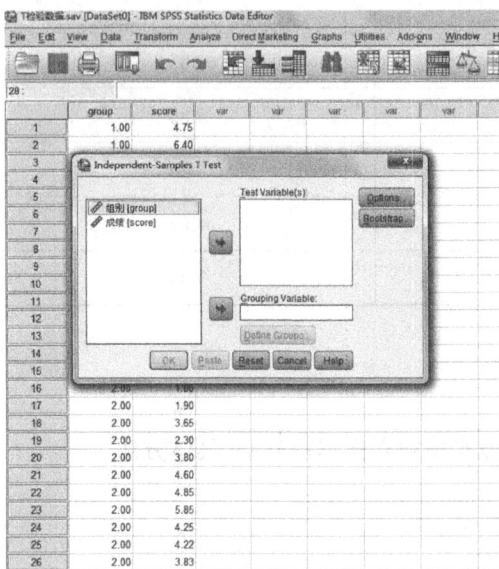

图3-5-3 t检验操作步骤2

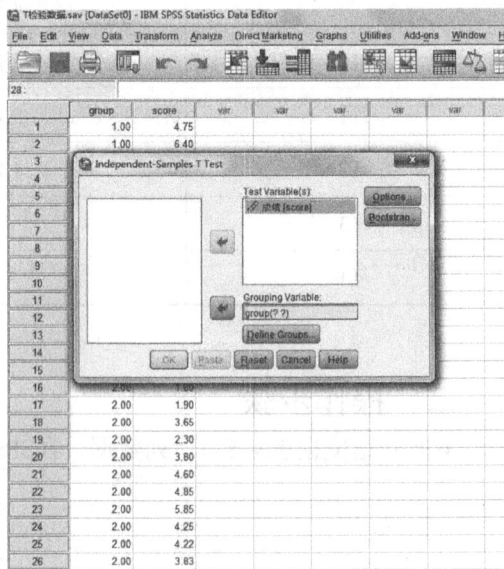

图3-5-4 t检验操作步骤3

（3）将对话框左边列表框中的源变量"Group"调入右边的"Grouping Variable（s）"下面的文本框，而将成绩"Score"调入右边"Test Variable（s）"下面的文本框，如图3-5-4所示。

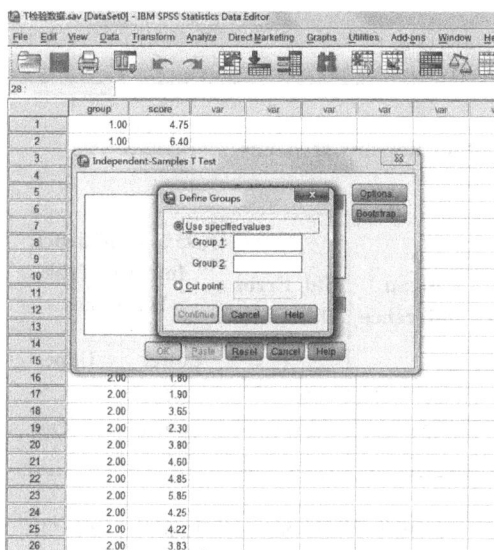

图3-5-5 t检验操作步骤4

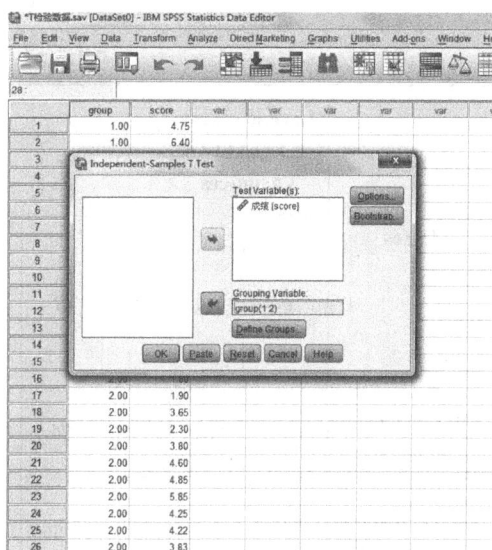

图3-5-6 t检验操作步骤5

（4）这时"Grouping Variable（s）"下面的文本框中出现"Group[?，?]"，点击其下方的"Define Groups"按钮，弹出定义分组的对话框，如图3-5-5所示。

（5）在"Group 1"右侧的文本框中输入"1"，而在"Group 2"右侧文本框中输入"2"。

（6）单击下面的"Continue"按钮，返回独立样本t检验对话框，单击左下角的"OK"按钮，系统输出结果。

表3-5-2是基本的统计数据，包括各组的人数、平均分、标准差标准误均值等。

表3-5-2 基本统计数据

组别	N	Mean	Std. Deviation	Std. Error Mean
实验组	12	4.6917	1.22208	0.35278
控制组	14	3.4457	1.25375	0.33508

表3-5-3则是独立样本t检验的统计结果。其中左边"Levence's Test for Equality of Variances"是用方差分析的方法做两组方差齐性的显著性检验，此处的结果F值为0.057，而相伴概率P值为0.814，远大于0.05，所以方差是齐性的，因此不必进行修正。反之，若方差非齐性，则需要作出修正。右边的"t-test for Equality of Means"是对两组均值差异的

显著性进行检验的结果。此时，P为0.017，远小于0.05，所以差异是显著的。又由表3-5-2可知，实验组学生的平均成绩是4.6917，而控制组学生的平均成绩是3.4457，所以我们可以说，实验组学生的平均成绩显著高于控制组学生的平均成绩。

表3-5-3　独立样本t检验结果

Cases	Levene's Test for Equality of Variances		t-test for Equality of Means						
	F	Sig.	t	df	Sig.（2-tailed）	Mean Difference	Std. Error Difference	95% Confidence Interval of the Difference	
								Lower	Upper
Equal variances assumed	0.057	0.814	2.556	24	0.017	1.24595	0.48755	0.23970	2.25221
Equal variances not assumed	—	—	2.561	23.569	0.017	1.24595	0.48655	0.24078	2.25112

第六节　结构方程模型简介

前面介绍了描述统计和推断统计的主要方法，以及相关方法的SPSS实现方式。运用上述方法可以处理物理教育研究中的大多数量化问题。但有时我们需要同时处理多因素、多结果的关系，或者需要处理不可直接观测的变量，这些都是传统的统计方法无法解决的问题。这时我们就需要用到结构方程模型——一种多元数据分析的重要工具。下面介绍结构方程模型的基本概念、常用软件和具体应用。

一、结构方程模型的概念

在包括教育在内的社会科学研究中，常常会遇到不能直接测量的变量，我们称之为"潜变量"，如学生的智力、学习的动机、学生家庭的社会经济地位等。这时我们只能对潜变量进行间接测量。具体方法是通过测量一些可以直接测量的量——我们称之为指标的量——来实现间接测量潜变量的目的。如我们可以用父母的受教育程度、父母职业及收入等作为学生家庭的社会经济地位这个潜变量的外显指标；也可以用语文、数学、英语三科的成绩作为学生的学业成就这个潜变量的外显指标。传统的统计方法不能妥善处理这些潜变量，而结构方程模型则可以同时处理潜变量及指标。

结构方程模型也可以完成各种相对简单的统计分析，如t检验、方差分析、回归分析和探索性因子分析等，也可以作验证性因子分析，就是检验数据是否符合预先设定的先验模型。它对于各类数据的处理过程更加合理，但操作起来稍微麻烦一点，就是需要利用专门的软件进行编程。

二、结构方程分析的软件

前面讲到，运用结构方程模型来处理相关的统计问题时，需要用到特殊的统计软件进行编程。这些软件包括：LISREL（Linear Structural Relationship）、AMOS（Analysis of Moment Structures）、Mplus、EQS（Equations）和R语言等。其中Mplus、AMOS和R语言当前更为流行一些。Mplus是一款功能强大的潜变量建模软件，其将多个潜变量模型综合于一个统一的分析框架。Mplus主要处理如下模型：探索性因子分析（Exploratory Factor Analysis，EFA）、验证性因子分析（Confirmatory Factor Analysis，CFA）与结构方程模型（Structural Equation Modeling，SEM）、潜类别分析（Latent Class Analysis，LCA）、潜在转换分析（Latent Transition Analysis，LTA）、生存分析（Survival Analysis）、增长模型（Growth Modeling）、多水平模型（Multilevel Analysis）和蒙特卡洛模拟（Monte Carlo Simulation）等。下面简单介绍Mplus的几种基本操作。

在计算机上运行Mplus软件，这时会出现一个如图3-6-1所示的窗口。

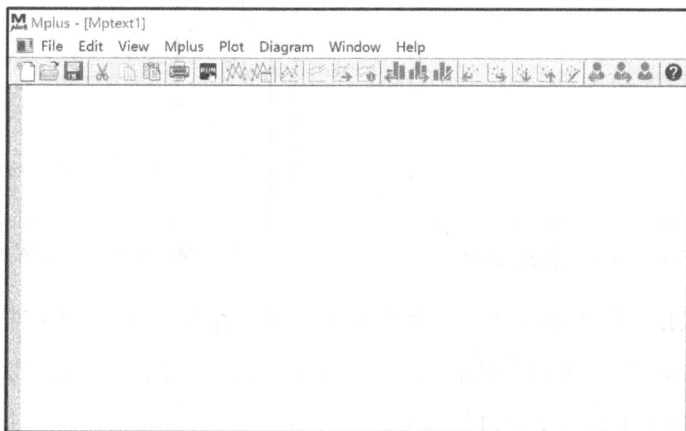

图3-6-1 打开Mplus编程窗口步骤1

（1）建立命令文件，编写相关程序。单击菜单"File"下的"New"选项，打开一个小窗口，如图3-6-1和图3-6-2所示。进入如图3-6-3所示的编辑窗口。这时可以在该对话窗口下输入相关程序。通常需要先给文件起名后方可运行程序。运行程序时需要点击菜单栏下方带字母"RUN"字型的快捷按钮，如图3-6-3所示。

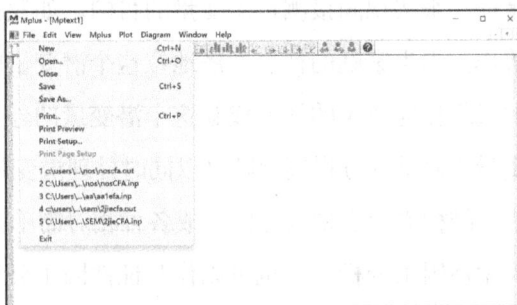

图3-6-2　打开Mplus编程窗口步骤2

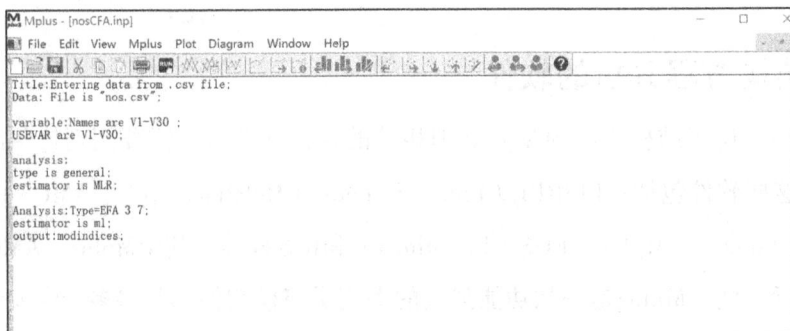

图3-6-3　打开Mplus的编程窗口步骤3

（2）打开命令文件，编辑或者运行程序。单击菜单"File"下的"Open"，然后找到需要打开的文件。如图3-6-4和图3-6-5所示。

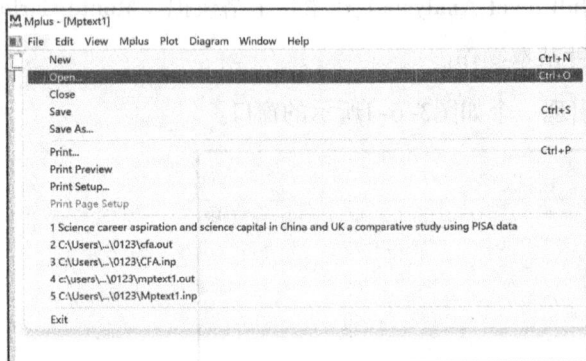

图3-6-4　打开已存文件步骤1

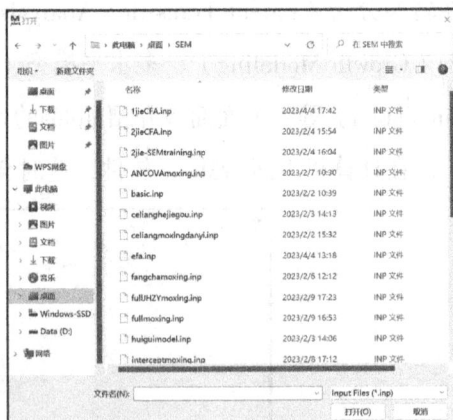

图3-6-5　打开已存文件步骤2

（3）读入数据，用于窗口操作。其中文件的后缀名为".inp"的文件是可以编辑的运行程序，点击"RUN"后可以得到后缀名为".out"的输出文件。上述有关Mplus的操作步骤，读者可以通过相关数据文件自行练习。

三、结构方程模型的具体运用

前面讲到，结构方程模型的应用领域非常广泛，对于数据的处理方式也更加合理，但它也有不足，就是需要编程。相关的软件操作起来也不如SPSS等通用统计软件那么简单。尽管如此，它在一些领域里的应用是不可替代的，比如验证性因子分析。下面举一个用结构方程模型来作验证性因子分析的例子。

在问卷编制的过程中，我们需要保障问卷中各个问题之间具有较好的内部一致性，这需要作信度分析，具体方法见第一章和第四章（第一章讲原理，第四章讲具体操作方法）。同时，我们还需要保障问卷包含的各个维度设置的合理性，这就需要用到验证性因子分析。这里，问卷的各个维度可以看作是潜变量，或称因子，而问卷中的各个问题就是观测变量，或称指标。比如：有一份物理学习方式问卷，共分为A、B、C、D、E五个维度，每一个维度包含的题目数分别为4、4、3、3、3，整个问卷共有17道题，每一题都是一个陈述句，如我学习物理纯粹是为了满足自己的好奇心，学生用五分量表（从"十分赞同""比较赞同""不好说""不太赞同"到"十分不赞同"）来回答。如果有350名学生参与了测试，则可得到依照这些学生的回答而得出如表3-6-1所示的相关矩阵。

表3-6-1 物理学习方式相关矩阵

项目	1	2	3	4	5	6	7	8	9	10	11	12	13	14	15	16	17
1	1																
2	0.34	1															
3	0.38	0.35	1														
4	0.02	0.03	0.04	1													
5	0.15	0.19	0.14	0.02	1												
6	0.17	0.15	0.20	0.01	0.42	1											
7	0.20	0.13	0.12	0	0.40	0.21	1										
8	0.32	0.32	0.21	0.03	0.10	0.10	0.07	1									
9	0.10	0.17	0.12	0.02	0.15	0.18	0.23	0.13	1								
10	0.14	0.16	0.15	0.03	0.14	0.19	0.18	0.18	0.37	1							
11	0.14	0.15	0.19	0.01	0.18	0.30	0.13	0.08	0.38	0.38	1						
12	0.18	0.16	0.24	0.02	0.14	0.21	0.21	0.22	0.06	0.23	0.18	1					
13	0.19	0.20	0.15	0.01	0.14	0.24	0.09	0.24	0.15	0.21	0.21	0.45	1				
14	0.18	0.21	0.18	0.02	0.25	0.18	0.18	0.18	0.22	0.12	0.24	0.28	0.35	1			
15	0.08	0.18	0.16	0.01	0.22	0.20	0.22	0.12	0.12	0.16	0.25	0.20	0.26	1			
16	0.12	0.16	0.25	0.02	0.15	0.12	0.20	0.14	0.17	0.20	0.14	0.20	0.15	0.20	0.50	1	
17	0.20	0.16	0.18	0.04	0.25	0.14	0.21	0.17	0.21	0.21	0.23	0.15	0.21	0.22	0.29	0.41	1

依据表3-6-1所示的相关矩阵，我们就可以编写验证性因子分析的程序了。

（一）验证性因子分析的程序

验证性因子分析的Mplus程序一般包括：标题（TITLE）、数据（DATA）、变量（VARIABLE）、定义（DEFINE）、分析（ANALYSIS）、模型（MODEL）和输出（OUTPUT）等命令。其中DATA、VARIABLE和ANALYSIS是所有分析必要的命令，其他命令则为非必要命令。下面是一份学习问卷的验证性因子分析的Mplus程序。

Title：A Sample Program of Confirmatory Factor Analysis

Data：File is "wlxx1.txt";

TYPE=CORR;

Nobservations=350;

Variable：Names are d01-d17;

Usevariables are d01-d03 d05-d07 d09-d17;

Analysis：Estimator is ML;

Model：

A BY d01-d03;

B BY d05-d07;

C BY d09-d11;

D BY d12-d14;

E BY d15-d17;

Output：SAMPSTAT STDYX;

（二）对验证性因子分析程序的解释

（1）Title：A Sample Program of Confirmatory Factor Analysis；第一行英文是程序的简要介绍。

（2）Data：File is "wlxx1.txt";第二行语句是输入数据，指出文件名及所在位置。

（3）TYPE=CORR;第三行语句是说明数据的类型是对称相关矩阵的下三角部分。

（4）Nobservations=350;第四行语句是说明数据的样本量。

（5）Variable：Names are d01-d17;第五行是提及所有变量，Name是数据中所有变量的名称。

（6）Usevariables are d01-d03 d05-d07 d09-d17;第六行是使用的变量，使用除d08和d04外的其他变量，d08和d04变量在研究中发现因子载荷过低，需要删去。

（7）Analysis：Estimator is ML；第七行是分析指令；Estimator is ML；这句说明参数估计的方法。

（8）Model：A BY d01-d03；B BY d05-d07；C BY d09-d11；D BY d12-d14；E BY d15-d17；这个是一阶验证性因子分析，A BY d01-d03指的是A维度下的题目有d01到d03三个题目，B、C、D、E维度的解释同上。

（9）Output：SAMPSTAT STDYX；这一行是输出结果指令，SAMPSTAT是输出样本的统计量和对应的标准误，STDYX是提供标准化的解。

（三）输出结果及其解释

下面呈现并简要解释上述程序的输出结果中部分拟合指数及其含义。

SUMMARY OF ANALYSIS

Number of groups	1
Number of observations	350
Number of dependent variables	16
Number of continuous latent variables	5

说明样本数为350，使用的变量有16道题目，共5个维度。

Chi-Square Test of Model Fit

Value	132.434
Degrees of Freedom	80
Value	0.0002

RMSEA （Root Mean Square Error of Approximation）

Estimate	0.042
90 Percent C.I.	0.030 0.056

CFI/TLI

CFI	0.943
TLI	0.925

SRMR （Standardized Root Mean Square Residual）

Value	0.044

上述结果可以帮助我们在若干个模型中选择一个相对好一点的模型。什么样的模型是"好"模型呢？相关理论和研究实践的经验告诉我们：在上述的参数估计中，卡方值越小越好；自由度越小越好；$\dfrac{\chi^2}{df}$=1.65，卡方比自由度在1~3之间为优，宽松点应该在1~5之

间。RMSEA和SRMR最好在0.08以下并且越小越好；TLI和CFI最好都在0.9以上并且越大越好。从上面的数据中我们可以看出，几项指标都符合标准，所以拟定的模型是一个"好"模型，最后验证性因子分析的模型如图3-6-6所示。

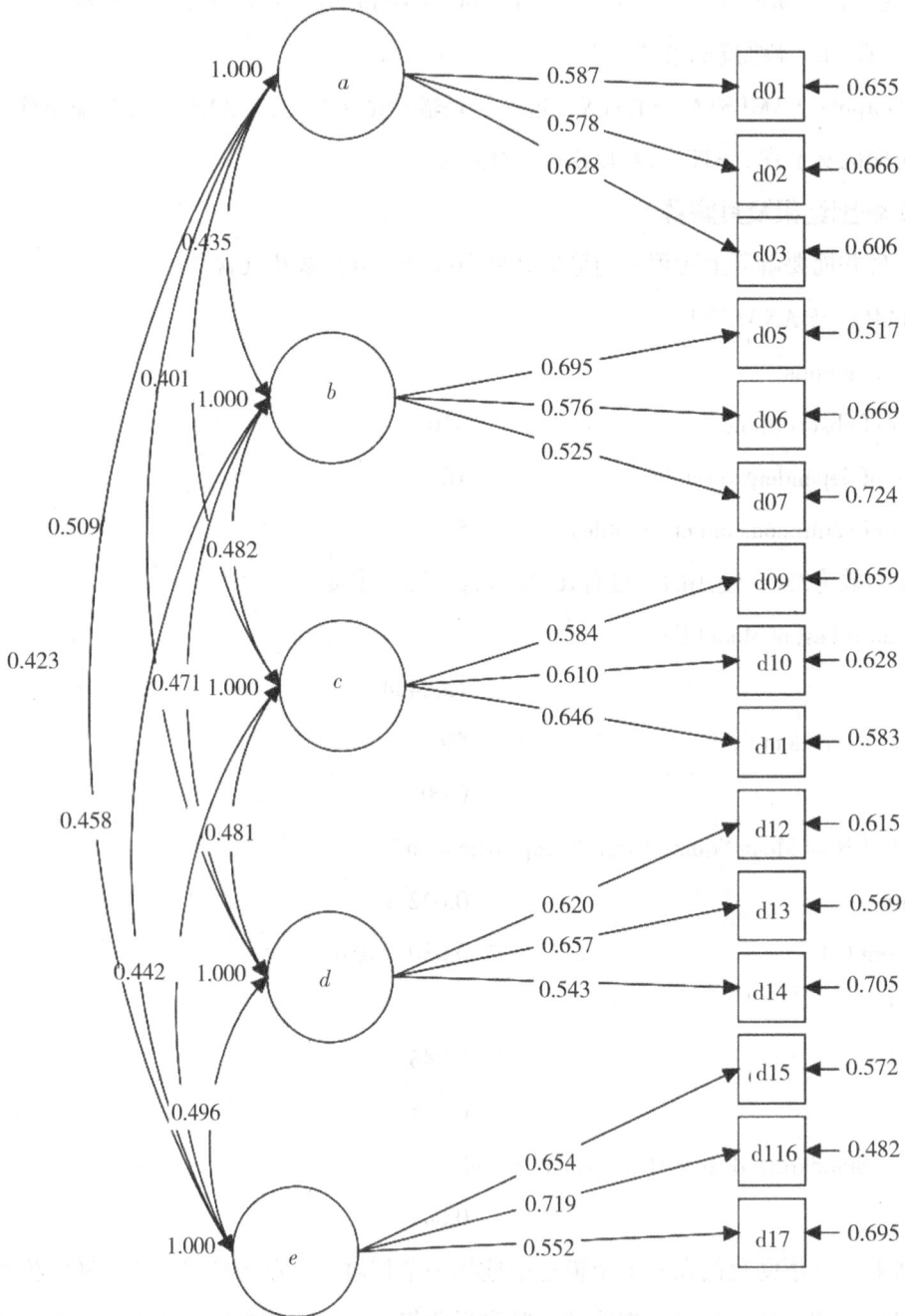

图3-6-6 物理学习方式问卷的CFA模型

思考与练习

3-1. 建立一个SPSS数据文件并进行频数分析，要求输出圆饼图和直方图。

3-2. 建立一个可用于相关分析的SPSS数据文件，然后依据此数据进行相关分析。要求输出相关表格及散点图，并就表格中的重要数据进行解释。

3-3. 建立一个可用于方差分析的SPSS数据文件，然后进行单因素方差分析，要求输出相关表格和折线图，并就表格中的重要数据进行解释。

第四章　物理教育测量技术

　　学生对于相关物理知识掌握的水平是物理教育研究者不可不关注的内容，对于学生掌握物理知识情况的评测方法和技术，也成为物理教育研究中的重要课题。为此，本章主要介绍物理学科内容知识的测量技术，以及相关测验的质量要求。具体来说，就是讨论物理测验的编制、信度、效度、区分度和难度，并简要介绍拉西模型的方法。

第一节　测验编制

　　这里的测验，是指物理学科中以知识考查为目的的纸笔测验。要使测验结果客观公正，就需要编制好的测验。如何才能编制出一套好的测验呢？在编制测验之前，我们首先要回答两个问题：一是为什么测，也就是测验的目的；二是测什么，也就是测验的内容。回答前一个问题需要弄清教育教学的目标；回答后一个问题需要在明确教育教学目标的基础上对测验内容进行合理规划。我们先来看第一个问题，也就是测验目的的问题。由于测验目的是由教育目标决定的，而对于物理测验来说，教育目标可以具体化为"认知目标"，因此，我们先要对认知目标作一个了解。

一、认知目标的分类

（一）布卢姆等人的教育目标分类

　　从1956年开始，美国教育学家布卢姆（B.G.Bloom）以及他的合作者们陆续出版了影响深远的教育目标分类学三本专著，分别就认知、情感与动作技能领域里的教育目标分类进行了详细的描述。他们将每类目标又细分为不同的层次，排列成由高到低的阶梯，既为教学提供了易于操作的依据，又便于客观地实施学生学业的评价，因而受到教育工作者的普遍接受和欢迎。这里我们只介绍认知领域的目标分类。根据布卢姆的分类法，认知目标分为六个层次，每一层次又分为一至三个小层次，这样就形成了由简单（低）到复杂（高）

的目标阶梯，简单的目标在下，复杂的目标在上。教学任务之一就是要引导学生不断地向高层的、更复杂的目标前进。图4-1-1所示是布卢姆的认知目标分类系统示意图[1]。

高 ↑ 低	六、评价	6.2 依据内在标准评价
		6.1 依据外在标准评价
	五、综合	5.3 推导关系
		5.2 拟定关系
		5.1 形成观点
	四、分析	4.3 分析、组织原理
		4.2 分析关系
		4.1 分析构成成分
	三、应用	3.0 在新的情境中运用所学知识解决问题
	二、领会	2.3 推理（预测结果）
		2.2 解释（说明、总结资料）
		2.1 转译（用自己的话论述、翻译）
	一、知道	1.3 普遍的与抽象的知识（定理、规律）
		1.2 论述事实的方法与有关名称的知识（规则、分类、趋势、方法）
		1.1 具体事实的知识（符号、术语、日期、事件、人物）

图4-1-1 认知目标分类系统

四十多年以后，美国教育家安德生等人又对布卢姆的教育目标分类学进行了修订。具体来说，他们对原教育目标分类框架进行了调整，如图4-1-2所示[2]。

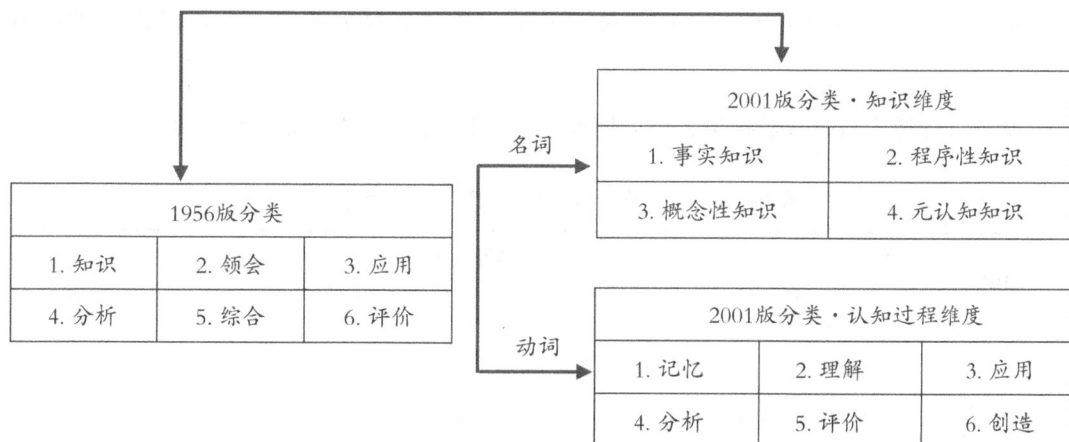

2001版分类·知识维度	
1. 事实知识	2. 程序性知识
3. 概念性知识	4. 元认知知识

1956版分类		
1. 知识	2. 领会	3. 应用
4. 分析	5. 综合	6. 评价

名词

动词

2001版分类·认知过程维度		
1. 记忆	2. 理解	3. 应用
4. 分析	5. 评价	6. 创造

图4-1-2 原版（1956版）与修订版（2001版）的分类结构对比图

---

① 布卢姆.教育目标分类学第一分册：认知领域［M］.罗黎辉，丁证霖，石伟平，等译.上海：华东师范大学出版社，1986.

② 黎加厚.新教育目标分类学概论［M］.上海：上海教育出版社，2010：137.

在修订版中，安德生等人借鉴现代心理学的研究成果，将原分类中的"知识"（也有人翻译为"知道"或者"识记"）分解为四个类别，即事实性知识、程序性知识、概念性知识和元认知知识，并以此构成新的分类框架之中的知识维度。这里的"知识"是教学和评价的对象，是作为名词来使用的。四类知识的具体含义如下。

事实性知识：学生通晓一门学科或者解决其中的问题所必须了解的基本要素。

程序性知识：做某事的方法，探究的方法以及使用技能、算法、技术或者方法的准则。

概念性知识：在一个更大的体系内共同产生作用的基本要素之间的关系。

元认知知识：关于一般认知的知识以及自我认知的意识和知识。

新的分类框架之中的另外一个维度，叫作认知过程维度。它将原分类中的六个认知层次（知识、领会、应用、分析、综合、评价）分别替换为记忆、理解、应用、分析、评价、创造。在这里，它们是教学所要求达到的不同水平，都是作为动词来使用的。上述六个认知层次的具体含义如下。

记忆：从长时记忆中提取相关的知识。

理解：从口头、书面和图像交流形式的教学信息中构建意义。

应用：在给定的情境中执行或者使用程序。

分析：将材料分解为它的组成部分，确定部分之间的相互关系，以及各部分与总体结构或总目之间的关系。

评价：基于准则和标准作出判断。

创造：将要素组成内在一致的整体或功能性整体；将要素重新组成新的模型或者结构。

新修订的教育目标分类框架，可以用如表4-1-1所示的分类表来具体表征[①]。

表4-1-1　分类表（修订后的教育目标分类框架）

知识维度	认知过程维度					
	1. 记忆	2. 理解	3. 应用	4. 分析	5. 评价	6. 创造
A. 事实性知识						
B. 程序性知识						
C. 概念性知识						
D. 元认知知识						

---

① 安德生.布卢姆教育目标分类学：分类学视野下的学与教及其测评：完整版［M］.蒋小平，张琴美，罗晶晶，译.北京：外语教学与研究出版社，2009：21.

新的分类框架的一个重要特征，就是教育目标更为全面。比如，元认知知识，它在原分类中是没有的，但对于教学来说却是十分重要的；再比如，创造，也是原分类中没有的，却是现代教育教学所追求的终极目标。一般而言，分类框架的作用，是能够为教学或者考试计划的编制提供依据。但表4-1-1中各个不同的知识维度和认知过程在实践运用中，可操作性是不一样的。有的很容易操作，如记忆、理解、应用、事实性知识、概念性知识、程序性知识；有些则很难考查，特别是利用纸笔测验来考查，如评价、创造、元认知知识。所以，上述分类框架可以作为教学计划的编制者用作宏观参照的一种理论依据，对于在具体的教学与评价实践中不可操作或者难以操作的内容则不必勉强。

（二）马扎诺的新教育目标分类

马扎诺认为，学习者在学习知识时，对知识的学习和理解水平不仅跟学习内容本身有关，也跟学习者对相关内容的熟悉程度有关。他提出了一个全新的学习过程模型，该模型是一个二维的框架模型，以知识领域作为一个维度，以思维系统作为另一个维度。其中，知识领域包括三种知识类型：信息、心智程序和心理动作程序。思维系统包括自我系统、元认知系统和认知系统三个系统。马扎诺教育目标分类学作为一个较新和实用的理论，受到越来越多教育工作者的青睐和推崇。新分类法可以用来生成教育目标，用来指导教育教学；也可以作为教学考评、课程设计和思维技能训练的框架。

如上所述，知识领域包括三种类型：信息、心智程序、心理动作程序。其中，"信息"指陈述性知识，主要关注内容方面，可以被描述为"是什么"的结构句式。"心智程序"指程序性知识，主要关注如何解决问题，可以被描述为"怎么做"的结构句式。"心理动作程序"指身体动作的程序，包括个人在日常生活、工作、体育以及娱乐活动中身体运动过程的组合。信息、心智程序和心理动作程序都可以划分为层级结构。三种知识类型的组成要素及各要素释义如表4-1-2所示。

表4-1-2 三种知识类型的组成要素及各要素的释义

知识类型	组成要素	各要素的释义
信息	构想	原则（原则是处理关系的特定类型的概括，在与学校相关的知识中，一般包括因果原则和相关原则）
		概括（概括是得到例证支持的一种说法）
	细节	时间序列（时间序列包括发生在两个时间点之间的重要事件）
		事实（事实传达关于具体的人、地点、生命体和非生命体以及事件的信息）
		词汇术语（最基本、最具体的信息知识）

（续表）

知识类型	组成要素	各要素的释义
心智程序	过程	宏程序（涉及许多子程序的复杂程序）
	技能	要领（不一定要以特定顺序执行的一系列步骤）
		算法（以特定顺序执行的一组特定的步骤）
		单一规则（涉及一个步骤或几个简单的步骤）
心理动作程序	过程	复杂组合程序（多套简单组合程序的组合）
	技能	简单组合程序（多套基础性程序的平行组合）
		基础性程序（最基本的身体动作技能）

思维系统被分为自我系统、元认知系统、认知系统三个系统，其中认知系统的主要功能是对信息和问题进行加工处理，它包括提取、理解、分析和知识运用这四个层级。根据三个思维系统的不同功能及意识的参与程度，可以将其自上而下分为六个加工水平——水平六：自我系统，水平五：元认知系统，水平四：知识应用（认知系统），水平三：分析（认知系统），水平二：理解（认知系统），水平一：信息提取（认知系统）。认知系统的四个层级又可以细化成子类目，各子类目及其释义如表4-1-3所示。

表4-1-3 认知系统的子类别及其释义

加工水平	子类别	释义
水平四：知识应用	决策	学生运用知识来作决定，或作出关于知识的决定
	问题解决	学生利于所学知识去解决问题，或解决关于知识的问题
	实验	学生利用知识来提出和检验假设，或提出和检验关于知识的假设
	调查	学生利用所学知识进行调查，或对知识进行调查
水平三：分析	匹配	学生识别知识的各个部分之间重要的相似和差异
	分类	学生识别知识与它的上位知识和下位知识之间的关系
	差错分析	学生识别知识呈现或使用中的错误
	概括	学生在知识的基础上建构新概括或原则
	认定	学生识别知识的具体应用或逻辑结果
水平二：理解	整合	学生识别知识的基本结构，区分关键特征和非关键特征
	象征	学生建构知识的准确符号表征，区分关键与非关键的成分

（续表）

加工水平	子类别	释义
水平一：信息提取	再认	学生能认出信息的特征，但并不一定理解知识的结构，或区分关键与非关键成分
	回忆	学生能提出信息的特征，但并不一定理解知识的结构，或区分关键与非关键成分
	执行	学生执行程序没有重大差错，但并不一定理解该程序如何运作和为什么可以这样运作

自我系统是一个由态度、信念、情感相互关系构成的复杂系统，自我系统涉及四个方面：重要性检查、效能检查、情绪反应检查和动机检查。它处于加工水平的顶端。当学生面对一个新任务时，自我系统首先参与到活动中来，它发挥决定者的作用，影响着元认知系统和认知系统的运行。元认知系统负责监控、评价和规范所有类型思维的运作，在新分类法中，元认知系统具有目标设定、过程监控、清晰度监控以及准确度监控四种功能。当自我系统决定参与到新任务中，元认知系统就开始设置目标和策略，随后认知系统启动，对新任务进行加工处理。新任务能否顺利完成，很大程度上取决于学生的知识存储。该行为模型的示意图如图4-1-3所示。

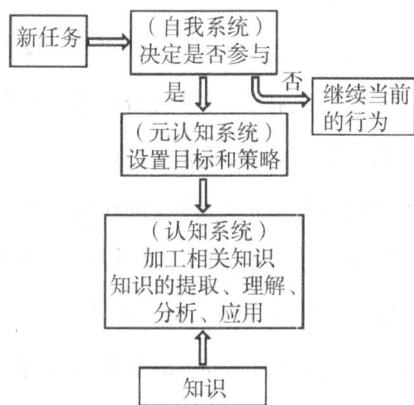

图4-1-3　行为的模型

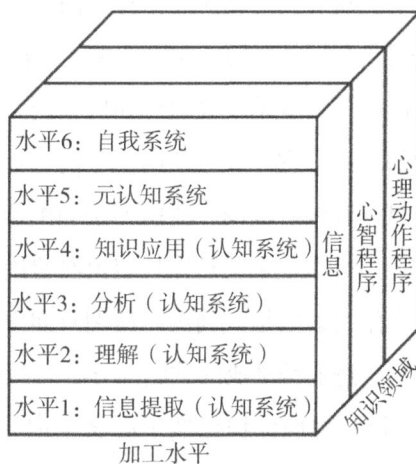

图4-1-4　新分类法的二维框架模型图

以上介绍了知识的三种类型，以及思维的三个子系统，它们分别作为新教育目标分类法的两个维度，彼此联系、相互作用。新教育目标分类学的二维框架模型如图4-1-4所示。

马扎诺的教育目标新分类学提出了一个崭新的学习行为模型图，相较于其他教育目标分类学，它比较符合学习者实际的认知特点，因而在生成教育目标、设计考评以及作为思维技能课程的框架等方面有其独特的优势。马扎诺的教育目标新分类学的主要结构可以看成一个二维的模型，思维系统和知识领域交互联系、紧密相关，这也与学习者的认知过程的复杂性一致。它将认知系统细化为四个不同水平的层级，将三种知识类型的组成要素细化成清晰的层级结构，这一特点可以方便教育工作者制订清晰而具体的教育目标，对学习者的认知水平有清晰的认识。需要说明的一点是：马扎诺的教育目标分类学也因其二维的结构特征以及各维度子类目较多，在一线教学的可实施方面存在一定的难度，尤其是关联到自我系统和元认知系统的问题，实践层面的运用较为困难。为此，我国有学者对此进行了改良，使其更加通俗易懂且易于操作。具体内容可参见第六章第三节。

二、命题计划的编制

要想提高物理测验的质量，应该在实施测验之前对其进行设计，它是测验的首要环节。许多测验的质量不高的主要原因就是不经设计就直接进行测验的组织实施。不进行设计，没有命题计划，命题者凭感觉编制测验，这样就很难保证测验质量。

物理测验的设计包括三个方面的工作：一是规定测验的目标、内容和标准，即"测什么"；二是决定测验的方法和类型，即"怎样测"；三是编制命题计划，将"测什么"和"怎样测"的规定变为具体的工作蓝图。对于每一次测验，"测什么"和"怎样测"往往是已经确定或容易确定的，这里的主要工作是编制命题计划。

所谓命题计划就是测验题目如何编制、试卷如何组成的计划，是命题者使用的编制试题和试卷的依据。它一般包括两部分内容：一部分是试题和试卷编制的原则要求，具体说明测验的目标和内容范围、测验方法和类型、编制试题和组配试卷的要求等。另一部分是试卷中试题的分布规定，具体规定出测验内容中各部分内容所占的试题数量和分数比例，一般以双向细目表的形式列出。所谓双向细目表，就是按知识内容和认知目标层次两个方向进行分层，进而编制成的试题占分表。命题计划的编制一般分为以下两个步骤进行。

（1）开列物理课程标准中的教学内容。教学和测验都是针对具体的学科内容进行的，学生应该掌握哪些知识内容，不同知识内容在学科中的地位及所应达到的认知目标层次等，都是测验设计中必须解决的问题。因而，在编制双向细目表时，首先应列出物理课程标准中规定的教学内容，如"运动的描述""匀变速直线运动的研究""相互作用"等。

（2）对开列的教学内容设定权重。编制出的试题，不仅要对物理学科内容具有足够的代表性和覆盖率，也要能涵盖所确定的教学目标。按照布卢姆的认知目标分类系统，根据物理学科的特点，需要对各级认知目标设定合理的权重。布卢姆考察了许多国家的学校教学和测试情况后提出，对一般的学科测验来说，"识记""理解""应用""分析""综合"和"评价"的权重大约分别为5%、15%、30%、30%、15%、5%。另外，在给定各层次认知目标的权重时，除考虑学科特点外，还应考虑适当增加较高层次目标的权重，以促进学生心智的发展。当然，也还要根据测验的目的和需要而定，各层次认知目标的权重一般用百分数表示。

三、物理试题的编制

确定了测验目的，编制出测验的双向细目表，接下来的工作就是编制试题，也就是通常所说的命题。命题是测验编制的核心环节，这一环节应包括确定题目类型、编制试题、配搭和组成试卷、确定评分方法及其标准等。对于大型的考试，还需要编制测验说明书。

（一）物理试题的分类

翻开各种物理测验的试卷，我们可以看到各种各样的试题。为了便于讨论试题的特点及试题的编制，一般要按照不同的标准将各种试题分成几大类。试题的分类方法很多，但主要的方法有两种。一种是我们常见的，以答题方式的不同将试题分类的方法。按这种方法可以把各种试题分为填空题、选择题、判断题、作图题、名词解释题、简答题、论述题、计算题、证明题、实验题等。另外一种分类方法是以评分是否客观将试题分为两大类：主观性试题和客观性试题。如果一道试题的任何一种答案，按照评分标准，不管什么人评分，其评分结果都是一样的，这样的试题称为客观性试题。常见的客观性试题有填空题、判断题和选择题等。而选择题是客观性试题的主要形式，因为它在各种客观题型中，使用频度最高。主观性试题也称为非客观性试题，是指除了客观性试题以外的各种试题。在物理学科测验中，常见的主观性试题有简答题、论述题、证明题、作图题、计算题等。关于主客观试题，这里有两点说明：首先，严格地讲，主观性试题和客观性试题都不是一种试题类型，应当说，它们都是具有某种共同特征的试题类型的总称。其次，两种试题的外延有交叉现象，也就是说，有些客观题有"主观"成分，而有些主观题有"客观"成分。所以说，两种试题的划分不是绝对的。

（二）主客观试题的特点比较

每类试题都有本身的优点和特色，否则，它们根本没有必要存在，同时，也有它们各自的局限和不足之处，不然的话，其他试题也就没必要存在了。这里我们就主、客观试题的特点作一个简单比较。

（1）从覆盖面来说，客观性试题的答案都很简短，因而考生能在较短的时间内回答较多的问题，使一份试卷有较宽的知识和能力的覆盖面，而主观性试题的答案多数都比较长，从而减少了一份试卷所包含的试题数量，覆盖面就较小（主要指简答、论述、计算等长答案主观性试题），而扩大覆盖面是提高信度和效度的重要方法。因而，客观性试题的运用对提高测验的信度和效度有重要作用。

（2）从单个试题的考查面来说，客观性试题所考查的知识内容、知识深度和能力要求比较专一。因此，能针对测验目的，较准确地测量学生对某一方面知识的掌握程度和能力。这样就有利于提高测验的效度，对教学起到良好的反馈作用，也有利于根据各部分知识内容和各种能力的相对比重来设计试题，从而使试卷符合双向细目表及命题计划的要求。而多数主观性试题所考查的知识内容、知识深度和能力要求往往不专一，如果说客观性试题考查的是一点，则主观性试题考查的就往往是线或面。因此，主观性试题比较适合较高层次的认知目标。由于客观性试题都是固定应答式的，而主观性试题都是自由应答式的，因而，主观性试题能够考查学生组织材料和文字表达能力以及综合运用所学知识解决问题的能力，这是主观性试题的两大优点，也是每份试卷总会包括一些主观性试题的关键原因。同时，这也说明单靠增加客观性试题的数量不能完全实现提高测验效度的目的，必须分别发挥两大类试题的长处，合理分配它们的比例。

（3）从评分方面来说，客观性试题的评分简单、准确而且迅速，特别是选择题还可以用计算机评分，这不仅大大节约评分的时间和费用，而且提高评分的准确性。因而，选择题在各种考试中都受到重视。而主观性试题评分的准确性、简单性和快速性都不如客观性试题，这也是我们深有体会的。但主观性试题能够反映学生解答试题的思维过程和回答问题的正确程度，为教师提供比"会与不会"更有价值的关于考生对知识的掌握状况的信息。同时，根据解题过程和正确程度给分，也比只根据最后结果的对错给分更具合理性。因此，对于以班级规模的小测验，特别是诊断测验及考查综合运用能力的测验，用主观性试题比较合适。

（4）从命题难度方面来说，选择题是客观性试题的主要部分，而选择题的编制是比较复杂和困难的。这主要表现在两个方面：一是一次测验需要的题目较多，二是单道选择题的编制比较困难。而主观性试题的编制相对容易。

（5）客观性试题的答案都很简单，因而容易发生考生之间的抄袭等作弊现象，特别是选择题和判断题，还可以凭猜测得分，而多数主观性试题的答案都较长，靠"看一眼"

是不行的。所以，主观性试题比客观性试题在防作弊、防猜测等方面更具优势。

由以上对比可以看到，主观性试题和客观性试题各有优缺点，可以互相补充。因此，在命题的时候，应注意发挥它们的长处，做到扬长避短。

（三）主观性试题的编制

前面我们讨论了主观性试题与客观性试题的优缺点，从以上的比较中可以看出以下四点：第一，客观性试题不可能代替主观性试题，这是因为，客观性试题很难考查较高层次的认知目标以及组织材料、书面表达、创造力和发散性思维等能力。第二，主观性试题不仅可以像客观性试题那样"零打碎敲"地逐点考查，也能从总体上对具体知识进行总体考查，因此，主观性试题可以考查任何认知目标层次的知识内容和能力。第三，对于物理课堂测验，主观性试题比客观性试题优越，这是因为，主观性试题的评分困难和覆盖面小两大缺点在这种情况下影响不大，而客观性试题的命题困难和难以看出学生的思维过程以及容易作弊等缺点在这种情况下就显得比较突出。第四，主观性试题使得教师对学生的解题过程和解答的正确程度有清楚的了解，因此，以了解学生学习状况为目的的物理测验应该以主观性试题为主。由上可知，主观性试题在各种测验中都有很重要的应用。由于不同的主观性试题的编制方法各不相同，因而，我们分别来讨论几种主观性试题的编制。

1. 简答题

这里的简答题是指答案比较简短的主观性试题，主要包括简单解释题、直接回答题（如什么事，什么人，什么时候等）、列举题、扼要说明题或简要叙述题（如判定对错并简要说明理由）等。尽管它们有时候实际上是客观性试题，但它们在多数情况下都是主观性试题，因此，我们将它们作为主观性试题来讨论。从答题方式来看，简答题的答案都可以明确分解为几个要点，答对要点就可以得分，不强调答案的整体性。简答题的特点是特别适合考查基本事实、基本概念、基本原理和完整知识中容易出错但又特别重要的问题，并且简答题的评分较其他主观性试题来说更为客观，它是主观性试题中的"客观性试题"。

以下是三种不同类型的简答题示例：

A. 请简要叙述牛顿第一定律。

这是一道简答题，它又是一道比较客观的主观题。说它客观，是因为它不像热力学第二定律那样有多种不同的表述，大家公认的关于牛顿第一定律的表述只能有一种。说它主观，是因为每一个应答者对于第一定律的表述不可避免地存在差异，即使是背诵教材上的内容，也会因为教材中的相关表述的不同而稍有不同。

B. 为什么说质点是一个理想模型？怎样理解"理想模型"？

与上一道简答题相比，这道简答题的主观性程度相对较高，因为尽管其中也包含一些客观的因素，如理想模型的定义是比较客观的，但应答者对于理想模型的理解还是可能存在一定差异的。以上两道简答题都比较简单，通常适合用于随堂实施的小型测验。

C. 伽利略通过什么样的逻辑推理否定了亚里士多德"重的物体下落快，轻的物体下落慢"的观点？

这是一道物理学史的简答题，适合用于模块测验。其答案也不是非常复杂，但在考查学生对于物理学研究过程中使用的逻辑方法的掌握水平方面是十分有效且便利的。

简答题的编制相对容易，但在编制过程中还是要注意以下三点：

①注意发挥简答题评分比较客观这一优点，使其考核的内容相对具体，让考生作简单的回答而不是自由发挥式的回答，并使其正确答案简单且比较规范。

②注意发挥简答题机动灵活的长处，从不同角度提出问题。可让考生直接回答问题，也可以让考生找出似是而非的叙述中的错误之处并加以更正，还可以给出一个命题让考生判别其正误并简要说明其理由。

③简答题容易出现的问题是不灵活、变化较小。如设计题目的角度单一，都是正面回答或都是反面回答。编制题目的形式单一，都是"什么是"，或"是什么"，以及解答题目的方式单一，都是回忆既定的事实或都是教材中的现成语句。编制题目时，应注意避免出现这样的问题。

2. 证明题

物理证明题是根据给定的情境、条件和结论，要求考生选择所学物理知识，进行推理和演算并对结论正确性做出逻辑说明的一种试题形式。由于它多半需要考生做出大量的演算，所以有人将它归为计算题。但一般来说，计算题不会提前给出问题的结论，所以本书将计算题当作另一种主观题来讨论。证明题可以考查学生在分析、综合等较高层次上的认知能力和运用所学知识解决实际问题过程中的逻辑推理能力，所以通常会在较大规模的校外考试中采用。此外，证明题给出的结论往往是教材中出现的重要公式或者重要推论，通过证明题可以帮助学生搞清公式原理，学习其中的物理思想和数学方法，所以也是物理教学中经常采用的一种试题形式。以下就是一道非常典型的物理证明题，该题曾运用于一个地区的大型校外考试。

利用图4-1-5所示的光路图，证明 $(u-f)(v-f) = f^2$，并由此推导证明：$\dfrac{1}{u} + \dfrac{1}{v} = \dfrac{1}{f}$。

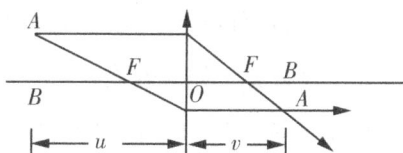

图4-1-5 光路图

一般而言，证明题的编制也不困难，但需要把握试题的难度。具体来说，就是要使其难度适中。试题太难的话，如证明过程中使用的物理知识和数学方法远远超出学生的实际水平，这样的试题是不可取的；同样，试题太容易的话，如学生从教材中就可以找到问题的证明过程，这样的试题也就失去了存在的价值。

3. 计算题

由于需要运用较多的物理公式和数学运算，可以综合考查学生的物理知识基础和数学能力，计算题在主观题型中运用最为普遍。具体来说，它既可以考查学生对于物理概念、物理规律和物理公式的掌握水平，又可以综合考查学生对于相关概念和规律之间联系的掌握程度，还可以了解学生解题思路和灵活运用知识的能力。

编制和选择计算题时，应当注意以下几点：

①题目不要超纲。要紧紧抓住物理教学中的实质性问题，并注意考查内容不要超出课程标准所要求的知识范围。题目内容要有考查的意义，避免出偏题和怪题。如下面一道题目：

如图4-1-6所示，把270 kg的物体沿高2 m的斜面匀速拉上顶端，若机械效率为75%，则所需要的拉力F是多少？

该题涉及两种简单机械的综合应用，在初中物理教学中属于超纲内容，即超出课程标准的内容，这样的题目不论是对于大型的校外毕业会考还是校内考试来说，都是不宜采用的。

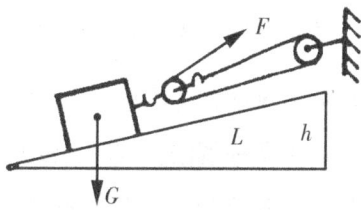

图4-1-6 斜面机械

②题意要清晰完整。题目意义不能含混不清、模棱两可；叙述要完整，不能缺条件；语言要准确，并力求简练。如有这样一道试题："在离地面相当于地球半径的人造卫星中，一个1 kg物体的重量是多少？"题中所提"重量"的含义就不清晰，既可以理解为"视重"，也可以理解为"真重"。又如这样一道："光线以60°的入射角射入玻璃中，玻璃的折射率是$\sqrt{3}$，则反射光线与折射光线的夹角是多大？"该题缺少媒质条件，学生无法计算，应改为"光线从空气中以60°的入射角射入玻璃中"，这样问题的描述就完整了。

③题目可以化整为零。为增加评分的客观性，可以将题目编成分解式计算题，分步计算，分步评分。如这道题：

起重机在1 min内把4.8 t重的物体提升了10 m，机械效率是60%，机械的总功率是多少？

对于这样一道计算题，如果把问题分步提出，变成

起重机在1 min内把4.8 t重的物体提升了10 m，机械效率是60%，则：（1）起重机的有用功是多少？（2）有用功率是多少？（3）总功率是多少？

该题便可以分步解答、分步评分，这样可以提高主观题的客观性，从而减少评分误差。

④难度可以适当控制。对于不同的学生群体，根据不同的考试目的，我们可以通过改变问题的问法来改变其难度。如这道物理题：

从以20 m/s的速度上升的气球上，掉下一个物体，经过5 s后落到地面。则：（1）物体掉下时距地面多高？（2）着地时速度多大？

解：取向上位移为正，则有$s=v_0t+\frac{1}{2}gt^2$，代入数据，得

$s=20\times5+\frac{1}{2}\times(-10)\times5^2=-25$（m）。

这说明经过5 s后，物体下落到离开气球位置处的下方25 m处。

$v_t=v_0+gt=20+(-10)\times5=-30$（m/s）。

这说明物体着地时的速度为30 m/s，方向向下。当然此处也可以先由公式$v_t=v_0+gt$求出着地时的速度，然后再由公式$h=\frac{v_t^2-v_0^2}{2g}$求出物体离开气球时的高度。

以上两种解法在难度上没有太大的差异，但如果改变问法，题目的难度就会增加。如可以将原题改为："以20 m/s的速度上升的气球，在25 m高处落下一个物体，经过多少时间物体落地？落地速度多大？"这时题目的难度就加大了。如果再改变问法："正在上升的气球升到25 m处落下一物体，物体着地时的速度是30 m/s，则：（1）气球在25 m处上升的速度是多少？（2）物体经过多少时间落到地面？"这样题目就更难了。

以上是通过改变题目的问法来改变题目的难度，还有一种方法也能改变题目的难度，那就是在原题中增加隐含条件。比如有这样一道题："估算地球大气层空气的总重量（1984年高考题。试卷开头的指导语给出了一些物理量，其中有地球半径$R_{地}=6.4\times10^6$ m）。"

该题不能用$G=\rho gV$求解，因为ρ和V未知，但从"大气压强产生于空气重量"这一原

理出发，求出地球表面的总压力，也就等于求出空气的总重量。

$$G=F=pS=4\pi p_0R^2$$

大气压强p_0和地球半径R已知，由此便可以求出大气层空气总重量G。其中大气压强p_0为隐含条件。试题中加入隐含条件，可以考查学生运用所学知识灵活解决实际问题的能力。

计算题在各种类型的考试中都被普遍采用，在一些对于评分客观性要求较高的考试，如大型的会考或者升学考试，可以采用三段式评分方法。比如：列出方程式或者方程组，得该题三分之一的分；解出最简方程并正确代入数据，得该题三分之一的分；求出最后答案，得该题三分之一的分。由于前一步解错误而造成下一步失误者，只扣一次分，不重复扣分。

（四）客观性试题的编制

如前所述，客观性试题比较适合于课堂教学过程中一些刚刚学到的知识点的考查，当然也适合于一些大型的校外考试。它的特点是小而活，因而适量的客观性试题可以较好地满足试卷对于知识点覆盖面方面的要求。对于客观性试题，教师除了要学会选用技巧以外，还需要学习一些编制方法。下面主要介绍选择题和填空题的编制方法。

1. 选择题的特点

选择题是客观性试题中使用最多、最广泛的一种题型，它除了有一般客观性试题的特点之外，还有自身的独特之处。它不但可以考查学生对简单事实的再认能力、对基础知识的理解和应用能力，而且可以考查学生的分析辨别、比较判断、概括推理、空间想象等能力。

概括起来，选择题具有以下优点。

①答题省时，考生能在较短时间内回答较多题目，从而使测验具有较大的知识覆盖面。

②每道试题测量的知识内容、知识深度和能力要求比较专一，因此，能比较准确地按照测验的目的和要求编制出若干题目，以测量考生对某一方面知识的掌握程度和能力水平。这样能有效地提高测验的效度，使测验比较正确而又详细地反映考生在学习中存在的问题。对教学起到良好的评价和反馈作用。

③不受考生书面表达能力的影响，从而加强了对分析、推理、思考等智力因素的考核。

④评分客观省时，评分者也不一定须要内行。

⑤由选择题组成的试卷便于作定量分析，有利于对测验成绩进行各种比较和修改试题，从而提高试卷质量。

当然，选择题也不是万能的，它也存在着下面这些局限。

①命题难度大。选择题的数个备选答案中的错误答案必须具有似真性，对概念不清的考生有真正的诱答作用，这样才能真正了解学生的学习情况。然而要做到这一点并非易事，因此，编制高质量的选择题要有一定的技巧，而且要有学科的知识基础和丰富的教学经验，对较大规模测验的试题编制来说尤其如此。

②选择题存在着猜测得分的可能性。考生可以凭猜测做出选择，设计得不好的选择题更加容易被猜对答案。这是使选择题评分出现误差的唯一非客观因素，也是选择题编制难度大的原因之一。

③选择题难以测量较高层次的认知目标及书面表达能力、逻辑思维的严谨性等。因此，过分强调和片面使用选择题会对教学产生不良影响。所以，一般情况下，一份物理试卷不能全部由选择题组成。

2. 选择题的分类

选择题就是这样的一类题型：先提出（或引出）一个问题或写出一句不完全的话（称为题干），接着给出这个问题的几个可能答案或者这句不完全的话的几种补充说法（称为备选项），给出的答案中有正确的也有不正确的，要求考生选出正确的或者最佳的答案或说法。通常，选择题按题目的结构和应答方式可以分为以下几类：多项选择题、配置型选择题、排列型选择题、改错选择题和组合判断选择题。实际测验中，用得最多的是多项选择题。

（1）多项选择题。

多项选择题要求考生在一组备选答案中选出符合要求的正确答案。按照正确答案的性质及个数，多项选择题又分为最佳答案多项选择题、单一正确答案多项选择题、复式答案多项选择题以及多个正确答案多项选择题。前面两种又合称为单一答案型选择题。

①单一正确答案型选择题。

这种选择题由题干和若干个备选项组成，其中，只有一个备选项是正确的，它是答案，其他各备选项都是错误的，称为似真选项。比如有下面一道选择题。

如图4-1-7所示，物体m静止于一斜面上，斜面固定，若将斜面的倾角θ稍微增加一些，物体m仍然静止在斜面上，则下列说法正确的是（　　）。

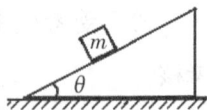

图4-1-7　斜面静物

A. 斜面对物体的支持力变大　　B. 斜面对物体的摩擦力变大

C. 斜面对物体的摩擦力变小　　D. 物体所受的合外力变大

显然，上题中只有选项B是正确的，而其余三个选项都是错误的。

单一正确答案型选择题的备选项可以是三个、四个、五个或更多，但一般采用四个或五个较合适，这是因为，备选项个数少于四个，考生凭猜测得分的可能性较大（大于等于三分之一）。备选项个数多于五个，则命题的难度太大，往往很难保证每个错误的备选项具有真正的似真性。

②复式答案选择题。

这种选择题是由题干、备选项和最终复式选项三部分组成。

例如：容器内装有一定质量的理想气体，当体积不变、温度降低时（题干）

①气体压强减小

②气体压强变大

③气体分子撞击器壁单位面积上的平均冲力减小 ｝（备选项）

④单位时间内撞击容器器壁的气体分子平均数目减少

A. ①

B. ②

C. ③④ ｝（最终复式选项）

D. ①③④

上题中的正确答案是①③④，所以应当选择选项D。

编制复式答案选择题时特别要注意的是，错误特别是明显错误的备选项的代号不能多次重复出现在不同的最终复式选项中。例如，若上例中的②是错误的，则学生只要判断出②是错误的，就可以马上做出正确选择。这样的选择题还不如一道是非判断题。其次，在最终复式选项中，两个备选项不能总是同时出现或同时不出现。如果这样的话，考生只要会判断一个，另一个就不用判断了。再次，互相矛盾的备选项不能出现在同一个最终复式选项中。总之，最终复式选项的代号排列应尽可能不包括任何有利于做出正确选择的线索。

因此，复式答案选择题的编制是比较困难的，解决上述困难或问题的办法（除科学编排外）有两个：一个是增加最终复式选项的个数，二是将复式答案选择题改为多个正确答案选择题（即去掉最终复式答案）。

③多个正确答案选择题。

将一个复式答案选择题中的最终复式答案去掉，就成为一道多个正确答案选择题。有些书也将多个正确答案选择题称为多项选择题，而将其他选择题称为单项选择题。例如上题中，去掉最终复式选项后，就得到一道多个正确答案选择题：

容器内装有一定质量的理想气体，当体积不变、温度降低时（　　　）。

A. 气体压强减小

B. 气体压强变大

C. 气体分子撞击器壁单位面积上的平均冲力减小

D. 单位时间内撞击容器器壁的气体分子平均数目减少

相对而言，多个正确答案选择题的难度要比复式答案选择题大一些，凭猜测得分的可能性要小一些。因为一般来说，多个正确答案选择题的评分规则都是全部答对得满分，选错、少选或多选均不给分。这样，考生完全答对多个正确答案选择题的可能性就比只有四个选项的复式答案选择题要小得多。在编制复式答案选择题和多个正确答案选择题时，都应尽量使各个备选项都围绕一个中心问题。如果几个备选项是关于不同问题的，就变成了几个互不相关的是非判断题的拼凑，这时，全部选对才能得分就不合理了。另外，在多个正确答案选择题前面要有适当的说明，以减少因审题错误导致答题错误。

（2）配置型选择题。

配置型选择题的结构是，首先给出答题说明，然后给出一组题干和一组备选项。要求考生在题干和备选项之间做出对应的选择，完全选对得满分，否则，不得分。解题说明和题干也统称为题干。

例如：本题左边是物理定律、原理或者一些重要的物理学研究成果，右边是一些物理学家的名字，其中有一些是做出左边所列重大发现的物理学家。请在题后的表4-1-4中填上各个物理发现所对应的物理学家名字前面的英文字母代号（解题说明）。

（1）万有引力定律		A. 焦　尔
（2）电磁感应定律		B. 开尔文
（3）热功当量		C. 牛　顿
（4）浮力原理	（题干）	D. 爱因斯坦
（5）狭义相对论		E. 卢瑟福 （备选项）
（6）自由落体运动定律		F. 玻　尔
（7）原子的核式模型		G. 阿基米德
		H. 法拉第
		I. 伽利略

表4-1-4 填答表

物理发现	（1）	（2）	（3）	（4）	（5）	（6）	（7）
物理学家							

配置型选择题可用来考核多方面的知识和能力。知识覆盖面较广，效率也比较高。而且，这种选择题类似于做游戏，能激发学生的解题兴趣。但是，这种选择题的编制比较费时，而且题目本身会给考生提供答题的暗示或线索。在解题中，随着备选项的减少，余下的题干和备选项间识别配对的难度也会明显减小。一般情况下，配置型选择题中的备选项的个数应略多于题干的个数，并且，备选项不可以重复选，即一个备选项不能对应多个题干。

（3）排列型选择题。

排列型选择题是给出一组备选项，要求考生把这些备选项按一定的次序排成一列，这种次序可以是时间顺序、实验步骤、先后顺序、大小顺序等。

例如：至今为止，人们发现自然界存在着四种相互作用：

A. 电磁相互作用；B. 引力相互作用；C. 弱相互作用；D. 强相互作用

请用英文字母将它们在作用强度上的排列顺序（由弱到强）标示出来（　　　　）。

3. 选择题编制过程中应注意的问题

在编制选择题时，往往在编好一道题后不容易觉察出什么明显的问题，可是，一经使用却发现它有问题。因此，在编好试题后或者在选用现成的试题时，最好请同行讨论或评定，推敲一下所测试的知识内容和能力要求是否合适、用词是否恰当、似真选项是否合理、是否有似真性、题目有没有含糊不清的地方。有可能的话，让学生做一做或参与评测和修改。当然，如果编题者能熟悉一些选择题编制中应注意的事项，就可以减少所编题目中存在问题。

具体来说，编制选择题时应当注意以下几个问题：首先，题干要简明扼要，多余的话和离题的指导语不应该出现，尽量避免题意含糊不清或有多种可能的解释。其次，不要过多地使用否定句，必须使用时，可以在否定词下面画一条底线，以提示学生注意。再次，编制似真选项时不要随意编写几个不正确的答案作为似真项来凑数，而必须以容易犯错误和容易混淆的问题作为编写似真项的基础，使似真项不仅能迷惑对概念、方法、原理理解不透的学生，而且，还能够诊断和检查出学生的错误之所在。不选或很少选的似真项实际上是无效的备选项，相当于减少了备选项的个数，从而增加了考生猜测得分的机会，降低了测验结果的可靠性。而且，似真项的排列位置应随机放置，这样也可以降低考生靠猜测得分的可能性。

4. 其他客观性试题的编制

选择题是客观性试题的主体，"客观性试题"这一名称也是缘于选择题。因此，人们常常把选择题作为客观性试题的代名词。实际上，客观性试题还包括是非判断题、填充题和改错题等。下面分别作简单介绍。

（1）是非判断题的特点与编制。

是非判断题是这样一种试题，它给出了一个含义完整的陈述，要求考生判断对错。它除了具有一般客观性试题的特点以外，与选择题相比，还有以下特点。

第一，试卷取样更多，考查面更广。一道是非判断题的文字叙述比一道选择题简单得多，而且没有似真选项的干扰，其含义更加单纯。因而，解答一道是非判断题所需的时间一般只有相同内容选择题的一半甚至三分之一。尽管就一道试题来说，是非判断题考查的内容比较少，但由于试卷可容纳的试题数比较多，因而，试卷的考查面反而更广。

第二，编制比较容易。选择题中的任何一个备选项都可以和题干一起构成一道是非判断题，因此，编制一道选择题相当于用同一个问题编制几道是非判断题。因而，是非判断题的编制要容易得多。

第三，靠猜测得分的可能性更大。对于一道是非判断题来说，猜对的可能性达0.5，甚至更大些，对于由较多的是非判断题组成的试卷来说，尽管凭猜测得高分的可能性较小，但凭猜测得中等成绩的可能性是较大的，这是是非判断题的主要缺点。而且，正是由于这一缺点使得是非判断题在大型校外考试中用得较少。

前面我们说是非判断题的编制比较容易，是相对于选择题而言的，实际上，要编制出一道好的是非判断题也并非易事。从试题立意和取材方面讲，一般应注意以下几点：首先，不应考核浅显易见的常识和没有重要意义的内容，而要考核较重要的知识内容，也就要考那些有价值的东西。其次，不应单独考核对知识的记忆，这可由填充题和简答题来较好地实现，而应侧重考核对知识的理解和运用，也就是要有考核深度。

在具体编制是非判断题时，一般应注意以下两点。

第一，不能摘取书本上的现成语句或把正确的现成语句简单地加一个"不"字，而要以书上的话为基础，重新设计一个新的问题情境，这个问题情境可以是原话的特殊化、具体化或一般化，也可以是原话在具体问题中的应用。

例如，有这样一段话，"力是物体之间的相互作用，不与其他物体发生作用的孤立的物体是无所谓'力的作用'的。这种作用的结果，或者是使被作用的物体变形，或者是使被作用的物体的运动状态发生变化，产生加速度，力是产生加速度的原因"。我们可以以这段话为基础编制不同的是非判断题，如：

①物体的重力是它本身所固有的力，不是其他物体对它的作用。

②物体的重力并不是它本身所固有的，而是其他物体对它的作用。

③人的推力能使小车运动，可见力是产生速度的原因。

④人的适当推力能使小车保持匀速运动状态，因此，力是产生并保持物体运动速度不变的原因。

以上各题都能测量出学生对原话的理解，但以下各题就只能测量出学生对原话的记忆。

⑤力是物体之间的相互作用。

⑥力不是产生加速度的原因。

第二，一道好的判断题必须具有迷惑性，使得没有准确掌握有关知识的学生更易于做出错误的判断。那么，这种迷惑性究竟是什么呢？这种迷惑性的东西就是与题目的正确判断正好相反的题目表述过程中的逻辑"推理"，它"引导"一知半解的学生"合理"地作出错误的选择。例如：

⑦同一只船在海上行驶时，所受的浮力是相等的。

（2）填充题的特点与编制。

填充题包括填空题和填图题。因为填图题的编制基本上不需要什么技巧，而且，与填空题有点类似，我们只就填空题进行讨论。所谓填空题，就是给出一个不完整的句子或陈述，要求考生把缺失的部分补充进去，或者准确地说，将一个完全正确的陈述中的一些重要的部分去掉，让学生把这些部分补上去。比如：

一个质量为1 kg的小球，以2 m/s的速度沿水平方向向墙壁运动，碰撞后以原来的速率反向弹回，则在碰撞过程中，小球的速度变化了_____m/s，动能变化了_____J。

上例是考查学生基础知识的填空题，在这种情况下，很少有计算或者基本上不用计算。其实填空题还有一种类型，那就是需要考生进行一定量的计算和推演才能得出答案的填空题。比如下面的例子：

目前国际商业卫星正朝着两个方向发展：一类是重量达数吨的大卫星；另一类是微小卫星，只有几百、几十甚至几千克重。微小卫星的特点是成本低、制造周期短、用途多样化、发射方式灵活。随着纳米技术的发展，微小卫星的研制和开发已成为现实，由我国航天清华卫星技术有限公司和英国萨瑞大学合作研制的"航天清华一号"微小卫星于2000年

6月28日在俄罗斯某发射场发射升空，这标志着我国更加先进的"纳米卫星"的研制工作已经开始。

①微小卫星绕地球做匀速圆周运动所具有的加速度_____（选填"大于""小于"或"等于"）相同轨道上运行的大卫星的加速度。

②若微小卫星用作通信卫星，则它的绕行速度_____大通信卫星的绕行速度；飞行高度_____大通信卫星的飞行高度。（均选填"大于""小于"或"等于"）

对于校内考试来说，填空题主要用来考查学生对基本概念的记忆和理解。对于校外考试来说，它可以同时考查学生的基础知识和综合能力。总体上讲，填空题比较容易编制，但编制一道好的填空题也并非易事。一般来说也应当注意以下四点。

第一，填空处应该是给出的陈述中的关键部分。

第二，题目设置的空白不宜太多，要保持原话的真实面目，避免使句子变得支离破碎，使学生不解题意。

第三，空白处应该填写的词语、式子或符号必须是唯一的。否则将使评分变得困难且不准确，也会使考生不知道要填些什么。

第四，空白处留空应大小一致，以免产生暗示效应。

四、物理试卷的编辑与评分

1. 物理试卷的编辑

命题是测验的一个核心环节，人们常常以为命题就是编制一些好的试题。其实，这只是试题的编制，命题还包括一项重要的工作，那就是试卷的编辑。所谓试卷的编辑就是根据测验的具体目标和要求，选择适量的试题，按适当的次序编辑成一份试卷并编写出各部分试题的答题说明。

（1）物理试题的选择。

在选择物理试题时，我们一般按照以下三个步骤来操作。

第一步：确定试题总量。要适当确定各种难度试题的比例和试题数量，也可以理解为大体所需的时间要适当。这要根据考生的实际水平和测验的目的要求以及测验时间的长短来确定。这一步的工作不需要很具体和很精确，只要心中有数就行了。

第二步：根据命题计划的原则要求确定各种类型试题的数量及难度层次比例。这主要由测验的目的、规模和内容来决定。一般来说，规模较小的测验，如课堂测验，可多一些选择题以外的试题；规模较大的测验，如会考或者高考，可多一些选择题。选拔性质的测验，其难度应大一些，过关性质的考试（如水平考试、期中、期末考试等）其难度应小一些。但各种难度的试题都应有，只是比例有所不同。以上这两步工作实际上在编制试题之前就已经做过了，这里只是进一步做得更细致和更具体而已。

第三步：选择试题。在前两步工作的基础上，根据双向或者三向细目表的规定选出各类试题，这一步是整个试卷编辑工作的关键，需要处理好什么内容用什么样的试题类型进行测验、试题构成与命题细目表的一致性，以及各种难度层次试题的比例。

（2）物理试题的排列与分类。

具体来说，这项工作就是按照题目类型及难度层次依照适当次序编成一份试卷。一般按客观性程度的高低排列各种题目类型的次序。客观性程度高的试题排列在前面。同一类试题则按难易程度排列次序，较容易的排在前面，较难的排在后面。在上面介绍的常用题型中，一般来说，选择题的客观性程度最高，接着是判断题、填空题、计算题等。这里有一个重要的分类原则，那就是可以统一编写答题说明的试题归为一类。在具体编辑试卷时，一般的试题分类及排列次序是：选择题、判断题、填空题、计算题。

（3）编写答题说明及评分标准。

答题说明一般包括以下内容：题目数量、大题和小题的满分量、答题方式及评分原则（如什么情况下给满分、不给分或倒扣分等）。大体说明包括整份试卷的答题说明及各类试题的答题说明、整份试卷的满分量、答题时间、试卷页数、大题的数量、测验方式及其他注意事项。对于有多种解法的试题，还必须给出几种典型的"标准"答案及相应的评分标准。

（4）对物理试卷进行复查。

在完成了以上各项工作以后，结合编写试题答案及评分标准的情况，再回过头来全面审查整份试卷的质量，对发现的问题及时做出修订。复查不仅包括对于每一道试题的质量、评分方法的合理性以及各种难度层次试题比例的检查，而且还要将试卷与命题计划表进行对照，研究试卷与命题计划的一致程度。若有不一致的情况则要进行调整或修正。

2. 物理测验的评分

测验实施过程的复杂性是由测验的规模大小决定的，测验的规模越大，测验所涉及的人越多，实施过程就越复杂。评分也是这样。测验的规模越大，统一性要求就越严格，评分的过程、方法和组织管理也就越复杂。这里只讨论如一个地区、一所学校、一个年级这样的小规模测验的评分方法。实际上就是一个评分员应当注意的主要问题。

（1）测验评分的过程。

试卷评分过程通常有三个环节。首先是试评和制订评分细则。在开始评分之前，应对标准答案和评分方法进行研究，然后抽出一部分试卷进行试评（不在试卷上记分或作其他记号）。根据评分标准和考生的答题情况制定出具体的评分细则。其次是正式评分，即根据制定的评分细则进行评分。最后是计算总分和复查。在评阅完全部的试卷以后，就要计算并登记每份试卷的总分，以及复查试卷的评分准确性，如有问题，应及时作出修正。

（2）评分中应注意的问题。

①就物理测验中的主观题来说，对于解答新颖、与标准答案不同却又不完全正确的试卷，以及不得要领、漫天撒网、标准答案中许多要点都罗列在内的试卷，不能按照各个要点分别给分的方法评分（若一个组集体评分，则应与其他评分者商量），而必须用整体给分方法给分，即对试卷上的答案的整体性作出评价，并判断其优劣，再酌情给分。

②对不同考生要同等对待，不能一份严一份宽。对评分标准和细则的执行，做到"客观公正、给分准确、宽严适当、前后一致"。评分时，只能以卷面的文字为准，不要去猜测考生是怎样想的。

③评分者应做到情绪稳定和控制个性，这样才能做到客观公正、宽严适当、前后一致。

④一般采用"流水作业"的方法，即每次只评阅试卷的同一道试题，不要一次评完试卷的所有试题。这样有利于做到给分准确。

⑤评分结果不应受到与试题测验目的无关因素的影响。如标点、字词、语法等方面的错误不应影响物理测验的评分结果。

⑥评分结束后，应进行复评，这样可以及时纠正错评、漏评等错误。此外，还可以发现评分细则及试题编制中的问题。

五、物理测验的质量分析

在测验实施完成以后，需要对该测验的质量和效果进行评价和分析。一般来说，质量分析包括以下这些问题：测验的结果有多大的可靠性？它的目标是否达到？实现目标的程度如何？测验所用的试题质量怎样？好在哪里？差在何处？在测验之前很多都还只是设想，等测验实施之后就可以通过对它进行质量分析来验证当初的设想和安排到底是否合理，以便更好地改进测验的质量和改进教学工作。测验的质量分析主要包括定性分析和定量分析两方面。

1. 定性分析

定性分析主要依靠分析者的学识和经验，它主要包括以下内容。

（1）分析测验目的的适宜性。评价测验目的是否恰当，是否有利于实现教学目标，检查测验方式和试题类型的选择是否合适、是否适应测验目的的需要。

（2）检查测验的双向（三向）细目表、评价测验内容与双向（三向）细目表规定的内容的一致程度，双向（三向）细目表与教学目标的一致程度。如是否对物理课程标准所规定的内容有足够的覆盖率、各项权重是否适宜等。

（3）评价试题的编制质量。根据考生的答题情况分析试题的质量。如试题的陈述是否准确，试题之间是否有不必要的重叠，有无知识性、科学性错误等。

（4）评价试卷编辑、印刷和测验实施过程的质量。如试题的排列是否恰当、试题的难度层次分配是否恰当、测验过程是否对每个考生都公正等。

2. 定量分析

定量分析是采用统计学的方法对测验的质量进行描述，评价的依据是通过计算得出的各种指标。定量分析主要包括以下内容。

（1）对测验的质量进行综合分析，这是对测验进行整体性的分析。如计算测验的平均分、标准差，绘制测验分数的各种统计表，计算效度、信度、难度和区分度系数。

（2）对试题的质量进行量化分析。如试题的难度分析、区分度分析、选择题的备选项分析等。

（3）对不同班级不同性别考生的知识水平作比较。如一个年级不同班级的学生的物理能力是否有显著差异、同一个任课教师的学生中男生和女生的物理学习能力是否有显著差异、实验班和普通班在物理能力的提高上是否有显著差异等。

任何事物都有质和量两个方面，对测验的质量所作的分析也是这样。当然，在实际分析时，定性分析不可能也不应该完全忽略数量方面的特征，而必须通过定量分析确定测验的质的优劣。因此，在分析测验的质量时，只有从定性、定量两个方面进行，并把二者有机结合起来，才能得出切合实际的结论。物理测验质量分析的过程一般是：初步的定性分析—定量分析—最终的定性结论。

前面讲到，在对物理测验进行质量分析时，一般会用到信度、效度、难度和区分度的分析方法。此外，在对被试进行观念的评测时，也需要对评测的结果进行信度与效度的检验。以下几节具体介绍上述方法的基本原理及其在SPSS环境下的实现途径。

第二节　信度分析

本节主要介绍信度分析的概念、原理和方法。这些方法既可用于对物理测验的分析，也可用于对一般问卷调查的信度分析。

一、信度的基本概念

信度，顾名思义，就是可信的程度。由于"可信"一词具有多重含义，所以信度也有以下多种不同的类型。

就某项物理测验而言，其可信程度可以由它被反复实施后其结果的一致性程度来证明。因为在其他条件不变的情况下，一项测验如果每一次实施的结果都不相同，那么它就是不可靠也不可信的。所以人们将同一份量表（试卷或者问卷）两次施测于同一组被试所得结果的一致性程度定义为测验的信度。这种信度被称为重测信度。重测信度的大小由同一组被试在两次测验中所得分数之间的相关系数来衡量。

重测信度有一个问题，就是由于可能出现练习效应，所以信度分析的结果可能会有偏差。因此人们又设计出了一个信度类型，叫作复本信度。具体来说，就是为了评测某一个测验的信度，专门设计一个与之等值的平行测验，称为该测验的复本测验。对同一组被试先后施测两个平行测验，计算两个测验分数之间的相关系数，将该相关系数定义为复本信度，并以此作为原测验的信度指标。

重测信度可能会有练习效应的影响，而复本信度也存一个问题，就是严格意义上复本的编制其实并不简单，要使两个测验做到真正的等值需要较为专深的测量学技能，这也不是一般行外人士所能轻易做到的。为解决上述问题，有人提出将一份测试卷一分为二的设想，求其中奇数题目的得分与偶数题目的得分之间的相关，并将此相关系数定义为该测验的信度系数，由此定义的信度被称为半分信度。

编制一份测验，我们总是希望该测验中各道题目之间都具有高度的一致性。也就是说，各道题目之间都具有很强的正相关。这里的相关度其实也是整个测验可靠程度的一种体现。人们把这种相关度定义为测验的信度，并称为同质性信度。同质性信度也称为内部一致性信度，它描述测验题目之间的内在一致性程度。

那么，信度系数又当如何计算呢？

二、信度系数的计算

如上所述，信度有多种不同的定义，所以信度系数的计算也有多种不同的方法。其中，用于计算重测信度的指标叫作稳定性系数，它是衡量重测信度大小的具体指标。具体来说，它将同一组被试用同一份试卷先后施测两次，而后求两次测验之间的相关系数，并将该相关系数作为测验的信度指标。用于计算复本信度的指标叫作等值性系数，它是对同一组被试用不同的复本进行测试，而后求不同复本得分之间的相关系数。用于计算半分信度和同质性信度的指标叫作内部一致性系数。它通过计算测验中所有题目之间的相关系数来表征测验的内部一致性程度。

计算上述各种信度系数值的实质，其实就是计算相关系数，而相关系数的计算方法与第三章第二节所述方法完全相同，这里不再重复。只是其中同质性信度的计算方法与其他方法稍有不同，下面作以简要介绍。

计算同质性信度的系数叫作克龙巴赫（Cronbach）α系数。它的计算公式如下：

$$\alpha = \frac{k\bar{r}}{1 + (k-1)\bar{r}}$$

其中，α是测验的内部一致性系数，k是题目的个数，$\bar{r}$是所有题目之间相关系数的均值。α的取值范围在0~1之间，越接近1，表明测验的内部一致性程度越高，即测验的同质性越好。

该信度系数较多地应用于对调查问卷的信度分析以及问卷题目的筛选。下面是一则应用SPSS计算克龙巴赫α系数的实例。

（1）打开"评价观问卷测试原始数据.sav"文件。

（2）点击"Analyze"，在其下拉菜单中选择"Scale"，在弹出的级联菜单中，选择"Reliability Analysis"，如图4-2-1所示。

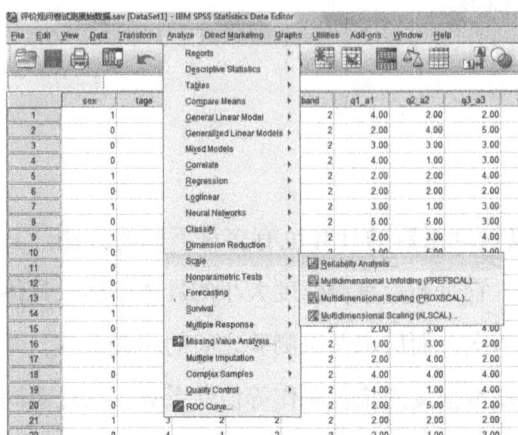

图4-2-1　克龙巴赫 α 系数的计算1

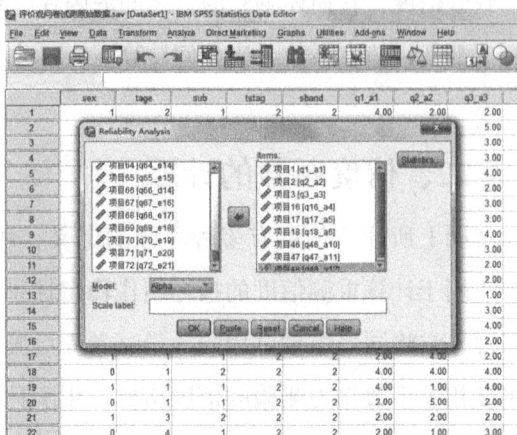

图4-2-2　克龙巴赫 α 系数的计算2

（3）系统弹出"Reliability Analysis"对话框。将左边列表框中需要分析的题目（也称为项目）调入右边"Item"下面的文本框中。本例调入右边文本框中的项目，是该问卷中第一个维度的所有项目，此处共有9个，如图4-2-2所示。

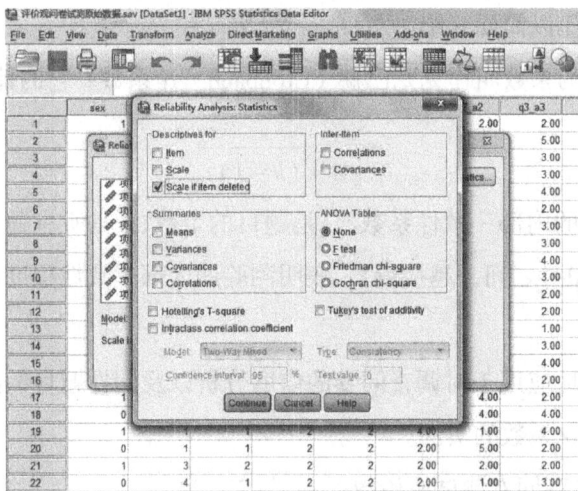

图4-2-3　克龙巴赫 α 系数的计算3

（4）点击该对话框右上方的"Statistics"按钮，弹出图4-2-3所示的信度分析统计对话框，选择"Scale if item deleted"选项，并点击左下方的按钮"Continue"。

（5）系统回到图4-2-2所示的对话框，点击下方的"OK"按钮，输出结果如表4-2-1至表4-2-3所示。

表4-2-1　信度分析结果1

Cases	N	%
Valid	34	100.0
Excluded	0	0
Total	34	100.0

表4-2-2　信度分析结果2

Cronbach's Alpha	N of Items
0.527	9

表4-2-3　信度分析结果3

项目	Scale Mean if Item Deleted	Scale Variance if Item Deleted	Corrected Item–Total Correlation	Cronbach's Alpha if Item Deleted
项目1	24.1471	18.493	0.090	0.541
项目2	23.6765	18.165	0.077	0.552
项目3	23.8529	16.614	0.310	0.474
项目16	24.5000	17.652	0.184	0.513
项目17	23.7941	15.502	0.413	0.436
项目18	22.8235	19.604	0.007	0.561
项目46	23.8529	19.038	0.007	0.570
项目47	23.2353	14.610	0.541	0.391
项目48	23.5294	14.014	0.563	0.373

表4-2-1显示所有34个被试的数据都被正常处理。表4-2-2显示，此例计算得出的克龙巴赫 α 系数值为0.527，此维度中的项目数为9。

表4-2-3显示该维度中的9个项目的相关数据。需要特别关注的是最后一列"Cronbach's Alpha if Item Deleted"中的数据。该栏中的数据含义是如果将此维度中的某一个项目删除，其余项目所组成的新维度的克龙巴赫 α 系数的取值。比如，该栏目中第一个数据0.541的含义是：如果将项目1删除掉，则该维度中其他项目组成的新维度的克龙巴赫 α 系数值为0.541。显然，该栏目中的数值越大，说明该项目越该被删除。当然，实践中我们遇到这样的情况，不一定非得删除该项目，也可以对该项目进行详细的分析研究，看看问题出在哪儿，然后进行修改完善。因此，表4-2-3中需要特别关注的项目应该是项目46、项目18、项目2、项目1等。这些项目如果不删除，也应当进行修改。

最后需要讨论的是关于信度系数值的问题。前面讲过，信度系数的值越接近于1，说明评测工具越可靠。但在实践中，什么样的数值是可以接受的，什么样的数值是不可接受呢？有没有一个通用的标准呢？严格地讲，不存在这样一个统一的标准。但还是有人提出了一个参考标准，他们认为 $\alpha \geqslant 0.9$ 就是信度好，$0.8 \leqslant \alpha < 0.9$ 可以接受，$0.7 \leqslant \alpha < 0.8$ 需要修改，而 $\alpha < 0.7$ 则是不可接受的。

以上我们讲了信度的概念以及信度系数的计算方法，那么在实践中我们该如何提高测验的信度呢？

三、提高信度的方法

在编制测验时，为保证测验具有较高的信度，需要注意以下几点。

（1）测验的长度要适宜。测验的长度指测验所包含的题目的多少。测量理论认为，测验的长度越长，其信度越高。但是实际上，测验太长，被试的精力和心理情绪的变化都会很大。因此，要根据测验的类型及要求确定测验的长度，不能太长，也不能太短。

（2）对于与能力有关的测验，其难易程度要适中，不能太难，也不能太容易。一般说来，测验的平均难度应在0.5左右。各个题目的难度在0.4~0.7之间较好，当然也要根据实际情况进行适当调整。

（3）测验的内容不应过于复杂，内容过于复杂实际上相当于缩短测验的长度，同时还会增大测验结果的误差，因而也会降低信度。

（4）测验的程序及评分方法应尽量统一和客观。测验程序的不同会导致测验结果出现人为差异，而评分不客观则会加大测验结果的误差，从而降低测验的信度。因为信度系数是通过测验分数来计算的，如果评分不一致或错漏较多，测验分数就不能正确表示测验的实际结果，使得测验分数的一致性比测验结果的一致性要差，从而降低测验的信度。

（5）样本的大小和样本的同质性（被试的差异程度）对测验信度有影响。在编制和实施测验过程中，应尽量使样本具有足够的大小和代表性。其方法是扩大样本容量和进行随机抽样，且分层抽样法对扩大被试的差异和样本的代表性很有帮助。例如，一个适合中学高年级的物理测验，若从高一、高二、高三年级中抽取样本进行测验，其被试的差异和样本的代表性就比只从一个年级中抽取样本要大，用所得的分数算出来的信度系数也相对较高。

当然，提高信度最重要的和最基本的是要提高试卷（测验）的编制质量，以上只是在此基础上应注意的问题。

第三节　效度分析

测验的效度即测验结果的有效程度，也就是说，测验实际所能测量出所要测量的特性或能力的程度，即测验的正确性程度。效度分析就是对测验有效程度的分析。

在编制测验时，编制者总是想通过该测验来测量被试的某种特性、水平或能力，但是由于教育测量的间接性，通过测验测量的直接结果并不是被试的内在心理特征或能力，而只是由测验引起的行为反应。如果该行为反应与要测的属性有着必然的联系，那么就可以说该测验间接地测到了要测的属性，则使用该测验来测量被试的这种心理特征或能力就是有效和正确的。例如，我们使用测验来测量中学生的物理能力，而这个测验的确也测到了他们的物理能力，那这个测验的有效性就是较高的；反之，测验引起的行为反应与要测的属性没有什么关系或关系不大，这样的测验的有效性就是较低的。例如，我们想测量学生的物理能力，测出的竟是文字的理解能力，或者说测出的主要能力是其他能力，而不是物理能力，那么这样的测验有效性就很低，也不能用它来作为测量物理能力的工具了。因此，效度在评价测验好坏中所起的作用，就是衡量测量工具与待测属性匹配与否。如果匹配，匹配的程度又如何，这些可以从效度的指标大小来显示，那么效度与前面所讲的信度的关系如何呢？举一个物理测量的例子来说明它们的关系：用温度计来测量温度，用米尺来测量长度，就是完全匹配的。反之，用温度计测量长度，用米尺测量温度就完全不匹配，这是效度问题。而这个温度计和米尺本身是否精确，以及在测量过程中方法是否正确都影响到测量结果的可靠程度，量具本身不精确，操作过程不严密，误差就会很大，对同一对象的测量结果的可信度就低，这是信度问题。显然，物理测量并不特别关注效度问题，因为物理属性和测量结果之间的关系非常明显，是直接测量，而着重关心的是信度问题。但教育测量中由于各种因素的影响，心理属性和测量结果之间的关系不是那么明显，效度问题就变得尤为重要了。

一、效度的基本概念

作为衡量测验有效性的指标，它具有以下三个方面的含义。

首先，测验的效度始终是对一定的测验目的而言的。判断测验的效度高低，就是看它能达到测验目的的程度。如果正确地测出了要测量的特性，那么对于这一目的来说，测验的效度就是高的。一个测验对某一目的而言效度很高，对另一目的就不一定有高的效度了。例如，一份用来测量学生智力水平的测验，要测量的特性就是学生的智力水平，如果它能很好地测出学生的智力水平，那么这份试卷对这个目的来说效度就是高的，但如果用它来测量学生的物理能力，这个测验的效度就是低的；如果用它来测量学生的体育水平，那么它就是无效的。

其次，测验的效度只是高低问题。一方面，为任一目的编制的测验，不管质量如何，总与目的有关，人们不会用数学题目测量学生的物理水平，也不会用智力题目来鉴别学生的性格特征。因而，所编制的测验总有一定的有效性。另一方面，任一测验都不可能是绝对有效的，这是由教育测量的"间接性"决定的。一般说来，从测验的目的到具体编制的测验需要经过一定的过程，在这个过程中总会产生偏差，因而，测验与目的总有一定的不一致。例如，对测量学生的物理水平这一目的，由于我们无法抽象地测量学生的物理水平，而必须把它具体化为物理知识，如物理概念的掌握水平、物理规律的应用水平等，再根据这些属性编制出适当的题目。对于任何一份物理试题，即使对一组特定的学生，我们也不能说它能绝对准确地测量出学生的物理水平。

最后，测验的效度是对测验结果而言的，一种测验只有经过实施之后才能根据其结果判断它的效度性。在教育测量中，效度有着非常重要的意义。因为教育测量的对象是人的心理特征及其水平，是不能直接测量的，只能通过对外部表现间接测量。而外部表现除了受心理特征及其水平的控制以外，还会受到其他因素的制约，如环境、情绪、生理状态等。因此这二者之间只是具有某种程度的相关关系。

二、效度的基本类型

从本质来说，效度描述测验结果与测验目的的关联程度。根据测验目的的不同，效度的类型也各不相同。在物理测验中，效度主要有以下两种：内容效度和效标关联效度。

（一）内容效度

内容效度是指实际测量的内容代表所要测量的内容和引起预期反应的程度。对于物理测验来说，所要测量的内容就是物理课程标准所规定的全部教材内容，包括深度和广度两个方面。预期反应是指学生学习这些教材内容所产生的效果，如对教材内容的记忆、理解和应用等。如果测验的题目较好地代表了课程标准所规定的内容，能使学生引起预期的反应，并且这种行为能够测量出学生学习成绩的话，就可以认为测验具有较高的效度。

在编制物理测验时，为了提高测验的内容效度，要解决以下两个问题：一是要对物理课程标准中规定的教材内容进行仔细研究和分析，明确教学目的是什么、包括哪些方面、测验应测量些什么，如对教材的记忆、理解、应用及其巩固程度等。这可以通过编制测验的双向细目表来解决。二是如何使测验的题目能较好地体现双向细目表的要求。因此，要分析测验的内容效度就是要分析测验本身的内容和课程内容及教学目标，并进行对照，不仅要看看前者在多大程度上体现了后者，还要考察是否按要求的权重来体现。

内容效度应该如何判定呢？

就物理测验而言，检验内容效度最常用的方法就是由物理学科专家根据所要测量的能力的定义和内容范围的界定，以及各部分内容，各目标所占的权重，对测验与所要测量的属性或者教育教学目标（根据双向细目表使之具体化）进行比较。如果专家比较的结果认为测验（试题）与要测的特征符合程度较高，就可以认为该测验具有较高的效度，否则就认为该测验缺乏内容效度。通过这种方法来判定内容效度，比较有权威性，容易操作，但也带有一定的主观性，因为不同的专家对同一个测验的内容效度作出的判断可能有不同的看法和理解。

（二）效标关联效度

我们往往想通过测验来测量出人的真实能力水平，这种能力水平是希望能够在平时和以后的行为中体现出来的。不同的被试通过测验得到不同的分数，施测者希望这种差异能代表被试行为的差异。但是，仅仅凭测验本身是无法知道这个结果的。也就是说，"王婆卖瓜"是没有说服力的，还需要借用一个其他的相对客观的标准来检验和评定测验所测量的属性与人的行为之间的一致性。这个标准可以是比这个测验效度更高的测验，也可以是以后的行为表现，如果这个标准与测验同时存在，这种效度称为同时效度。若这个标准在测验之后，则说明了测验的预测能力，这种效度称为预测效度，这个标准被称为效标。上述两种效度都描述了测验的结果与效标之间的相关程度，统称为效标关联效度。二者的主要区别有两点：一是测验与效标的时间间隔不同。同时效度要求时间间隔短，预测效度要求时间间隔长。二是目的和作用不同。同时效度主要用来检验一个测验的效度的高与低，而预测效度主要用来评价测验的预测能力。

既然是测验结果与效标之间的相关程度，效标关联效度就可以通过相关系数来计算，也就是测验分数与效标分数之间的相关系数。由于相关系数的计算及其SPSS环境下的实现方式已在第三章作过介绍，所以这里不再详述。

三、提高效度的方法

（一）提高内容效度的方法

在物理测验编制好之后，请物理学科专家评定该测验的内容效度，再在此基础上进行修订，这是提高内容效度的一个重要的环节。但是，提高内容效度的工作应当贯彻到整个测验的编制过程中。下面是提高内容效度的三个主要方法。

1. 增加试题的同质性（内部一致性）

在编制测验时，适当增加试题的区分度，或者删掉那些区分度很低的试题，可以提高测验的内容效度。

2. 专家小组平行作业

为了提高内容效度，可由两组以上的专家小组独立进行改善内容效度的工作。例如，分别界定要测量的特征的定义，撰写测验的题目，筛选和修改题目。如果各组结果的内容很相近，并且各组的测验分数有较高的相关，这样就可以提高内容效度。

3. 多人裁判

测验的编制，如果有各相关领域的专家参加，对提高内容效度是有利的。从统计学的观点来看，各领域的专家越多，判断内容效度的误差越容易被平均掉。

（二）提高效标关联效度的方法

根据人们长期实践所积累的经验，人们对效度提出了如下要求：智力测验与教师对学生的等级评定之间的相关系数（效度）一般应在0.30~0.50的范围内。就物理学科测验而言，因为学生的学习成绩还受到学习态度、学习方法、教师作用等非智力因素的影响，因而要求较低。物理学科的标准测验（如统考或高考成绩，此处即为效标）与物理教师自编测验的学生成绩之间的相关系数应在0.60~0.70的范围内。此外，效度系数的大小还与两次测验的时间间隔有关。时间间隔长，被试的各方面变化较大，对效度系数的要求要低一些。

具体来说，提高效标关联效度的方法如下。

（1）适当提高测验的信度。效度高的测验信度一定高，反过来，信度低的测验效度不可能高，也就是说，信度高是效度高的必要条件，只要在保证信度的前提下才能谈提高效度。

（2）精心编制测验。测验的内容和形式都是影响效度的重要因素。首先，测验的内容与测验的目的要一致；其次，测验题目的叙述要清楚、简明，能让被试正确理解，测卷的印刷应清楚、无误。

（3）适当扩充测验的内容广度和代表性。

（4）如果是为了检查测验的质量而进行测验的话，那么要适当增加被试的人数。这样可以降低随机误差对效度系数和信度系数的影响。

第四节　难度与区分度分析

一般来说，效度和信度是针对整个测验而言的，是测验的特性，但测验是由题目组成的，测验的特性必然会受到题目特性的影响。在教育测量中，题目特性主要由题目的难度和区分度来表征。在物理教育研究中，我们往往需要对物理试题的难度和区分度进行评价，这一过程叫作难度与区分度分析。下面分别介绍难度与区分度的分析方法，而后介绍信度、效度、难度与区分度之间的相互关系。

一、难度分析

由于物理题型种类的多样性，题目的难度也有多种不同的界定方法。下面先介绍难度的不同定义，而后介绍难度系数计算在SPSS环境下的实现方式。

（一）难度的定义

难度是指题目的难易程度。在学科测验如物理测验中，一道题目，如果大多数被试都能答对，说明该题的难度较小；反之，说明该题的难度较大。因此，通常用通过率来表示题目的难度，用公式表示为

$$P = \frac{R}{N}$$

其中，R表示答对该题的人数，N表示参加测验的人数，P表示题目的难度，称为难度系数。难度系数越大，说明通过该题的人数越多，题目越容易；反之，难度系数小，表明题目越难。

（二）难度的计算方法

根据测验题目的类型及分数特征，有两种计算难度的具体方法。

1. 按平均得分计算难度系数

对于0-1记分的题目，即答对记1分，答错记0分，用下式计算难度系数：

$$P = \frac{R}{N}$$

对于一般的题目，用下式计算难度系数：

$$P = \frac{\overline{X}}{W}$$

其中，$\overline{X}$为被试在题目上的平均得分，W为该题的满分值。

例如：高中物理测验的第五题满分为 15 分，该题被试的平均得分为 8.3 分，则该题的难度是多少？

解：该题的难度为 $P = \dfrac{\overline{X}}{W} = \dfrac{8.3}{15} = 0.553$。

2. 用极端分组法计算难度系数

如果参加测验的人数很多，用上面的方法就比较费时费力，这时可根据得分将被试从高到低排序，然后在两端分别截取人数比例相等（一般取27%）的高分组和低分组，分别计算这两组在该题上的得分率，分别记为P_H和P_L，最后按下面的公式来计算难度系数。

$$P = \frac{P_H + P_L}{2}$$

例如：在 1000 名考生中，高分组和低分组各有 270 人，若高分组答对某一题（0-1 记分）的人数为 195 人，低分组答对该题的人数为 100 人，则该题的难度系数为多少？

解：由于此题为 0-1 记分，难度系数可直接用上面的公式来计算。

因为 $P_H = \dfrac{195}{270}$，$P_L = \dfrac{100}{270}$，所以 $P = \dfrac{P_H + P_L}{2} = \dfrac{\frac{195}{270} + \frac{100}{270}}{2} = 0.546$。

（三）平均难度的计算

在物理教育研究中，我们有时需要对整个测验的难度作出估计，这样的难度叫作平均难度，即该测验中各个题目难度的平均值。对于一份由多个题目组成的测验来说，它的平均难度可以通过下面公式来计算。

$$P = \frac{\sum W_i P_i}{W}$$

其中，W是测验的满分值，W_i是各个题目的满分值，P_i是各个题目的难度系数。

例如：某一份物理试卷经过实测，得到下表的数据，求这份试卷的平均难度。

表4-4-1 试卷的实测数据表

题号	1	2	3	4	5	6	7	8	9
满分	5	3	4	18	5	10	15	25	15
难度	0.53	0.56	0.32	0.45	0.68	0.65	0.70	0.63	0.58

解：由上表的数据，得 W=5+3+4+18+5+10+15+25+15=100，

则整份试卷的平均难度为

$P=\frac{\sum W_i P_i}{W}=$（5×0.53+3×0.56+4×0.32+18×0.45+5×0.68+10×0.65+15×0.70+25×0.63+

15×0.58）÷100=0.586。

二、区分度分析

（一）区分度的定义

区分度是指题目对所要测量的被试的知识水平（能力）差异的鉴别力，也就是测验结果反映被试实际差异的程度。它也是测验质量的重要指标之一，是评价测验质量、筛选测验题目的主要指标和依据。在学科测验如物理测验中，区分度较好的题目，能对学生的知识水平作出有效的区分。也就是说，对某个测验题目来说，它测到了它所要测量的东西。从这个意义上来说，题目区分度就是题目的效度。对于同一个班级的学生来说，区分度高的题目，程度好的学生应该得高分，程度不太好的学生应该得低分；区分度低的题目，优秀生和后进生得分差不多，或者无规律可循，或者后进生得分比优秀生得分还要高。

（二）区分度的计算方法

1. 极端分组法

这种方法有点类似于难度的计算方法。

第一步：确定高分组和低分组（一般各占27%）。

第二步：确定两个组的平均得分率P_H和P_L。

第三步：按下面的公式计算区分度。

$$D=P_H-P_L$$

其中，D 表示区分度。这里我们看到，如果高分组与低分组的平均得分相差很大，就说明题目能够很好地将学习好的学生与学习不太好的学生区分开来，相应地，区分度 D 值也较大。例如，高分组被试在某题上的通过率为0.70，低分组被试在该题上的通过率为0.30，那么 $D=0.70-0.30=0.40$。由于 P_H 和 P_L 均在0和1之间取值，故区分度 D 的取值在-1到1之间。如果高分组全通过，低分组全失败，那么 $D=1$；如果高分组全失败，低分组全通过，那么 $D=-1$；如果两个组的通过率相等，那么 $D=0$。当 D 为负值和0时称为消极区分，当 D 为正值时称为积极区分。显然，D 为负值和0的题目无法正确区分被试的水平高低，因此，这样的题目应该淘汰，而根据测验的实际需要保留 D 值大的题目。

2. 内部一致性方法

前面讲过，区分度实际上就是题目效度，那么只要找到一个效标，就可以算出题目分数与效标的相关程度。一般以测验总分来作为效标。我们把这种方法称为内部一致性方法。

根据题目与总分两列变量性质的不同，可以采用不同的方法来计算相关系数。

如果测验分数是连续变量，如百分制等，那么检验区分度的步骤如下。

第一步：计算被试的测验总分 X_i 和该试题的得分 Y_i（$i=1$，2，…，n）。

第二步：计算 X_i 和 Y_i 两个变量间的相关系数 r。

第三步：对求出来的相关系数进行显著性检验。

关于相关系数的计算和相关系数的显著性检验在SPSS环境下的实现方式，在第三章已有详细介绍，这里不再重复。

三、信度、效度、难度和区分度的相互关系

前面我们讨论了测验的信度、效度、难度和区分度等有关测验质量的概念或指标。为了加深对四个指标之间相互关系的理解，这里将它们作一个比较。

（1）就考察的对象而言，效度主要是考虑测验本身及测验结果与测验目的之间的联系及其程度。因此，在说明测验的效度时，必须指明测验的目的是什么。而测验的难度和区分度则主要是考察测验与测验对象之间的关系。因而，在说明测验的难度和区分度时，应指明测验的对象是怎样的水平，这样才能使我们所作的说明有实际意义且不至于引起误解。信度也与测验的对象有一定的联系，但没有难度和区分度那样密切。因此，当我们说

明一份测验的信度时，可以不指明测验的目的和测验对象的类型。

（2）在讨论区分度时，我们实际上只讨论了考试类的测验的区分度。严格地说，区分度是鉴别测量对象的差异程度和指标。对任意一个测验来说，如果没有区分度，那么就不会有任何实际意义。例如，一次兴趣调查，如果调查结果不能鉴别调查对象的兴趣差异，那么这样的调查结果是没有意义的。任何一个测验都要讨论区分度，但只有考试之类的考察能力的测验才讨论难度。

（3）由第二点可见，就适用范围来说，效度、信度和区分度的使用范围要广一些，难度只适合于具有考试性质的测验。而效度、信度和区分度则适用于一般的测验。

（4）就计算方法而言，信度、效度、区分度都可以用相关系数来计算，而难度则不用相关系数来计算。可见，同样是相关系数，数据来源不同，其意义是有很大差异的。

（5）一种测验的信度、效度、难度和区分度究竟应该多大才能认为符合要求，都必须依据测验的目的和类型来确定，并没有固定的标准。因而，只有通过对具体问题进行仔细分析，才能较好地理解和运用。

第五节　Rasch 模型简介

作为一种现代教育测量模型，Rasch模型受到越来越多人的关注，在教育各领域里的应用也日渐普及。本节主要介绍利用Rasch模型开发评测工具的一般方法和步骤。

所谓评测工具，是指用于评测学业成绩、概念掌握或观念态度的试卷或问卷。评测工具如同尺子。尺子是用来测量的，如果尺子有问题，测量的结果就没有意义。要用好一把尺子，我们不仅需要知道它的精确度，还需要知道它的适用范围。就评测工具而言，精确度就是它的信度和效度，适用范围就是它所适用的目标人群，我们可以用适切度来表征。Rasch模型通过输出各种数据与图表，为使用者提供多种精度与适切度的评测数据，还能够提供丰富多样的试题修正的有用信息。从这个意义上说，Rasch模型就是一种评测和校正尺子的工具。

一、Rasch 模型的基本概念

  Rasch模型是一个数学模型，它由丹麦数学家Georg Rasch于20世纪60年代提出，其目标是要建立一种客观的社会科学测量方法。一些大型国际评测项目如PISA，TIMSS等的开发中都运用了Rasch模型。在西方国家，一些学科评测工具及态度问卷的开发也越来越多地使用Rasch分析方法。近十年来，Rasch模型在我国的运用也日渐普及。一般认为，Rasch模型就是项目反应理论中的单参数的逻辑斯蒂模型。但也有研究者认为，两者有本质区别，前者是让模型适合于数据，而后者则是让数据适合于模型。正是由于Rasch模型的这一特点，使得符合该模型的测试工具大多具有较高的质量，这正是Rasch模型的价值所在。Rasch模型的一个重要特点，是它允许使用者生成一个可以同时描述试题难度和被试能力的等距量尺。试题难度与初试能力相互独立又可以相互比较。Rasch模型假设，就一个个体而言，他在简单题目上的表现应当始终好于在难题上的表现；而对于一道试题而言，能力高的个体正确作答的概率应当始终高于能力低的个体正确作答的概率。当一个能力为B_n的人遇到一道难度为D_i的试题时，他能否正确作答取决于上述两个测量量的概率关系。被试n正确回答试题i的概率一般表示为

$$P_{ni} = \frac{e^{B_n-D_i}}{1+e^{B_n-D_i}}$$

  根据上式，正确作答的概率最终由差值B_n-D_i决定。若被试能力与试题难度相同（$B_n=D_i$），则正确作答的概率就是0.5。若被试能力远超过试题难度（$B_n \gg D_i$），则正确作答的概率将接近1；反之（$B_n \ll D_i$），则概率值将趋近于0。试题难度D_i与被试能力B_n按照某一道题获得正确回答的人数和某一个被试答对试题的题数，以原始测验分数为依据计算出来，所以Rasch模型是一个概率模型。

  Rasch模型可以看作项目反应理论（Item Response Theory，IRT）中的单参数逻辑斯蒂模型（数学上是等价的，从测量角度看存在区别）。从项目反应理论的视角来看，Rasch模型是现代测量理论中的一种数学模型，其基本思想是：①假定考生在某道试题上的表现情形，可由一组因素来加以预测或解释，这组因素叫作潜在特质；②考生的表现情形与这组潜在特质间的关系，可通过一个连续递增函数来加以解释，这个函数便叫作项目特征曲线。项目反应的模型又被称为强假设模型，因为其前提假设非常严格。这些假设有：①单维性（Unidimensionality）假设。即假定测验中各题目都共同测量同一种潜在特质，这种单一潜在特质包含在全部测验题目中。被试在测验上的表现只能由一种潜在特质来解释。

②局部独立性（Local independence）假设。即假设受测者在测验题目上的反应只受他自身的能力水平以及题目的某些性质的影响，而不受他人或他在其他题目上的反应的影响。也就是说，涵盖在项目反应模型里的能力（特质）因素，才是唯一影响被试在测验题目上作出反应的因素。③单调性（Monotonicity）。即考生对题目正确反应的概率随其能力水平的增加而单调递增。通常认为，单维性假设与局部独立性假设是等价的，局部独立性是单维性假设成立的一个必然结果。

在使用合适的IRT模型时首先要考虑的是项目的评分方法。对于二值计分（即0、1计分）的项目来说，单参数、双参数、三参数以及四参数逻辑斯蒂模型均可用。对于有序多值计分（如0、1、2、3计分）项目来说：评定量表模型（Rating scale model，RSM）、分部评分模型（Partial credit model，PCM）、广义分部评分模型（Generalized partial credit model，GPCM）、等级反应模型（Graded response model，GRM）等可以根据研究需要选用。对于无序多分类反应项目（即选项没有等级或大小关系，而关注选项的类别）可以使用名义反应模型（Nominal response model，NRM）。此外，对于一套测试卷，如果其由单选题、多选题及应用题构成，对于单选题需要使用二值计分，对于多选题或应用题需要用有序多值计分，这种情况下可以考虑混合两种IRT模型进行建模，如单选题用三参数逻辑斯蒂模型，多选题和应用题用GNM模型。但在实际研究过程中如果单维性假设检验不通过（如被试在单道试题上的表现可能受多种潜在特质的影响等），则往往需要考虑多维项目反应理论。

二、用 Rasch 模型开发评测工具的方法步骤

用Rasch模型开发评测工具的具体步骤包括：测前准备与实地测试、Rasch建模与拟合检验、质量分析与文件编撰。

（一）测前准备与实地测试

评测工具的开发就像做产品，测前准备的作用就像做毛坯，毛坯若是做得不好，则后续工序再好也做不出好的产品来。因此，测前准备是评测工具开发中需要把握好的第一环节。这一环节具体包括定义测验结构、编制测验细目和明确结果空间三项内容。

1. 定义测验结构

就是确定或者构建一个理论，作为测验编制的依据。比如，为了编制一个评测学生科学本质观的调查问卷，我们需要首先找到一个关于科学本质观的理论，这个理论必须是已

经在学界达成共识的东西，否则评测就没有意义。

2. 编制测验细目

当具有一定层级的待测结构定义完成以后，我们就可以着手编制一份测验细目表了。在这份细目表中，我们可以明确被试作答的题目类型、描述被测结构的特征量，并直接提供题目编制的相关信息。由于结构是单一维度的，所以特征量也必须具有层级特征。当然，细目表中还要有一个能够确定其认知水平的层级连续体，如知道、理解、运用、分析、评价、创造。

3. 明确结果空间

在细目表编制完成后，就可以建立一个原始试题库以及各试题的评分标准。这个试题库及其评分标准就定义了这些试题的结果空间。一般情况下，我们需要准备比最终试卷上需要出现的试题数量更多的试题，以备有些试题可能因为不适合模型而被删除。在编制试题的过程中，有必要对试题进行试测。试测可以有目的地选择能够代表目标群体的小样本，像出声思考这样的质性方法也是可以采用的。这些小范围试测后的试题就成为测试工具的初稿。

4. 实地测试

在上述工作完成后，就可以进行实地测试了。实地测试就是将测试工具的初稿实测于具有一定代表性的目标人群，以便收集数据进行Rasch分析。尽管在目标人群中进行随机抽样最为理想，但对于Rasch模型来说，重要的是被试相对于被测结构的分布。换言之，重要的是保证被试的能力分布与试题难度分布相匹配。

（二）Rasch建模与拟合检验

实施完测试，就可以将被试对于试题的应答作为数据输入计算机，从而开始Rasch建模。用于Rasch建模的计算机软件有Winsteps、Facets、ConQuest以及R语言等。其中以Winsteps最为流行，它可以处理多种不同类型的数据，包括二值数据、多选数据、等级数据、部分得分数据、等级排序数据以及成对比较数据。多种不同类型的试题也可以放在一起进行分析。它还可以生成并输出能够满足开发一般评测工具所需要的各种数据表和数据图。因为Rasch模型是一个理想模型，与之拟合得好的数据，就是测验编制者所期待的数据。试题测试数据与模型拟合得好，试题通常就是理想的试题；反之，拟合得不好的试题，就需要认真检查，或者修改，或者删除。所以在Rasch建模的过程中，一项重要的工作就是进行拟合度的检验。尽管不同的Rasch分析软件报告拟合度数据的格式各不相同，但还是有一些共性的东西。试题的拟合度指标一般包括残差均方（MNSQ）和标准化的残差均方（ZSTD）。两者均基于实际观测值与Rasch模型的期待值（理论值）之差。MNSQ是简单的残差均方，而ZSTD则是标准Z分数的残差均方。由于它们又各有两种不同的求和方式，所以就形成了四种不同的拟合度指标：Infit指标（包括Infit MNSQ 和Infit ZSTD）是一种加权平均，它给那些中等能力的被试所产生的数据以更多的权重。而Outfit指标（包括Outfit MNSQ和Outfit ZSTD）则是一种简单算术平均。因此，Outfit对极端数据比较敏感，也就是说，那些能力极高者或者能力极低者所产生的数据会对它有较大的影响。一般认为，数据—模型拟合值的理想分布范围应当是：Infit和Outfit的MNSQ为0.7~1.3；而Infit和Outfit的ZSTD为−2~+2。表4-5-1是一个小学科学概念测试的拟合度数据表。

表4-5-1 小学科学概念测试的拟合度数据表

Item	Mensure	S.E.	Infit		Outfit		PTMEA
			MNSQ	ZSTD	MNSQ	ZSTD	
Q1	0.06	0.46	1.09	0.7	1.07	0.4	0.21
Q2	0.26	0.45	0.93	−0.5	0.90	−0.5	0.42
Q3	−2.01	0.75	0.91	0.0	0.80	0.0	0.29
Q4	0.87	0.46	1.26	1.6	1.38	1.8	−0.02
Q5	−0.61	0.50	0.87	−0.5	0.78	−0.6	0.45
Q6	−0.61	0.50	0.99	0.0	0.92	−0.1	0.30
Q7	−0.38	0.48	1.11	0.7	1.65	2.0	0.03
Q8	1.32	0.49	1.06	0.3	1.03	0.2	0.27
Q9	−0.15	0.47	0.99	0.0	1.06	0.3	0.29
Q10	0.06	0.46	1.09	0.7	1.04	0.3	0.21
Q11	3.01	0.76	0.80	−0.2	0.53	−0.4	0.50
Q12	1.56	0.51	0.73	−1.1	0.62	−1.3	0.68
Q13	−2.01	0.75	1.05	0.3	0.90	0.2	0.13
Q14	−2.01	0.75	1.00	0.2	0.78	0	0.21
Q15	0.67	0.45	0.91	−0.6	0.88	−0.7	0.45

在上表中，测量值是以logit表示的试题难度，测量值越大，题目越难。S.E.是试题难度测量值的标准误差。Infit和Outfit统计值同时用MNSQ和ZSTD报告。最后，PTMEA是每个题目的点–测相关系数，它表示被试的Rasch能力测量值与他在该题目上的表现（得分）之间的相关。从表中我们可以看到，第4、7、11、12题与模型拟合得不太好，因为相关的拟合度指标超出了可接受的范围。第4题的PTMEA为负值，表明该题对于测量没有贡献。另外，气泡图（Bubble Chart）可以形象地描绘题目的拟合度指标，还可以显示标准误差的大

小，这也有促于确认潜在的不适合Rasch模型的题目。

图4-5-1所示的气泡图中，每一个气泡代表一个题目，题目在y轴上的标定值代表它们的难度测量值；题目在x轴上的标定值代表它们的Infit ZSTD测量值。也就是说，气泡的高低位置代表题目的难度；气泡的左右位置代表题目拟合度。而气泡的大小则代表各题难度测量值的标准误差。位于-2~+2之外的气泡，其拟合度指标不好，也就是说它不符合Rasch模型。气泡越大，测量的标准误差也越大。从图中我们看到，所有的题目都在-2~+2的范围内，但代表第11题的气泡较大，这说明该题与模型拟合不好。

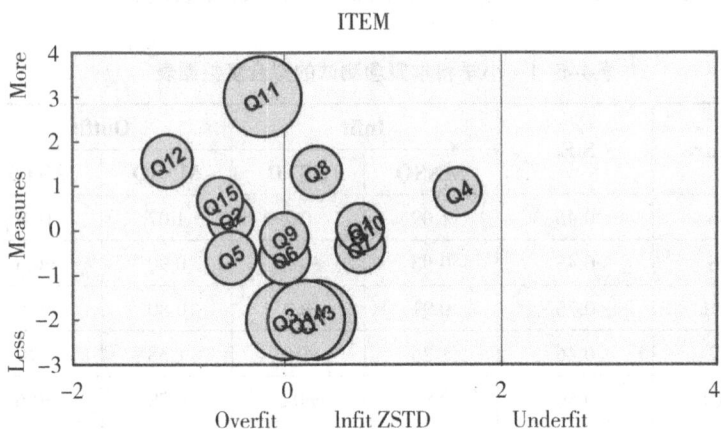

图4-5-1 气泡图

另外一个与拟合度相关的问题，是选项质量。对于单项选择题而言，选项质量与这样的问题有关：所有的选项都起作用吗？对于等级量表（如李科特量表）而言，选项质量与这样的问题有关：各个选项确实是按照设计者所期待的顺序排列的吗？从表4-5-2中我们看到，对于第8题而言，无人选择选项D；而选择选项B的人只有一个；对于第11题，全部的选项都有被选，尽管大多数人（77%）都选择了错误选项D。PTMEA对于正确的选项而言应该是正的，对于错误的选项而言应该是负的。而表中第11题的选项D（错误选项）的PTMEA却是正的。上述信息告诉我们，第8题的选项D以及第11题也许需要改进。

表4-5-2 统计表

Item	Choices	Score	Count（%）	Measure	S.E.	Outfit MNSQ	PTMEA
	B	0	1（5%）	−0.93	0.0	0.2	−0.41
Q8	A	0	14（64%）	0.44	0.20	1.2	−0.08
	C	1	7（32%）	0.78	0.26	1.0	0.27

（续表）

Item	Choices	Score	Count（%）	Measure	S.E.	Outfit MNSQ	PTMEA
Q11	A	0	2（9%）	−0.38	0.55	0.4	−0.36
	B	0	1（5%）	−0.19	0.0	0.4	−0.19
	D	0	17（77%）	0.49	0.15	1.0	0.01
	C	1	2（9%）	1.67	0.76	0.5	0.50

怀特图（Wright Map）可以显示试题对于目标人群的适切度。图4-5-2所示是小学科学概念测试的怀特图。在怀特图中，被试能力与试题难度都用同一个线性量尺来描述。一个好的测量工具应该适合目标人群。也就是说，试题的难度分布与样本的能力分布相吻合。相邻各题之间任何较大的间隔表示，在这个间隔内的被试将不可能被精确地测量，因为在那个水平上没有足够的题目用来测量这些被试的能力。

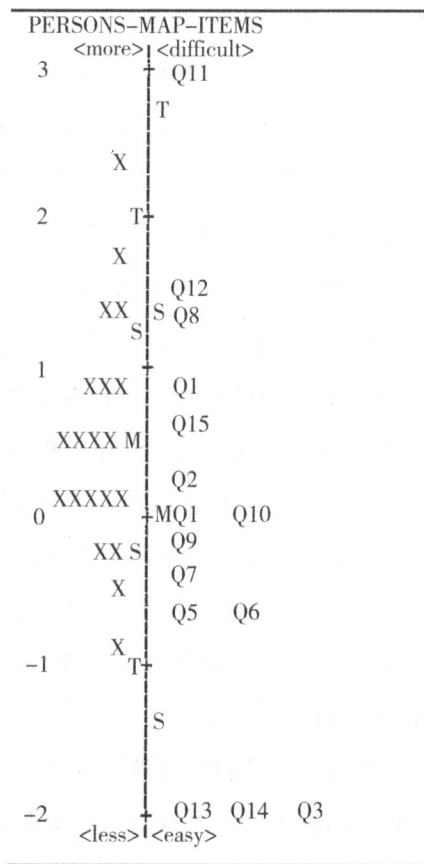

图4-5-2 怀特图

在图4-5-2中，存在着一些较大的间隔：如第11、第12题之间的间隔，第8、第1题之间的间隔，第2、第15题之间的间隔，第5、第6题之间的间隔，第13、第14、第3题之间的间隔等。产生这些较大间隔的原因是样本容量太小，只有22名学生。另一方面，样本有较好的学生能力分布。

在对试题的数据—模型拟合度进行检验后，就可以对一些试题进行修改或者删除，由此产生出一套新的试题。这套新的试题就成为测试工具的改进版本。对这个测试工具的新版本还要进行新一轮的测试与Rasch建模，直到所有的题目都达到预期的指标。此后，我们就可以对最后版本的测试工具进行效度与信度研究了。

（三）质量分析与文件编撰

这里的质量分析，就是进行测验的信度与效度研究。它们对于任何测验来说都是重要的。个人分离指数表示个人总体测量值的精确度与其测量误差的比较值。个人分离指数是指个人测量中的真实标准差与误差标准差之间的比值。因此，一个大于1的比值说明真实标准差要比误差标准差大，而且这个比值越大，说明个人测量值越精确。这个个人分离指数可以被等值地转化为从0~1的克龙巴赫阿尔法系数。在前面提到的小学科学概念测试中，个人分离指数只有0.53，相应的阿尔法系数只有0.22，这表明个人测量的信度很低——若另外一个等同的样本实施同样的测验，不太可能得到同样的结果。

测验工具的效度检验可以通过检查测验内容、反应过程、内部结构、与其他变量的关系、测验的结果等来实现。所有的效度检验过程都支持关于结构效度的同一个论据。首先，开发评测工具的Rasch模型方法是理论导向的。所有的题目要求按照事先定义的由低到高序列来编制。这些题目在测验的领域内容中应具有代表性。同样地，定义线性结构的最初阶段，也就是确定学生的行为以及定义结果空间的阶段，通常会有学科专家的参与，因此内容效度会得到进一步的保障。其次，Rasch模型可以提供个人反应样式的详细分析，该反应样式可以反映出个体在回答每一道题目时的推理过程。在评测工具的开发过程中，可以采用出声思考的研究方法，以保证被试的反应过程与所期待的方式相一致。再次，当数据适合模型并且为单一维度时，就为题目测量的是预期的结构提供了证据。由此，个体的测量值也就具有了结构效度。

测验工具开发的最后一个步骤，就是编制测验用的相关文档，其目的是为测验的使用者提供必要的信息。这些文档的内容包括：测验的目标和使用范围、测验结构的界定、测验的编制过程，这又包括预测、正式测试结果、Rasch建模等，文档的内容还包括测验工具的施测手册，以及报告个人分数。因为不能指望测验的使用者去做Rasch分析，所以我们应当提供一个将原始分数转换成Rasch量表分数的转换表。通过参考这个转换表，测验的使用者可以得知每一个原始分数所对应的Rasch量表分数，而不必去做Rasch分析。使用者在后续的统计分析之中，只需使用Rasch量表分数就可以。

三、建模工具与学习资源

Winsteps是一种用来做Rasch模型分析的软件。对于初学者来说，可以先学习使用试用版的Ministep，即学生版的Winsteps。学生版的Winsteps软件在题目数量和个体数量上都有所限制，但在功能上与正式版完全相同。一般而言，用Winsteps做Rasch分析需要简单的编程，但它提供一些程序模板供用户参考，对于只作一般统计分析的从事非专业的心理与教育测量的用户来说，这些模板已经够用了。另外，Winsteps还提供了用户使用手册。较为经典且具可读性的Rasch著作，可以读Bond和Fox所写的*Applying the Rasch Model: Fundamental measurement in the human sciences*。另外值得一读的Rasch应用图书，是美国纽约州立大学布法罗分校教育研究生院的柳秀峰教授撰写的*Using and Developing Measurement Instrument in Science Education——A Rasch Modeling Approach*（*2nd edition*）。以上图书网上都有销售。

思考与练习

4-1. 安德生的教育目标分类与布卢姆的分类相比有何不同，意义何在？

4-2. 马扎诺的教育目标新分类学相较于布卢姆的分类有什么异同？你觉得它的优势在哪里？

4-3. 请谈谈你对信度、效度、区分度和难度及其相互关系的理解。

案例篇

学习做研究，掌握相关理论是必要的，它可以让我们在理论层面上明确为什么做以及怎样做。但仅有理论是不够的，我们还必须掌握操作层面上的具体方法。对于大多数实证研究者而言，掌握具体方法比掌握相关原理更重要，而阐释具体方法的最佳途径莫过于案例介绍。因此本篇拟系统评介物理教育研究实证方法的相关案例，以帮助读者在相关理论学习的基础上，尽快上手，真正成为物理教育研究实证方法的践行者。

第五章　物理教育研究实务案例

　　物理教育研究实务指的是在物理教育学习和研究过程中面临的实际任务，如撰写调查报告、开题报告、毕业论文、期刊论文、研究报告等。限于篇幅，这里主要介绍调查报告、开题报告和毕业论文的相关案例。每个案例由案例原文和案例评析两部分组成。读案例原文可以帮助初学者领略各项实务的一般面目；读案例评析可以帮助读者把握做好各项实务的具体方法与策略。

第一节　物理教育调查案例

　　这里的教育调查是高等师范院校学生在教育实习期间需要完成的三项任务之一。下面介绍一名物理师范生在教育实习期间完成的一篇调查报告。

Ⅰ. 案例内容

高中生运动图像理解相异构想的调查报告

张应军

　　【摘要】相异构想是学生在系统学习某一科学概念之前通过对生活经验的积累而形成的已有概念。研究相异构想有利于针对学生实际制定相应的教育策略，从而提高教学效率。

　　【关键词】中学生；运动图像；相异构想

　　2015年9月7日，我们实习小组一行7人，跟随带队老师来到HD附中，开始为期六周的教育实习。实习期间，我们小组对该校高一年级两个班级的学生进行了相异构想的调查。以下是整个调查的过程和调查结果的报告。

一、调查设计

（1）调查对象：HD附中高一（2）班及高一（8）班全体同学。

（2）调查工具：运动图像理解测试卷（TUG-K）；统计软件SPSS 13.0。

（3）问卷发放：发放问卷100份，收回有效问卷98份。

二、调查过程

（一）阶段划分

整个调查过程分为四个不同阶段：

一是翻译评测工具。本调查采用的评测工具是美国北卡罗来纳州立大学物理系研制的TUG-K。原试卷是英文，我们将它翻译成中文，而后拿给学科专家审阅修改，最终形成中文版的测试卷。

二是组织实施评测。在教育实习的最后一周，在原任课老师和相关班主任的配合帮助下，我们利用一个下午的时间组织了高一两个班的学生，运用上述试卷进行了实际评测。评测时间是一个小时。

三是数据分析整理。实际评测结束以后，我们立刻着手对回收的试卷统计分析。采用统计软件SPSS分析各个题目中各个选项被选择的人数和百分比，主要就不同班级和不同性别进行比较分析。

四是撰写调查报告。在教育实习正式结束之前，在对调查数据进行全面分析的基础上，我们用了大约一周的时间，完成了调查报告的撰写。

（二）重点试题

在数据分析阶段，我们小组进行了分工。在全卷21道题目当中，本人主要负责研究其中的3道题：第10、16题和第18题。三道题目的原题如下：

10.下面五个图像分别是五个物体的加速度—时间图像，在 3 s 的时间间隔内速度改变量最小的是（   ）。

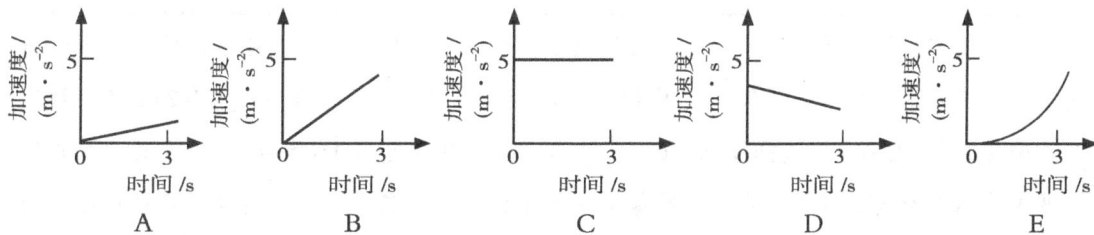

16. 一个物体的运动图像如图5-1-1所示，则该物体在前3 s速度的改变量是（　　　）。

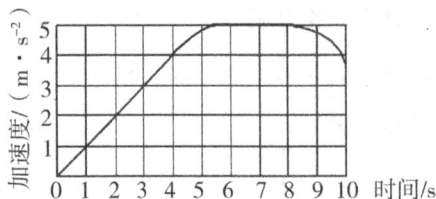

图5-1-1　加速度—时间图像

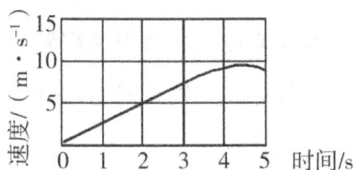

图5-1-2　速度—时间图像

A. 0.66 m/s　　　B. 1.0 m/s　　　C. 3.0 m/s　　　D. 4.5 m/s　　　E. 9.8 m/s

18. 如果想求 $t=0$ s 到 $t=2$ s 时间间隔内物体的位移，那么可以利用图5-1-2（　　　）。

A. 直接读取前5 s的速度

B. 求 $t=0$ 到 $t=2$ s 之间线段和时间轴之间的区域面积，计算公式为（5×2）÷2

C. 找到线段的斜率，计算公式为 $5\div2$

D. 找到线段的斜率，计算公式为 $15\div5$

E. 没有足够的信息来回答

（三）数据分析

下面分别对3道题目的统计数据进行分析。均按照整体数据分析、按班级分类统计分析以及按性别分类统计分析的顺序进行。

1. 对第10题的统计分析

（1）整体统计分析。

表5-1-1　第10题整体统计数据

选项	频率	百分比/%	有效百分比/%	累积百分比/%
A	20	20.6	20.6	20.6
C	72	74.2	74.2	94.8
D	3	3.1	3.1	97.9
E	2	2.1	2.1	100.0

从原题中我们不难看出，该题旨在考查学生对于加速度—时间图像中，曲线与横轴所夹面积为速度改变量这一概念。但从表5-1-1调查数据的统计结果来看，只有20名学生选择了正确答案A，72名学生选择了选项C，极少数学生选择了选项D与选项E。这个结果反映出该调查样本中绝大部分学生存在"图像为一水平线，那么其对应的速度改变量就最小"的概念误区。

（2）按班级分类统计分析。

表5-1-2　第10题班级与选项统计数据

班级	选项	频率	百分比/%	有效百分比/%	累积百分比/%
高一（2）班	A	9	18.8	18.8	18.8
	C	38	79.2	79.2	97.9
	D	1	2.1	2.1	100.0
高一（8）班	A	11	22.4	22.4	22.4
	C	34	69.4	69.4	91.8
	D	2	4.1	4.1	95.9
	E	2	4.1	4.1	100.0

从表5-1-2可以看出，对该概念的误区，仍主要存在于选项C，这一结论与班级有一定的关系，表现在高一（2）班有79.2%的学生选了此选项，而高一（8）班只有69.4%的学生选了此选项。

（3）按性别分类统计分析。

表5-1-3　第10题性别与选项统计数据

性别	选项	频率	百分比/%	有效百分比/%	累积百分比/%
男	A	10	20.4	20.4	20.4
	C	35	71.4	71.4	91.8
	D	2	4.1	4.1	95.9
	E	2	4.1	4.1	100.0
女	A	10	21.3	21.3	21.3
	C	36	76.6	76.6	97.9
	D	1	2.1	2.1	100.0

从表5-1-3看来，选择了正确选项A的男生占男生总数的20.4%，女生则占女生总数的21.3%，而对主要误区选项C，有71.4%的男生选了此选项，76.6%的女生选了此选项。可见，对于问题的正确理解，男生女生比例相差不大，但是对于错误理解的类型，男生要多于女生，而女生的误区更集中在选项C。

2. 对第16题的统计分析

（1）整体统计分析。

表5-1-4　第16题整体统计数据

选项	频率	百分比/%	有效百分比/%	累积百分比/%
A	5	5.2	5.2	5.2
B	7	7.2	7.2	12.4
C	68	70.1	70.1	82.5
D	15	15.5	15.5	97.9
E	2	2.1	2.1	100.0

依题目看来，本题旨在考查学生对于加速度—时间图像中，曲线与横轴所夹面积为速度改变量这一概念。但从表5-1-4调查的数据统计来看，只有15名学生选择了正确答案D，68人选择了选项C，少数学生选择了其他选项。这个结果反映出该调查样本中70.1%的学生存在"加速度纵轴对应为速度增量"的概念误区，而仅有15.5%的学生才有"速度的增量对应图像面积"这一概念。

（2）按班级分类统计分析。

表5-1-5　第16题班级与选项统计数据

班级	选项	频率	百分比/%	有效百分比/%	累积百分比/%
高一（2）班	A	4	8.3	8.3	8.3
	B	4	8.3	8.3	16.7
	C	36	75.0	75.0	91.7
	D	4	8.3	8.3	100.0
高一（8）班	A	1	2.0	2.0	2.0
	B	3	6.1	6.1	8.2
	C	32	65.3	65.3	73.5
	D	11	22.4	22.4	95.9
	E	2	4.1	4.1	100.0

由表5-1-5可知，对该概念的误区，仍主要存在于选项C，这一结论与班级有一定关系，表现在高一（2）班有75%的学生选择了选项C，而高一（8）班有65.3%的学生选择了

选项C。而从选项D来看，高一（8）班有22.4%的学生选择了此选项，但是高一（2）只有8.3%的学生选择了此选项，所以本题的结果与学生所在班级有一定关系。

（3）按性别分类统计分析。

表5-1-6 第16题性别与选项统计数据

性别	选项	频率	百分比/%	有效百分比/%	累积百分比/%
男	A	2	4.1	4.1	4.1
	B	6	12.2	12.2	16.3
	C	31	63.3	63.3	79.6
	D	8	16.3	16.3	95.9
	E	2	4.1	4.1	100.0
女	A	3	6.4	6.4	6.4
	B	1	2.1	2.1	8.5
	C	36	76.6	76.6	85.1
	D	7	14.9	14.9	100.0

由表5-1-6所示可知，选择了正确选项D的男生占男生总数的16.3%，女生则占女生总数的14.9%。而对主要误区选项C，有63.3%的男生选择了此选项，76.6%的女生选择了此选项。可见对于本题的正确理解，男生女生比例相差不大，但是对于错误理解的类型，男生要略多于女生，女生的误区更集中在选项C。

3. 对第18题的统计分析

（1）整体统计分析。

表5-1-7 第18题整体统计数据

选项	频率	百分比/%	有效百分比/%	累积百分比/%
A	1	1.0	1.0	1.0
B	92	94.8	94.8	95.9
C	2	2.1	2.1	97.9
E	2	2.1	2.1	100.0

依题目看来，本题旨在考查学生对于速度—时间图像中，曲线与横轴所夹面积为位移这一概念。从表5-1-7调查的数据统计来看，有92名学生选择了正确答案B，少数学生选择了其他选项。这个结果反映出该调查样本中94.8%的学生能正确应用速度—时间图像计算物体的位移。

（2）按班级分类统计分析。

表5-1-8　第18题班级与选项统计数据

班级	选项	频率	百分比/%	有效百分比/%	累积百分比/%
高一（2）班	A	1	2.1	2.1	2.1
	B	44	91.7	91.7	93.8
	C	1	2.1	2.1	95.8
	E	2	4.2	4.2	100.0
高一（8）班	B	48	98.0	98.0	98.0
	C	1	2.0	2.0	100.0

由表5-1-8所示，对该概念，绝大多数学生能正确理解并正确计算。但不同班级学生的正确答题率差异也较大。显然，高一（8）班的情况较好一些。

（3）按性别分类统计分析。

表5-1-9　第18题性别与选项统计数据

性别	选项	频率	百分比/%	有效百分比/%	累积百分比/%
男	A	1	2.0	2.0	2.0
	B	46	93.9	93.9	95.9
	C	1	2.0	2.0	98.0
	E	1	2.0	2.0	100.0
女	B	45	95.7	95.7	95.7
	C	1	2.1	2.1	97.9
	E	1	2.1	2.1	100.0

从表5-1-9可知，选择了正确选项B的男生占男生总数的93.9%，女生则占女生总数的95.7%。可见，对于本题的正确理解，男生女生比例相差不大。但对于错误理解的类型，男生要略多于女生，女生的错误概念类型更少。

三、调查结论

综上所述，从本次调查的数据看来，可以得到以下两个结论。

（1）绝大部分学生知道并能运用速度—时间图像去算物体的位移，但是当知识迁移到加速度—时间图像算速度改变量时，绝大部分学生就不能正确计算了，这反映出学生的迁移能力有待加强。

（2）从数据分析看来，这两个班学生的错误概念分布与班级以及性别的关系并不十分明显，但是对于错误选项的类型来说，男生的错误类型通常多于女生，而女生的错误更集中。

Ⅱ. 案例评析

这是一名在校本科师范生撰写的教育调查报告。撰写该报告的时间是在教育实习期间。此前，他已经完成了32个学时的"物理教育研究方法"专业选修课程。在该课程中，他学习了物理教育实证研究的基本方法，并初步掌握了SPSS的基本操作和统计分析方法。

该调查报告的可取之处在于：①结构基本合理。全文分为调查设计、调查过程和调查结论三部分，这三部分做到了前后呼应。调查过程中的数据分析成为调查结论的基础，调查结论是数据分析的总结。在正式进行数据分析之前，对试卷中的原题进行呈现，使读者对于数据分析的内容一目了然。②方法基本得当。该调查主要采用"问题测试+数据分析"的方法。该方法也是调查研究的通用方法。测试工具采用TUG-K，该测试卷经过精心的研制和多年大范围的使用和修订，具有较高的信度与效度。数据统计采用国际流行的统计软件SPSS，使得统计过程十分快捷，而结果呈现也比较明晰。

该调查报告存在问题主要表现在以下三个方面：一是分析尚待深入。一般而言，调查报告与研究报告区别不大。如果说有区别，那就是后者强调过程而前者不太强调过程。但对于结论，两者都较为重视。调查的结论一般都是基于数据分析，数据分析不够深入，调查的结论也就不可能深入，其研究价值就会由此而大打折扣。当然，这里的分析不够深入与调查方法不够完备有关。二是方法尚可加强。该调查采用工具评测的方法，了解到高中学生在理解运动图像，尤其是对加速度—时间图像理解当中存在的问题。但仅仅是发现了问题，而没有弄清出现这些问题的原因。要想解决这个问题，可以在评测的基础上再设计一次访谈。具体做法是：找到出现问题的学生（要想能够找到出问题的学生，就得在评测试卷中预留一个地方让学生填写姓名），进行一对一的访谈。具体来说，就是让访谈对象重做出问题的题目，并要求其解释选择该错误选项的原因。另外，在进行数据分析时，多次在对某一个选项上的选择率进行性别比较时，得出"男生选择该选项的人数（百分比）明显高于女生……"，其实这样的表述是有问题的。正确的做法是以选择的人数为依据进行 χ^2 检验。所以，只有方法到位了，分析才能深入。三是规范尚需学习。主要表现在摘要和调查设计的写作规范上。先说摘要的撰写。该报告摘要存在的问题是没有讲清调查的内容以及调查的结果。一般来说，摘要中只作客观描述，不作主观判断。再说说调查设计的写作。该报告中的调查设计部分存在的问题，是没有将调查对象的情况交代清楚，如HD附中是一所什么类型和层次的学校，高一（2）和（8）班的两个班各有多少名学生，两个班级在全年级当中处于什么样的水平，等等，这些都是需要交代清楚的。

第二节　物理开题报告案例

这里的开题报告指的是本科生和硕士生在正式开始撰写毕业论文或者硕士学位论文之前，向相关专家组成员所做的关于论文研究准备情况的书面报告。下面介绍的两篇开题报告的作者，分别是物理教育专业的本科生和硕士生。

案例一：本科生的开题报告

I. 案例内容

高中学生物理本质观和学习方式调查

郑　俊

一、本课题研究的目的意义

物理本质是科学本质的一个组成部分。对于科学本质的研究来自科学哲学，这种研究的热潮目前已经渗透到物理教育领域。研究表明，学生对于物理本质的看法直接影响到他们学习物理的方式、质量和水平。因此，不少专家学者呼吁，要强化科学本质观的教育，要将隐形的科学本质教育显性化。为了提高物理本质观教育的针对性和实效性，我们认为有必要对于我国学生的物理本质观进行系统调查，取得第一手材料。本课题研究采用美国亚利桑那州立大学编制的科学本质观及学习方式调查问卷（VASS）对我国高中学生进行调查，并在问卷调查的基础上做重点学生的个别访谈，以把握我国高中学生物理本质观和物理学习方式的一般性特征以及形成原因，为我国中学物理教学提供建设性的意见与建议。

二、本课题国内外研究现状

（一）国内的研究现状（结论）

（1）科学需要且依赖于经验证据。

（2）不存在适用所有科学研究的既定科学方法。

（3）科学知识是暂时的但也是确定的。

（4）科学是高创造性行为。

（5）科学含有主观因素。

（二）国外的研究现状

关于科学本质的内涵，一般认为涉及"科学知识的本质"和"科学探究的本质"。欧美比较权威的观点主要有：

1. 鲁巴和安德森的科学知识本质观

他们在实证基础上提出了科学知识本质的六个特征：

（1）非道德性。科学知识的应用是可分好坏的，而科学知识本身是没有好坏的。

（2）创造性。科学理论就像艺术工作一样是人们创造出来的。

（3）简约性。如果两个科学理论都能较好地解释一种现象，那么选择较简单的一种。

（4）发展性。科学知识并非真理，可以被修改甚至被推翻。

（5）可验证性。科学知识必须建立在证据的基础之上，并可被反复验证。

（6）同一性。各领域的科学学科构成科学知识的整体，而且它可使人们了解自然界的运行规律。

2. 莱德曼的科学认识本质观

美国研究科学本质的资深专家莱德曼认为，科学的本质是科学认识论，科学是一种获得知识的途径，或与科学知识的发展相一致的价值和信念。

3. 科莱特和奇尔伯特的科学探究本质观

他们认为科学本质即科学探究，其内涵和范畴如下：

（1）科学是探究自然界的"思考"方式，即科学必须建立在真实的证据之上，甚至根据证据可以推翻权威；科学知识是无法绝对客观的，只能尽量避免偏见与误差；归纳法与演绎推理是科学研究的重要方法，但它们也有局限性。

（2）科学是一种探究的方式。科学家所采用的方法没有不变的程序，但是对问题的研究必须采取有组织的方式，并拒绝接受毫无根据的资料，而且还要坚持这样一种观念：仅靠合适的方法未必能真正解决问题，因为并非所有问题都能解决。

（3）科学知识是暂时的，动态性的。科学家使用所谓科学的方法来建立科学知识体系，但这些科学知识必须经常面对质疑、验证，进而发现其错误的地方，再加以修改甚至完全推翻，或证实其合理性从而接受它。

分析英国国家科学课程标准中有关科学本质的教育内容，基本包含了以下几方面的科学本质观：科学知识具有暂定性；科学依赖实验证据；科学是解释现象的一种尝试；新知识应公开、清晰；科学家是具有创造性的；科学是社会传统的一部分；科学受社会和历史环境的影响等。可以看出，根据学生的发展水平，在不同学段对这些观点的教学要求也有所侧重，体现了科学本质教育的阶段性和连续性。

三、本课题的研究内容

本研究主要从两个维度对部分高中学生的科学认识观进行调查分析。

（一）科学维度

1. 结构

科学在本质上是发现知识的模式而不是直接感知的事实。

2. 方法论

科学的方法是系统的、通用的，而不是特殊的、独特的；数学是科学用来描述科学理论的工具，而不是知识的来源。

3. 有效性

科学结论只是近似的、可验证的，而不是绝对精确的一个最终结论。

（二）认知维度

1. 易学性

科学属于那些愿意努力去学习的人而不是那些所谓的天才；科学上的成就更多取决于个人努力而不是老师的课堂教学或作业。

2. 反思性

对科学意义的理解需要如下几点。

（1）更专注于科学原理的使用而不是仅仅记忆它。

（2）从多方面来验证而不是单一的权威。

（3）在积累新知识之前应寻找与已掌握知识之间的差异。

（4）建立新的知识体系需要创新。

3. 独特性

科学与每个人的生活都息息相关，而不是只属于科学家；科学可用来美化生活而不是仅仅为了课程的需要。

四、本课题研究的实施方案与进度安排

（1）收集并阅读、翻译、整理相关中外文献（2015.1.10）。

（2）撰写开题报告PPT并做好开题准备（2015.3.7）。

（3）在论文开题报告会上做开题报告（2015.3.8）。

（4）进行问卷调查，实施访谈活动（2015.3.20）。

（5）整理问卷调查数据和访谈资料（2015.4.10）。

（6）撰写论文初稿，并在指导老师的指导下完成论文的修改（2015.5.5）。

（7）做好答辩准备（2015.5.9）。

（8）参加论文答辩（2015.5.10）。

五、已查阅的主要参考文献

1. 高中物理教学中的科学本质教育 [M]. 黄宏梅2006

2. 论学生的科学本质观 [M]. 刘儒德，倪男奇2002

3. 新课程高中物理科学本质观教育目标探析 [M]. 查赞琼，钱长炎2011

4. 高中生科学本质观及其影响因素的研究 [M]. 严文法2009

5. 访谈技巧 [M]. 格丽妮斯 [英] 2000

6. 调查设计与评估 [M]. 富勒 [美] 2010

7. 科学的本质与学生科学本质观的培养 [M]. 蔡启勇，靳玉乐2008

8. 初中学生科学本质观的现状调查研究 [M]. 余莹霞2009

II. 案例评析

这是一名在校本科生在正式开始论文撰写之前所准备的开题报告。该生没有学习过"物理教育研究方法"课程，因为当时还没有开设该课程。虽然在撰写开题报告的过程中

看了一些研究方法和写作规范方面的文献，但还只是有了一些抽象和碎片化的知识，所以相关的方法和规范其实知道得还不多。

尽管如此，由于该生的好学与勤奋，该开题报告还是有可取之处的，主要有两点：一是研究目的和意义的阐释比较清晰；二是国外的相关研究文献掌握和梳理得较好，尤其是对科学本质相关文献的梳理较为突出。

存在问题主要有三点：第一是实施方案欠缺。前面讲过，开题报告的主要目的，是向专家组成员呈现研究者就即将展开的研究所做的前期准备。准备好了就可动手写论文，否则就得重新准备、重新开题。需要准备什么呢？一是你打算研究什么，二是你打算如何研究。如何研究就是实施方案。显然在上述开题报告的第四部分，只罗列了研究的进度安排而忽略了更为重要的实施方案。第二是方法综述不够。前面谈到，该开题报告在综述国外的相关研究现状部分做得不错，尤其是科学本质的综述部分做得较好。但这些综述都是在谈别人的研究结论，没有讲他们是怎样研究的，也就是说没有综述别人的研究方法，而方法的综述其实是实证类论文或开题报告中一个非常重要甚至是不可或缺的内容。此外，国内的研究现状部分也过于简略。第三是形式规范尚待加强。主要表现在参考文献和进度安排的呈现方式有些问题。一般来说，进度安排应当按照时段为单位来组织，而不应当以时间节点来表述，如"2015年11月—12月：收集整理相关资料"的表述是合理的，而"2015年11月30日：收集整理相关资料"就不太合理了。该开题报告中的参考文献的呈现方式是不符合学术规范的。规范的方法见第一章第三节。

案例二：硕士生的开题报告

I. 案例内容

高中物理基于物理学史的科学本质教育研究

何晶晶

一、选题依据

（一）研究背景

随着科学事业的发展和科学目标的转变，科学本质观日益受到专家、学者的关注，并逐步成为科学教育的重要目标。美国科学促进协会（AAAS）和国家科学教师协会特别强调科学教育要提高学生对科学本质的理解。很多国家和地区都将科学本质教育的目标和要求纳入了课程标准之中。最具影响力的是美国的"2061计划"和美国的《国家科学教育标准》。

2001年我国开始了新一轮的基础教育课程改革，将科学教育定位于提高学生的科学素养。在2003年新颁布的课程文件《普通高中物理课程标准（实验）》当中，就课程性质明确指出[①]："高中物理是普通高中科学学习领域的一门基础课程，与九年义务教育物理或科学课程相衔接，旨在进一步提高学生的科学素养。"而科学本质恰是科学素养的核心成分之一。科学课程标准中对科学本质的明确要求代表科学本质教育已经进入我国科学课程和科学教育的领域，关于科学本质的表述反映了当前我国科学教育领域对科学本质的基本认识。

虽然新颁布的高中物理课程标准中将课程目标定位于知识与技能、过程与方法、情感态度与价值观三个方面，但是在实际教学过程中，教师和学生仍然缺少对科学本质的认识，科学本质观也不容乐观。我国科学本质观的研究刚刚起步，大部分还处于对国外研究的模仿以及引入阶段，在物理学科中的科学本质研究更是少之又少。因此，为提高国民的科学素养，我们必须强化对于学生的科学本质观的研究和教育。

（二）国内外相关研究现状

1. 国外研究现状

美国科学促进协会在《面向全体美国人的科学》中对科学的本质的描述分为三个部分：科学世界观、科学探索和科学事业。

表5-2-1　《面向全体美国人的科学》中对科学本质的描述

科学世界观	（1）世界是可以被认知的。 （2）科学理念是会变化的。 （3）科学知识的持久性。 （4）科学不能为所有问题提供完整答案
科学探索	（1）科学需要证据。 （2）科学是逻辑和想象的融合。 （3）科学解释和预见。 （4）科学家要努力鉴别、避免偏见。 （5）科学不仰仗权威
科学事业	（1）科学是一项复杂的社会活动。 （2）科学由学科内容组成、由不同机构研究。 （3）科学研究中有着普遍接受的道德规范。 （4）科学家在参与公共事务时既是科学家也是公民

Moss从科学事业与科学知识两个方面总结了科学本质观的八个特性。

---

① 中华人民共和国教育部.普通高中物理课程标准（实验）[S].北京：人民教育出版社，2003.

表5-2-2　Moss对科学本质的描述

科学事业	（1）人类可以通过科学探究来描述、认识和理解世界，但是科学只是我们认识世界的一种方式。 （2）科学探究致力于解释和预测现象、比较理论、对前人研究结果的检验并产生新的问题。 （3）科学探究需要逻辑思维、想象力、好奇心、偶然发现新奇事物的天赋。 （4）科学是一种社会活动，影响并反映着社会的需求。科学家也受到文化和个人经验的影响。 （5）提出问题、收集并分析数据、得出结论、交流讨论是科学研究的主要阶段。实验和自然观察都会在研究设计中用到
科学知识	（1）科学知识需要实证，并得到检验。 （2）科学并不能为所有的问题提供完整的答案。 （3）科学知识具有暂定性和发展性

　　随着对科学本质的研究和发展，逐渐形成了对科学本质相对稳定的看法。Osborne等人进行了关于"学校理科课程中应该包括哪些有关科学本质方面的观念"的调查，总结出科学本质可以从以下十个方面描述。

表5-2-3　Osborne等人对科学本质的描述

科学知识	（1）确定性：学生应该了解为什么很多科学知识，尤其是学校科学课程中教的知识，是已经被充分地证明过的且不受质疑的，而其他一些科学知识则是更开放的、接受质疑的。 （2）科学知识的历史发展：应该交给学生科学知识发展的一些历史背景
科学方法	（1）科学方法与批判性验证：应该让学生知道科学运用实验的方法验证观点，有时候为达到目的需要运用一定的技术（如条件控制技术）；学生也应该清楚，一个实验的结果不能有效地证明一个科学论断。 （2）数据的分析与解释：应该让学生知道对数据的分析与解释技能是科学实践的重要方面。科学结论不能简单地出现在数据中，而需要通过一个解释和理论构建的过程，这个过程可能要求复杂的技能，科学家对相同的数据形成不同的解释，彼此出现分歧是可能的也是合理的。 （3）假设与预测：学生应了解科学家们形成对自然现象的假设和预测是形成新知识的必要环节。 （4）科学思维的多样性：学生应该了解在科学研究中科学家运用一系列的方法和手段，但并不存在一个统一的或唯一的科学方法和研究途径。 （5）科学的创造性：学生应该领会到科学同人类其他许多活动一样，是一种包含了很多创造与想象成分的活动。一些科学成果是超常的智力成果。同其他很多职业一样，科学家们有着同样的热情，并沉浸于依赖灵感和想象的人类事业中。 （6）科学与提出问题：应该让学生知道一个科学家工作的重要方面就是不断地和反复地提出问题与寻求答案，之后引发新的问题

（续表）

科研群体与 社会实践	（1）科学知识发展过程中的合作与协作：科学工作是一个公共的竞争性的活动，尽管个人可以作出重大贡献，科学工作还是经常由群体实施，经常具有一种跨学科和跨国家的性质。新知识通常要由科学共同体接受并承认，并必须经得起共同体的质疑和批评。 （2）科学与技术的相互作用也达成了基本的共识：学生应该了解尽管科学与技术存在重大差异，但二者是不断地发生相互作用的。新知识的发现依赖于技术的运用，同时新知识又能促进新技术的发明

通过以上分析，我们发现可以从科学知识、科学探究、科学事业三个维度对科学本质进行阐述。

在进行科学本质定义的研究同时，很多专家、学者也将研究领域延伸到科学本质的教学策略。其中，最为主要的教学策略即为科学史的教学策略。目前主要有两种比较典型的模式，即马修斯的适度模式、孟克和奥斯本的融合模式。

马修斯的适度模式：1994年，澳大利亚科学哲学教授迈克尔·马修斯（M.R.Matthews）提出适度模式的科学史教学，他认为理科教师应该多懂一点科学哲学、科学社会学和科学史，倡导把科学本质的内容纳入科学课程与教学中。但同时他也认为，期望所有理科教师和理科师范生都成为有能力的科学哲学家、科学史学家或者科学社会学家是不现实的，应当把目标限制在让教师或师范生了解课堂上出现的有关认识论和科学本质的问题范围内。马修斯认为，课堂上，哲学问题无处不在，教师和学生都应该问一问哲学家们经常问的问题：你所说的……是什么意思？你是如何知道……的？这种初步的哲学分析会使学生更好地理解它们所蕴含的独特的经验和概念问题。同时，这种方法也在一般意义上促进了批判性思维和反省思维。

孟克和奥斯本的融合模式：1997年，英国伦敦大学皇家学院的科学教育学者孟克（M. Monk）和奥斯本（J. Osborne）在总结历史经验与教训的基础上，结合当前关于科学课程改革的新观点（如建构主义学习观），提出了把科学史和科学哲学（HPS）融入科学课程与教学中的模式。这一模式假设学习的课题是科学史上某一个科学家曾经研究过的自然现象，如落体的运动规律的探索，动物获取食物的途径以及燃烧现象的研究等，教学共分为六个阶段。如表5-2-4所示。

表5-2-4　孟克与奥斯本的融合模式

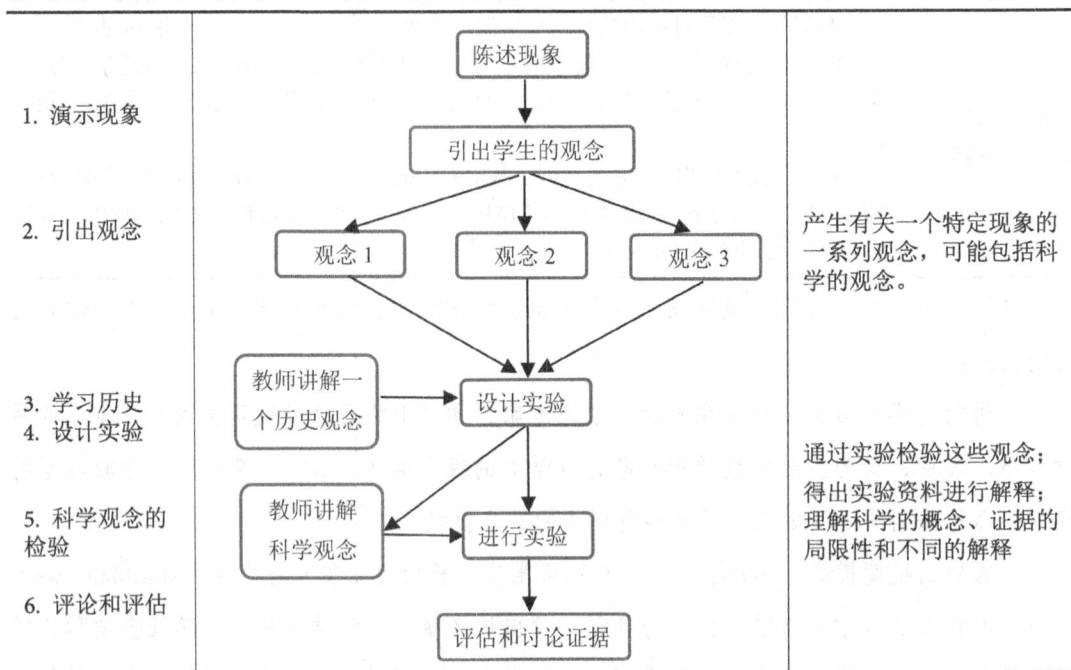

步骤	流程	说明
1. 演示现象	陈述现象 → 引出学生的观念	
2. 引出观念	观念1　观念2　观念3	产生有关一个特定现象的一系列观念，可能包括科学的观念。
3. 学习历史 4. 设计实验	教师讲解一个历史观念 → 设计实验	
5. 科学观念的检验	教师讲解科学观念 → 进行实验	通过实验检验这些观念；得出实验资料进行解释；理解科学的概念、证据的局限性和不同的解释
6. 评论和评估	评估和讨论证据	

2. 国内研究现状

国内方面，随着新课程标准的颁布，关于科学本质的讨论与研究逐渐受到重视，但相关研究才刚刚起步，相关的教学实践则更少。

我国在科学本质的研究方面，主要是对科学本质观的调查研究，如东北师范大学历晶对中学化学教师和学生的科学本质观的研究、南京师范大学陈维霞对理科师范生的科学本质观的研究、梁永平对理科教师和高中生的科学本质观进行的调查研究等。

这些研究与国外的一些相关研究结果基本一致，学生对科学知识的客观性、暂时性、逻辑性、科学理性以及观察和实验的科学方法都有一定的认识，但对科学研究过程和科学事业的理解很肤浅。教师对科学本质的认识多停留在实证主义的基本观点上，还不能接受后现代主义的一些观点，对科学本质的有关问题接触不多、认识不深。

在科学本质的教育策略中，我国一直都是较为重视及推崇科学史的教学策略。首都师范大学姜锋采用在科学课程中加入科学史内容的研究，东北师范大学历晶提出了融合化学史于化学教学中培养学生科学本质观的研究，华东师范大学侯新杰提出历史探究的教学策略等。研究表明，大多数学生认为喜欢科学史内容，且科学史内容有助于学生的学习，不会对他们的科学成绩产生负面影响。

科学本质观这一领域的专家、学者虽然在一定程度上认识到了物理学史的科学本质教育价值，基本主张和赞同将物理学史融入课程中，运用物理学史进行科学本质教育，但是很多看法都是来自理论研究，缺乏实证研究证据。关于物理学史的教学建议大多还停留在"渗透"的层面，以理论叙述为主，结合物理学内容的深入研究很少。

3. 选题的意义

第一，综观以上国内外的研究现状，可以发现无论是国外还是国内，都缺少针对具体学科的科学本质教育地位与价值的探讨。

第二，虽然很多研究者吸收当代科学哲学的研究成果，从不同的视角提出了科学课程中科学本质的含义与结构，并且已经取得了基本一致的观点，主要包括科学知识、科学探究和科学事业三个维度的内容。但是在我国分科课程背景下仍缺少针对高中不同阶段物理课程的科学本质教育目标和内容的研究。

第三，对于如何进行科学本质教育，研究者们提出了很多策略与课程，其中最重要的两种是科学探究策略和科学史策略，但这些原则性的教学策略并不能给教师提供具体的实施科学本质教学的路径，在科学本质教育的理念和教学实施之间，需要通过教学设计为它们建立联系，帮助教师有效地设计并实施科学本质教育。

我国高中物理课程中虽已经包含了科学本质教育因素，物理教育研究者和教师已经积累了一些研究和实践经验，但这些还不够深入和系统化，仅有的一些较为空虚的理论研究成果并不足以对他们起到很好的指导作用。

本研究立足于高中物理学科，借鉴国内、外科学本质教育的研究成果，吸收我国物理教育中的传统和有益经验，系统探讨中学物理课程中科学本质教育的问题，为教师提供具体的科学本质教育的教学路径。

二、研究的基本内容

（1）科学本质教育的价值。

（2）科学本质教育的目标。

（3）运用物理学史进行科学本质教育的教学设计。

（4）运用物理学史进行科学本质教育的教学实践。

三、研究步骤方法及措施

（一）拟采取的研究方法

1. 文献法

通过文献综述阐明研究现状，并在此基础上提出研究问题。

2. 问卷调查法

设计多份不同角度问卷对武汉市第四十九中学高一年级的两个班级进行科学本质观调查，并运用SPSS软件对调查结果进行分析。

（二）研究设计思路

（1）以新课程的三维目标为依据，探讨科学本质教育对全面发展学生科学素养的价值，进而采用问卷调查法，了解教师对科学本质教育价值的认识。

（2）从理论上提出科学本质教育目标的三维结构，以此为依据设计科学本质教育分析量表，采用定量与定性分析相结合的方法对课程目标中科学本质教育目标进行考察；设计学生、教师调查问卷，了解学生科学本质观的现状，以及教师对科学本质教育目标的看法；最后以理论研究结果、文本分析和调查结果为依据，提出高中物理课程中科学本质教育的目标。

（3）抽取两个班级，其中一个作为实验班，运用预先准备好的物理学史教学设计进行教学；另外一个作为控制班，不特别采取物理学史教学策略。通过问卷调查的定量分析，对比在经过一个学期的不同教学策略后，两个班的学生对于科学本质观的认识是否有所不同，尤其是实验班学生对于物理学史教学的反响，通过运用物理学史对学生进行科学本质教育的效果反映出此种教学策略的可行性以及科学性。

（三）可行性分析

（1）笔者将于2010年9月—2011年5月在武汉市第四十九中学实习两个学期，其间，将对该校高一两个班的学生进行问卷调查，并且对部分物理教师进行问卷调查，在实习学校做师生观念的调查，应该不会有太大的困难。

（2）笔者从导师那里获得很多关于科学本质教育的国内外最新文献。这些都将形成论文研究重要的理论基础。

（四）本研究的特色与创新之处

由于国外对中学科学本质教育的研究要远远早于我国，因此国外已经有许多关于中学物理或是科学教师的科学本质教育的观念、行为及其关系的研究。但在国内，此类研究明显较少，并且尚无对处于一线物理教师的科学本质观及其相应的科学本质教育行为进行详细的研究，因此本研究把重点放在这个问题，即基于物理学史的高中科学本质教育的教学设计上，具备一定的创新价值。

四、工作进度安排

2009年12月—2010年5月：收集与物理学史、HPS、科学本质、高中物理教学相关的国内外文献资料。

2010年5月—2010年6月：将调查问卷发放到武汉市常青高中进行问卷预测。

2010年6月—2010年7月：利用SPSS软件对问卷调查进行信度分析。

2010年9月—2010年11月：对所选择的调查对象进行问卷调查。

2010年11月—2010年12月：收集发放出去的问卷调查。

2011年1月—2011年5月：利用SPSS软件对问卷进行分析，而后撰写论文。

五、主要参考文献

［1］美国科学促进协会.面向全体美国人的科学［M］.北京：科学普及出版社，2001.

［2］卡约里.物理学史［M］.戴念祖，译.桂林：广西师范大学出版社，2002.

［3］劳厄.物理学史［M］.戴念祖，译.北京：商务印书馆，1978.

［4］封小超，王力邦.物理课程与教学论［M］.北京：科学出版社，2006.

［5］郭奕玲，沈慧君.物理学史［M］.北京：清华大学出版社，2003.

［6］胡化凯.物理学史二十讲［M］.合肥：中国科学技术大学出版社，2009.

［7］刘兵，江洋.科学史与教育［M］.上海：上海交通大学出版社，2008.

［8］刘力.新课程理念下的物理教学论［M］.北京：科学出版社，2007.

［9］李尚仁.高中物理课程标准教师读本［M］.武汉：华中师范大学出版社，2003.

［10］李艳平，申先甲.物理学史教程［M］.北京：科学出版社，2003.

［11］谢邦同.世界经典物理学简史［M］.沈阳：辽宁教育出版社，1988.

［12］朱铉雄.物理学方法概论［M］.北京：清华大学出版社，2008.

［13］周青.科学课程教学论［M］.北京：科学出版社，2007.

［14］张宪魁，李晓林，阴瑞华.物理学方法论［M］.杭州：浙江教育出版社，2007.

［15］加涅.教学设计原理［M］.皮连生，译.上海：华东师范大学出版社，2005.

［16］MONK M, OSHORNE J. Placing the history and philosophy of science on the curriculum：a model for the development of pedagogy［M］. Science Education，1997.

［17］陈维霞.科学本质观的调查研究及对理科师范教育的启示［D］.南京：南京师范大学，2006.

［18］侯新杰.物理学史与物理教学结合的理论与实践研究［D］.兰州：西北师范大

学，2005.

［19］姜锋.高中生科学本质观的现状与转变［D］.北京：首都师范大学，2005.

［20］历晶.中学生的科学本质观及其在化学教学中的培养策略［D］.长春：东北师范大学，2006.

［21］田春凤.中学物理课程中科学本质教育的研究［D］.北京：北京师范大学，2009.

［22］王丽华.系统教学设计理论和模式研究［D］.杭州：浙江师范大学，2003.

［23］丁邦平.HPS教育与科学课程改革［J］.比较教育研究，2000（6）.

［24］丁邦平.科学元勘与科学教学改革的两种模式［J］.全球教育展望，2001（11）.

［25］李富强，冯爽.HPS教育视野中的"自由落体运动"课堂教学设计［J］.物理教学探讨，2006（12）.

［26］刘儒德，倪男奇.论学生的科学本质观［J］.比较教育研究，2002（8）.

［27］李艳梅，郑长龙.国际科学史和科学哲学教育的发展及其对我国理科教育改革的启示［J］.比较教育研究，2009（5）.

［28］梁永平.理科教师科学本质观调查研究［J］.教育科学，2005（3）.

［29］马勇军，吴俊明.国际教育评价协会对HPS教育的考察及启示［J］.全球教育展望，2006（5）.

［30］王慧君，王桂秀.HPS教育及对我国科学教育盖个的启示［J］.河南职业技术师范学院学报，2008（3）.

［31］袁维新.国外科学史融入科学课程的研究综述［J］.比较教育研究，2005（10）.

［32］袁维新.科学史教育的教学价值与教学模式［J］.教育科学研究，2004（7）.

［33］ABD-EL-KHALICK F, LEDERMAN N G. Improving science teachers'conceptions of nature of science：a critical review of the literature［J］. International journal of science education，2000，20（7）.

［34］OSBORNE J, COLLINS S, RATCLIFFE M, et al. What "Ideas-about-Science" should be taught in school science? a delphi study of the expert community［J］. Journal of research in science teaching，2003，40（7）.

［35］MOSS D M, ABRAMS E D, ROBB J. Examining student conceptions of the nature of science［J］. International journal science education，2001，23（8）.

［36］人民教育出版社，课程教材研究所，物理课程教材研究开发中心.普通高中课程标准实验教科书物理必修1［M］.北京：人民教育出版社，2007.

［37］中华人民共和国教育部.普通高中物理课程标准（实验）［S］.北京：人民教育出版社，2003.

Ⅱ. 案例评析

本开题报告的作者是一名物理学科教学论专业的两年全日制教育硕士生。此前已经学习过不少学时的教育统计与测量等课程。但因当时尚未开设"物理教育研究方法"课程，所以该生没有经历过研究方法，尤其是实证方法的系统训练。

尽管如此，对于一名两年制的教育硕士生来说，在很短的时间内阅读了相当数量的中外文献，并做出这样一份开题报告，还是难能可贵的。具体来说，本案例中的开题报告仍有以下可取之处：一是从整体上讲比较规范。对开题报告的必备内容，如选题依据、研究内容、研究方法、研究步骤、进度安排、参考文献等内容的文字表述及图表呈现都较为明晰，语言也较为精练。二是文献综述中的结论部分较为完整。结论综述的完整大致得益于文献收集的完整。应该说，作为一篇专业硕士论文的开题报告，呈现出如此数量的相关文献并整理到如此水平，是不简单的，我们不难想象作者为此所遇到的艰辛和付出的努力。

该开题报告值得改进的地方如下：其一，方法部分的综述需要加强。前面讲过，该开题报告中他人研究结论部分的综述做得不错，但方法部分几乎没有涉及。也就是说，文献综述既要说别人研究的结果，也要说别人研究的方法，而且必须在此基础上引出研究者自己的研究方法来。其二，国内相关研究综述有所遗漏。其实，在科学本质观教育领域里，我国研究者不仅做了大量的引进介绍工作，还有人在教育实践层面上做了比较扎实的实验研究。对于初学者而言，资料收集过程中的文献遗漏是常见的也是可以理解的，但应当引起研究者本人的高度关注。因为只有完备的文献才能保证高质量的综述。其三，研究步骤需要细化。从标题上看，该研究是一项实证研究，既有科学本质观的调查，也有基于物理学史的科学本质观的教学设计和实验研究。调查的步骤有了，但实验的步骤明显不足。此处可以补充的内容：实验班、控制班的选取理由，他们是否处于一个水平，如果两个班在学习成绩上不均等，该如何在统计方法上做文章；执教教师由谁担任，为何选他，他是否有机会同时给两个班上课。除此之外，在开题报告中甚至可以做出一个可能应用的、基于物理学史的科学本质观教育的教学设计模板，还可以附上访谈提纲、调查问卷等。

第三节　物理毕业论文案例

这里的毕业论文指的是本科生在修完规定的课程之后所做的、以学习研究方法为主要目的的研究活动。一般说来，本科生只有开题报告通过以后，才能动手展开毕业论文的相关研究和撰写。下面是一名本科生毕业论文的案例。至于硕士论文案例，由于篇幅所限，这里不拟呈现。有兴趣的读者可以从网上下载。

I. 案例内容

高中学生物理图形应用能力调查

龚　喆

【摘要】物理图像具有形象、直观、动态变化、过程清晰等特点，能从整体上反映出两个或三个物理量之间的定性或定量关系。合理地将物理图像应用于中学物理教学中，有助于学生理解、掌握物理概念和规律。通过提高学生的分析和解决物理问题的能力，有助于培养学生数形结合、形象思维、科学表达物理规律、灵活处理物理问题的能力。图形方法被认为是一种科学的思维工具，也是物理学中常用的数学工具，对于图形方法掌握的水平直接影响到学生学习物理的质量和水平。本课题主要对我国部分高中学生图形方法掌握和运用情况进行调查研究，依次采用问卷法、访谈法以及文献分析三种方法进行调查分析，以期待对我国中学物理教学中的图形方法教学提供有益的参考意见和建议。

【关键词】高中生；运动图形；理解能力；调查

目录

绪论

本调查借用美国北卡州立大学物理研究组的问卷TUG-K，该项目组采取抽样调查的方法对当地学生进行调查并加以分析。分析结果将问卷题型分为四大类型，将数据统计结果归纳为七种类型加以讨论。本项调查在北卡州立大学物理研究组调查的基础上结合国内教育体制和高中生实际学习情况加以调整，分别采用问卷调查法、访谈法、文献对比分析等方法对高中生物理图形应用能力进行调查研究，以期对我国中学物理教学中的图形方法教学提供有益的参考意见和建议。

1 文献回顾

1.1 国外相关研究过程与结果

北卡州立大学物理研究组在其发表的文章 *Testing Student Interpretation of Kinematics Graphs* 中指出，最近发现许多学生在 s-t、v-t、a-t 方面有困难，突出表现在图表认知错误、斜坡/高度混乱、变量混淆、斜率认定错误、区域认定无知、面积/斜率/高度混乱这六个方面。于是从高中和大学中抽取了895名学生针对运动学图形理解能力进行调查并尝试发现问题。为了更好地分析调查数据，研究组将问卷中的21个题目分为 s-t 图判断速度、v-t 图判断加速度、v-t 图判断位移、a-t 图判断速度的改变量、根据运动图像选择相对应图像、根据运动图像选择合适描述、根据运动描述选择相应图表这七大类型，并引入试卷可信度指数、预估值、期望值和TUG-K系数进行分析统计结果，得出学生在图表认知错误、斜坡/高度混乱、变量混淆、斜率认定错误、区域认定无知、面积/斜率/高度混乱这六个方面的困难所在。归纳原因如下：①图表认知错误。他们认为学生容易将图像认作物体运动的情境图。直接将题目给出的运动图表认定是物体运动情境的具体重复而不仅仅是一种抽象的数学表征。②斜坡/高度混乱。他们认为学生容易将坐标轴上的数值直接读作斜率。③变量混淆。部分学生不会区分位移、速度和加速度。他们经常将这些变量等同看待。当出现坐标轴指标的变化时可能并不会意识到。④斜率认定错误。学生总是容易通过起点判定斜率，然而他们却在决定斜率的线是否经过原点的问题上缺少判断。⑤区域认定无知。当运动学图像是曲线时学生不能准确地辨识区域。⑥面积/斜率/高度混乱。当需要用到坐标轴的数据时，学生总是容易直接拿来作为答案数据使用。

1.2 国内相关研究过程与结果

林芷旭在《图像法在2013年高考物理解题中的应用》一文中纵观2013年高考全国各个省、自治区、直辖市的14套物理试卷，挑出对物理图像的考查部分进行重点研究。研究发现大部分试卷图像涉及题量为2~3道，并涉及各种题型进行全方位的综合考察。至少说明图像在高中学习地位的重要性。文章正文部分主要分四个部分进行探讨，分别是图像的选择、图像的转化、运用图像法求解物理问题和利用图像处理实验数据。在这四个部分中分别选取当年的高考题结合自身工作经验进行对比分析，寻找最合适的解题思路并加以讨论。最终得出结论并建议：物理图像教学应贯穿整个物理教学始终，在平常的物理教学中，更要强调图像的物理意义，方便学生根据物理情景画图、用图。

高扬在《浅谈物理图像在中学物理中的应用》一文中，从"点""线""面""形"四个方面讨论了物理图像基于各个层次的物理意义。最后图文并茂地介绍了物理图像在中学物理实验和解题上的应用。

朱晓明在《函数图像在初中物理中的应用》中提出：函数图像是反映两个或多个变量之间的数量关系，能够进行定性分析和定量计算，应用在物理上有助于学生掌握和理解物理规律与原理，用函数图像来解决一些物理问题也就使问题变得简单化，减少了大量不必要的计算量。

2 研究设计

2.1 研究设计流程图

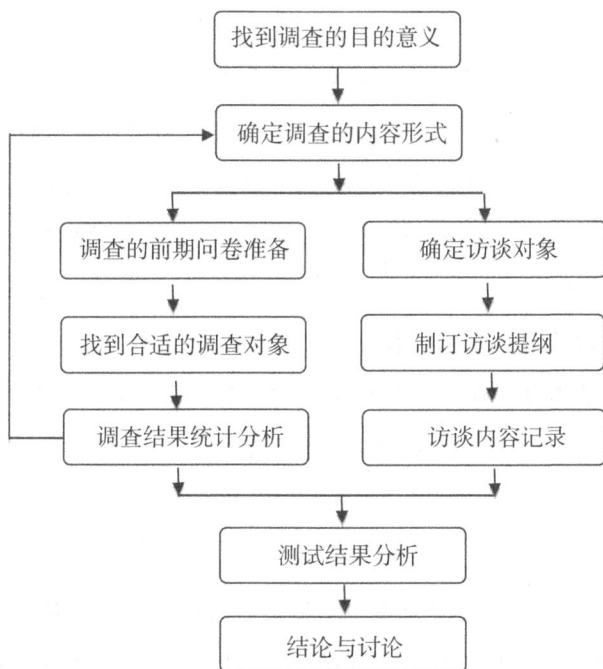

2.2 研究设计说明

2.2.1 找到调查的目的和意义

物理图像具有形象、直观、动态变化过程清晰等特点，能从整体上反映出两个或三个物理量之间的定性或定量关系。合理地将物理图像应用于中学物理教学中，有助于学生理解、掌握物理概念和规律，通过提高学生的分析和解决物理问题的能力，有助于培养学生数理结合、形象思维、科学表达物理规律、灵活处理物理问题的能力。图形方法被认为是一种科学的思维工具，也是物理学中常用的数学工具，对于图形方法掌握的水平直接影响到学生学习物理的质量和水平。本课题主要对我国高中学生图形方法掌握和运用情况进行调查研究，以期对我国中学物理教学中的图形方法教学提供有益的参考意见和建议。

2.2.2　确定调查的内容和形式

本课题是针对高中学生物理图形应用能力的调查研究，调查对象是高中生群体，评测工具采用美国北卡州立大学物理研究组研制的调查问卷。整个问卷分为21道选择题，每道选择题有5个选项。21道选择题中涵盖了高中运动学中可能出现的各种图像。其中包括 s-t 图判断速度、v-t 图判断加速度、v-t 图判断位移、a-t 图判断速度的改变量、根据运动图像选择相对应图像、根据运动图像选择合适描述、根据运动描述选择相应图表这七种题目类型。

2.2.3　找到合适调查对象实施调查

在选取评测对象时，本人曾尝试联系自己实习过的高中学校，但了解后发现，当时实习的那个班级已被打散。于是便通过论文导师联系了湖北大学附属中学的一名在职物理教师，对他所带班级高二（1）班进行全员测试。据了解，该班一共有48名学生，物理成绩分布比较均匀。于是在三月初对该班的学生完成了为期半个小时的测试。测试前强调：本问卷仅用于调查研究，测试结果不会对大家造成不利影响，希望同学们如实填写。

2.2.4　确定访谈对象

根据问卷调查的结果统计数据，找到偏离平均值较大的学生。其中包括对错误多且具代表性的学生和错误少且错误较不普遍的学生进行访谈。按照上述标准，事先确定了三名受访学生，与他们说明了情况，并商定好访谈时间。

2.2.5　制订访谈提纲

访谈问题如下：

（1）你从第×题的题干中可以得出哪些信息？通过哪些条件如何看出这些信息？

（2）回忆当时完成问卷时的想法，详细说明当时完成该题时的真实想法。

（3）图中的 s-t 图是否可以直接用来描述物体的运动轨迹？

（4）分别可以从 s-t 图、v-t 图、a-t 图中得出哪些信息？可以关注图中的哪些位置？如何得出这些信息？

访谈过程中全程录音。事后将访谈录音逐字逐句转换成文字文本。

2.2.6　测试结果分析

通过对测试的结果进行分析后发现，学生出现的问题具有相似性。这种相似性说明了在测试基础上实施进一步访谈的必要性。因为问卷测试只能单一地反映学生普遍存在哪些问题，而访谈却可以精准地找到学生出现问题的原因，所以本人针对问卷调查中出现的普遍性问题，找到相关的学生，对相关学生和教师进行了访谈，使得测试与访谈的结果相互印证、互为补充。

3 研究结果

3.1 数据统计

作答情况如表5-3-1所示。

表5-3-1 问卷测试统计数据

学生编号	各题作答情况																				
	1	2	3	4	5	6	7	8	9	10	11	12	13	14	15	16	17	18	19	20	21
1	B	E	D	C	C	B	A	D	E	C	E	B	D	B	D	B	D	B	C	E	A
2	B	E	C	D	D	B	A	D	D	C	D	B	D	B	A		D	B	C	E	A
3	B	E	D	D	C	C	C	D	E	C	B	B	C	B	A	B	D	B	C	E	A
4	B	E	D	D	C	B	A	D	B	A	B	B	D	B	E	D	C	B	A	E	A
5	B	E	D	D	C	B	A	D	A	A	D	B	D	A	C	B	D	B	D	E	B
6	B	E	D	C	C	B	A	D	E	A	D	B	D	B	D	C	A	A	C	E	A
7	B	E	D	D	C	B	A	D	C	A	C	B	C	B	A	D	A	B	E	E	A
8	B	E	D	D	C	A	A	D	D	D	E	B	D	D	A	D	C	B	C	E	A
9	B	D	E	C	C	B	A	D	B	C	B	B		B	A	D	A	B	C	E	A
10	B	E	D	D	D	B	A	D	D	C	D	B	D	B	A	C	C	B	A	E	B
11	D	E	D	B	C	B	B	C	A	A	A	B	E	B	A	A	A	B	C	E	A
12	D	E	D	C	C	B	A	D	D	A	D	B	D	B	A	D	C	B	E	E	B
13	B	C	D	C	C	B	A	D	B	B	D	B	D	B	A	C	A	B	B	E	A
14	A	E	D	C	C	E	D	A	B	A	B	B	D	B	E	B	C	B	B	E	B
15	B	E	D	C	C	B	A	D	A	A	D	B	D	A	A	C	A	B	C	E	A
16	D	E	D	C	C	B	A	E	B	A	D	B	D	B	A	D	A	B	C	E	B
17	B	E	D	C	C	B	A	D	E	A	A	B	D	B	A	D	A	B	C	E	A
18	B	E	D	C	C	B	A	D	E	A	A	B	D	B	A	E	A	B	C	E	A
19	B	C	D	C	C	B	A	C	B	A	D	B	D	B	A	E	A	A	C	E	A
20	B	E	D	C	C	B	A	D	B	A	B	B	D	B	A	C	A	B	C	E	A
21	B	E	D	C	C	B	B	D	E	A	D	B	D	B	A	D	A	B	C	E	A

学生编号	各题作答情况																				
	1	2	3	4	5	6	7	8	9	10	11	12	13	14	15	16	17	18	19	20	21
22	B	E	D	C	C	B	D	C	C	C	A	B	D	B	C	C	C	B	C	E	B
23	B	E	D	C	C	B	A	D	C	A	D	B	D	B	A	D	A	B	C	E	A
24	B	E	D	C	C	B	A	D	C	C	D	B	D	B	E	B	A	B	C	E	A
25	B	E	B	D	C	B	A	D	E	A	D	B	C	B	A	D	B	B	C	E	A
26	B	E	D	C	C	B	A	D	E	A	D	B	D	B	E	E	B	B	C	E	A
27	B	E	D	C	C	B	A	D	E	A	D	B	D	B	A	D	A	B	C	E	A
28	B	E	D	C	C	B	B	D	E	A	D	B	D	B	A	C	A	B	C	C	A
29	B	E	D	D	C	B	C	D	E	A	B	B	D	B	A	D	A	B	C	E	A
30	A	E	D	C	A	E	A	C	B	C	A	B	D	B	A	B	A	B	C	E	B
31	B	E	D	C	C	B	A	D	D	A	D	B	D	B	A	C	A	B	C	E	A
32	B	E	D	D	C	B	A	D	E	A	D	B	D	B	A	C	A	B	C	E	A
33	B	C	D	D	C	B	A	D	D	C	B	D	C	A	C	A	A	B	C	E	D
34	B	E	D	B	C	B	A	D	B	A	C	B	D	B	A	B	A	B	C	E	A
35	B	E	D	C	C	B	A	D	E	A	D	B	D	B	E	B	A	B	C	E	A
36	B	B	D	C	C	B	A	D	C	A	D	B	E	B	D	B	A	B	C	E	B
37	B	B	D	B	C	B	C	D	A		D	B	D	B	A	B	A	B	C	E	B
38	B	E	D	C	C	A	C	D	C	A	D	A	D	B	A	B	A	B	C	E	B
39	B	E	D	C	C	B	A	D	B	D	D	B	D	B	A	D	B	B	C	E	A
40	B	E	C	D	C	B	A	D	C	A	D	B	D	B	A	C	A	B	C	E	A
41	B	E	D	D	C	B	A	D	E	A	D	B	D	B	A	D	A	D	C	E	B
42	B	E	D	C	C	B	B	D	E	C	D	B	D	B	A	B	A	B	C	E	A
43	B	E	C	C	D	B	B	D	E	A	D	B	D	B	A	D	A	B	C	E	A
44	B	E	D	D	C	B	A	D	E	A	D	B	D	B	A	D	A	B	C	E	A
45	B	E	D	C	C	B	A	D	E	A	B	B	D	B	A	D	A	B	B	E	A
46	B	E	D	D	C	B	A	D	E	A	D	B	D	B	A	D	A	B	B	E	A
47	B	E	D	D	D	B	A	D	E	A	D	B	D	B	A	D	A	B	C	E	A

（续表）

学生编号	各题作答情况																				
	1	2	3	4	5	6	7	8	9	10	11	12	13	14	15	16	17	18	19	20	21
48	B	E	D	D	D	B	A	D	E	A	D	B	D	B	A	B	A	B	C	E	A
正确答案	B	E	D	D	C	B	A	D	E	A	D	B	D	B	A	D	A	B	C	E	A

注：问卷题目21题，被测学生48名。

3.2　找到问题

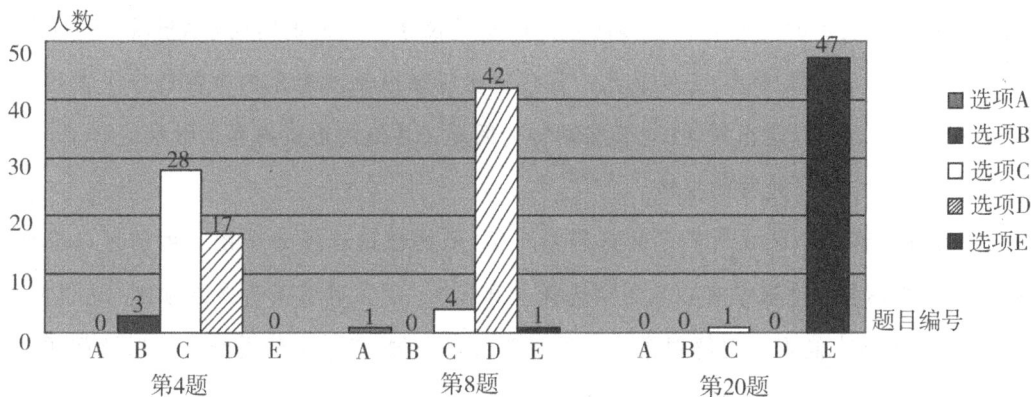

图5-3-1　选项数据分布图

3.2.1　不同坐标轴的理解

图5-3-1中第一个区域所显示的是问卷中第4题的被试选项分布图。数据显示对于该题选择选项A人数为0人，选择选项B人数为3人，选择选项C人数为28人，选择选项D人数为17人，选择选项E人数为0人。明显看出选项较集中在了选项C和D，然而选项C所选人数还比选项D人数多11人，占总人数的22.9%，然而不可思议的是这题的正确选项并不是大多数学生所选择的选项C，而是选项D。这就说明存在一定数量的学生对该题存在误解或者称为理解偏差。想要知道学生的真实想法必须了解学生的心理。这个时候访谈便是一把钥匙，至少在某种程度上可以说明问题。访谈过程中，就第4题，本人与同学A的对话如下（以下对话记录中，本人代码为M，学生代码为A）：

M：现在我们来问第一个问题。首先你看一下上次做的第4题题干，题干可以看出哪些信息，先跟我说一下。

A：就是……刚开始做题的时候……

M：首先题目说的是一个什么图像？

A：它是速度—时间图像。

M：速度—时间图像，那么它分别表示的是什么？各个坐标轴表示的是什么？

A：横坐标表示的是时间，纵坐标表示的是速度。

M：好。然后仔细回忆一下你当时做题的时候是怎么想的。为什么你会选择选项C？

A：因为我看它说在第一个3 s内电梯的位移，然后我就看到了横坐标是3，对应的纵坐标是4，所以我选择选项C.

从访谈内容可以看出同学A条理还是比较清晰，逻辑性也算严密。同学A在解释自己的解题思路时说，之所以选择选项C，是因为纵坐标对应的4（选项C），所以选择该项。而题目中纵坐标表示的是速度，题目问题问的却是位移。这便说明同学A出现了严重的坐标轴混淆问题，即面积/斜率/高度混乱，直接将坐标轴纵轴所表示的数值选作了本题的答案。而从访谈内容可以看出同学B也存在同样的问题（详细的访谈内容见附录）。

3.2.2　s–t图中运动过程的描述

图5-3-1中第二个区域所显示的是问卷中第8题的被试选项分布图，由图可以看到，在接受调查的48名学生当中有42名同学选择了选项D，而正确答案也是选项D。这说明第8题，有87.5%的学生能正确理解题意。为了弄明白剩下的6名学生的思维过程以及问题之所在，于是有了下面的访谈内容（本人分别与同学B和同学C的对话记录节选）：

M：你可以从它的斜率看出速度？

B：斜率是负的，所以感觉是有一个负向运动。

M：所以斜率代表速度，那么速度也是沿负向的，你是这样想的吗？

B：然后下坡会不会有一个加速度。

M：下坡会有一个加速度对吧？然后这个题目里面有没有加速度？

B：没有。

可以看出同学B在对待第8题的问题上思路还是比较清晰的，能够准确地说出第8题的各个选项错在哪里，对在哪里。说明在处理s-t图像转换为运动描述时该学生还是比较有优势的。

C：第8题开始那一段是s-t图像，开始那一段s是平稳的，说明物体没有运动，然后后来s就下降了说明是在向后运动，对它的位移相对减少。

M：你为什么说它是向后运动呢？

C：因为它的s在减少啊。

M：s在减小，所以是向后运动。

C：对。

不难看出同学C能准确地分析从$s\text{-}t$图中表述物体的各个阶段运动过程，说话时没有明显的停顿更加说明该同学思路清晰逻辑严密。

3.2.3　$v\text{-}t$图中位移的计算

图5-3-1中第三个区域显示的是问卷中第20题的被试选项分布图，由图可以看出，有47名学生选择正确答案E，即97.9%的学生可以选出正确选项，这说明从$v\text{-}t$中看出物体在某段时间内的位移，绝大多数的同学都可以正确地判断。

3.2.4　区域面积认定的理解

题号	各选项的选择情况					正确率
	A	B	C	D	E	
1	2	<u>43</u>	0	3	0	89.6%
2	0	2	3	0	<u>43</u>	89.6%
3	0	0	3	1	<u>44</u>	91.7%
4	0	3	28	<u>17</u>	0	35.4%
5	1	0	<u>42</u>	5	0	87.5%
6	2	<u>44</u>	1	0	1	91.7%
7	<u>37</u>	5	4	2	0	77.1%
8	1	0	4	<u>42</u>	1	87.5%
9	4	10	7	6	<u>21</u>	43.8%
10	<u>34</u>	1	10	3	0	70.8%
11	3	6	2	<u>34</u>	3	70.8%
12	1	<u>47</u>	0	0	0	97.9%
13	0	0	3	<u>43</u>	2	89.6%
14	1	<u>45</u>	1	1	0	93.8%
15	<u>39</u>	0	1	3	5	81.3%
16	1	12	12	<u>19</u>	3	39.6%
17	<u>36</u>	3	6	3	0	75.0%
18	2	<u>35</u>	0	1	0	72.9%

（续表）

题号	各选项的选择情况					正确率
	A	B	C	D	E	
19	2	4	<u>40</u>	0	2	83.3%
20	0	0	1	0	<u>47</u>	97.9%
21	<u>36</u>	11	0	1	0	75.0%

注：正确选项的数据已用下画线标示。

从以上统计结果可以看出，除第4、9、16题以外，其余题目的正确率都可以达到70%以上。换句话说，对于这一类型的题目，70%以上的学生是可以掌握的。而第4题正确率35.4%，第9题正确率43.8%，第16题正确率39.6%，并且还有较为突出的一点就是这三题的答案比较分散。

第4题和第16题属于同一种类型的题目。第4题给出v-t图像，要求得出某段时间内的位移；第16题给出a-t图像，要求得出某段时间内的速度改变量。不难看出，这两题要想得到正确结论，需要算出该段时间内已知曲线与坐标轴所围成的面积。

3.2.5 图表信息的解读

对同学B的访谈节选如下：

M：那么选项B、D是如何区分的呢？

B：选项B、D？

M：是的。

B：选项B、D就看这个下坡上坡还是不太清楚，所以……

M：下坡、上坡看得不是很清楚，那么我问一下你这个s-t图像中它是……你觉得它是下坡吗？因为它有一个……在s-t上面有一个很明显的下降趋势是像坡度一样的，所以你选的是沿下坡吗？

B：没有。我选的是第四个选项，向后运动。

从访谈内容很容易看出，同学B在运动图像是否可以直接表示运动轨迹这一问题上还存在疑惑，他似乎只能采取排除法选出正确的选项，却不能准确地描述运动轨迹的真实情况。就这一类问题，本文将统一归纳为图表认知错误。

3.2.6 图形信息解读的混乱

与同学C的访谈节选如下：

M：你看一下你做的第5题，然后跟我讲一下你当时是怎么想的。你选择的是选项D，为什么当时你会选择这个选项呢？

C：因为0~2 s的时候加速度是均匀增加的。

M：加速度是均匀增加的，然后呢？

C：我觉得这个面积就是这个速度。

M：面积就是速度，那你怎么算的呢？

C：就是2乘5再除以2，这就是三角形的面积。

M：好。你能跟我说一下这是一个什么图像吗？

C：这是a-t图。

M：a-t图，那么你用所围的面积表示了在2 s末的瞬时速度，是吧？

C：对。

对于同学C情况较为突出，更能说明问题的严重性。同学C是被测48名学生中唯一一名只错了一题的受访者。从访谈内容可以看出，同学C逻辑清晰，思维缜密，看似好像并无问题可言。附上C同学出现错误的原题（第5题）：

物体在2 s时的瞬时速度最接近于（   ）。

A. 0.4 m/s

B. 2.0 m/s

C. 2.5 m/s

D. 5.0 m/s

E. 10.0 m/s

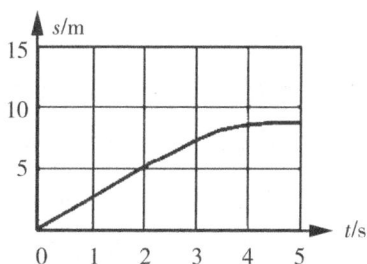

图5-3-2 s-t图像

同学C说图5-3-2所示的图中用曲线与坐标轴所围成面积表示2 s末的速度，这就说明了两个比较严重的问题：其一此处纵坐标轴代表的是位移并不是加速度，同学C出现了坐标轴混乱的问题，即变量混淆；其二用a-t图曲线与坐标轴所围成面积表示某一时刻的速度属于以偏概全，属于面积/斜率/高度混乱类型的错误。

3.3 回访教师

针对上述问题，本人对湖北大学附属中学高二（1）班的物理任课教师林老师进行了访谈。林老师基于多年的物理教学经验，就高中学生理解运动图像的问题谈了以下四点：①图像横纵坐标的观察；②数学函数图像到物理图像的对接；③图像不过原点时斜率和截距的计算；④图线与坐标轴所谓面积的物理意义。而其中的①、④和问卷测试结果分析得出的结论不谋而合，说明在教学实践中确实存在着上述问题。

在谈到运动图像教学方法时，林老师认为教学中可以教给学生四步走的解题方法：第一步看坐标轴，就是看清运动图像中的横轴和纵轴分别代表什么，尤其是要看清纵轴代表的到底是位置、速度还是加速度；第二步看截距，其实就是要看清初始位置或者初始速度的值；第三步看斜率，就是看清速度、加速度的值或者变化趋势；第四步看面积，就是看清位移或者速度变化的值。详细访谈记录见附录。

4 结论与讨论

综合问卷测试和学生访谈、教师访谈结果，学生在解决运动图像问题时出现的困难或者问题主要表现为以下六种类型。

（1）坐标轴认知：学生总是不能清晰地判断横、纵坐标轴表示的物理含义。容易认为横、纵坐标轴对应物理量含义直接表示题目所问物理量，或者看清坐标轴表示物理量之后很难与目标物理量建立正确对应关系。

（2）区域认定无知：学生并不能准确判断目标物理量就是已知图像图线与坐标轴围成面积所表示的物理量，或者在认定已知图像图线与坐标轴所围成面积具体表示哪一个物理量时出现困难。

（3）图表认知困难：学生有时并不能准确解读图表中所表达的详细信息。存在图像根本就看不懂的问题或者图像误解问题。

（4）变量混淆：学生容易将横、纵坐标轴物理量并不相同的图像斜率、截距、面积等表示的物理含义相互混淆从而出现错解。

（5）图像不过原点时斜率和截距的计算问题：当物理图像图线并不过原点时学生容易习惯性地忽视，导致该问题计算最终出现错误；或者当图线不过原点时学生就不会计算斜率。

（6）数学函数图像到物理图像的对接问题：学生能准确理解数学函数图像中的各个位置的含义，但过渡到物理图像时存在理解困难，主要表现在不能准确说明截距、斜率的实际物理意义。

针对学生容易出现的上述问题，建议教师在教学过程中应着重注意以下三点。

（1）在实现数学函数图像到物理图像的过渡时，应尽可能讲清楚各个关键位置表达的物理意义，让学生在自己的头脑中实现数学概念与物理意义的一一对应和关联。

（2）在讲解物理图像问题时，引导学生把握四个关键点，即横、纵坐标轴，截距，斜率，面积，并针对不同的具体问题体会上述四个关键点在解决运动图像问题时的作用。

（3）可以将运动学图像的各种求法和理解方式，类比迁移到其他物理图像的教学过程中去，以帮助理解其他物理图像形式，并巩固对运动学图像的理解。

参考文献

［1］BEICHNER R. Testing student interpretation of kinematics graphs［J］. American Journal of Physics, 1994（62）：750–762.

［2］高扬. 浅谈物理图像在中学物理中的应用［J］. 华章，2011（15）：1–2.

［3］李蔚. 图像在物理解题中的妙用［J］. 新校园（上旬刊），2014（11）：1–2.

［4］朱晓明. 函数图像在初中物理中的应用［J］. 中学生数理化（学研版），2014（9）：1–2.

［5］佘尚优，等. 刍议图像法在物理教学中的应用［J］. 中学物理（初中版），2014（9）：1–2.

附录1 学生访谈内容文字文本

同学A的访谈内容文字文本如下：

M：我是湖北大学的学生，正在读大四，现在在做一个调查。针对上次你们班做的测试卷，我有一些问题想要问你，希望你如实回答。本调查仅用来做相关研究，希望你知道什么就说什么，不知道的也可以说不知道。

A：呃，我是来自高二（1）班的罗某，是湖大附中的学生。

M：你看一下上次做的。现在我来问第一个问题。首先你看一下上次做的第4题题干，从题干可以看出哪些信息，请你说一下。

A：就是刚开始做题的时候……

M：首先题目说的是一个什么图像？

A：它是速度—时间图像。

M：速度—时间图像，那么它分别表示的是什么？各个坐标轴表示的是什么？

A：横坐标表示的是时间，纵坐标表示的是速度。

M：好。然后仔细回忆一下你当时做题的时候是怎么想的？为什么你会选择选项C？

A：因为我看它说在第一个3 s内电梯的位移，然后我就看到了横坐标是3……然后对应的纵坐标是4，所以我选择选项C.

M：对应的选项是4 m，所以选项C是4 m对吧？

A：嗯。

M：那么第一个3 s内指的是哪一个时间段？

A：就0~3。

M：0~3 s是吧？

A：对。

M：好，那么我问你第二个问题。如何从s-t图像中看出某段时间内的位移？

A：位移应该是它的面积。

M：如何从s-t图像中看出它的位移，某段时间内的位移？

A：就是时间对应的它的截距。

M：时间对应的截距？你想表达的是纵坐标是吧？

A：哦。

M：那么如何从v-t图中看出位移呢？

A：就是它的面积。

M：什么面积？

A：它的……那个……线段，然后就……

M：对应图像与坐标轴围成的面积是吧？

A：呃，对。

M：好，第三个问题。从s-t、v-t、a-t图中可以看出哪些信息？请分类说明。

A：v-t的是可以看出加速度，就是斜率。

M：可以看出加速度，从斜率可以看出。还有呢？

A：s-t可以看出它的时间的位移。

M：时间的位移，对应某个时间段的位移是吧？

A：对。

M：还有呢？

A：a-t图像可以看出它的加速度。

M：a-t图像可以看出加速度，还可以看出别的吗？

A：位移。

M：位移？a-t图像中怎么看出位移？

A：不知道。

同学B的访谈内容文字文本如下：

M：我先做一下自我介绍。我是湖北大学的学生，今年大四，现在在做一个调查，针对上次在你们班做的测试，我有一些问题想要问你，希望你可以如实回答。这个调查只是相关研究的一个部分，希望你知道什么说什么，不知道的也可以说不知道。接下来请你来做一下自我介绍。

B：我叫黄某。是湖大附中高二（1）班的学生。可以开始。

M：好。你现在看一下这个问卷里面的第8题，请告诉我你当时选的是什么？

B：第四个。

M：选的是选项D是吧？

B：嗯。

M：那么你当时从这个s-t，本题给的是s-t图像是吧？

B：嗯。

M：也就是说位移与时间图像，你从这个图像中看出了哪些信息？

B：它是一个位移与时间的图像。一开始它的s是一段水平的，就说明它那段时间内没有位移，然后s-t图像中它的斜率是速度，所以它后面有一个速度，然后就排除了选项A和选项C。

M：排除了选项A和选项C。你用的是排除法做的是吧？

B：呃。对。

M：那么选项B、D是如何区分的呢？

B：选项B、D？

M：是的。

B：选项B、D就看这个下坡、上坡，还是不太清楚，所以……

M：下坡、上坡看得不是很清楚，那么我问一下你这个s-t图像中它是……你觉得它是下坡吗？因为它有一个……在s-t上面有一个很明显的下降趋势是像坡度一样的，所以你选的是沿下坡吗？

B：没有。我选的是第四个选项。向后运动。

M：向后一直运动下去是吧？

B：呃，对。

M：那么为什么第四选项中是向后运动呢？

M：你可以从他的斜率中看出速度？

B：斜率是负的，所以感觉是有一个向负向。

M：所以斜率代表速度，那么速度也是向负向的，你是这样想的吗？

B：然后下坡会不会有一个加速度。

M：下坡会有一个加速度对吧？然后这个题目里面有没有加速度？

B：没有。

M：所以你排除了选项B是吧？

B：嗯。

M：好。然后再来看以……还有一个问题。第二个问题，这个图中的s-t图像能不能表示该物体的运动轨迹呢？

B：轨迹？

M：对。这只是一个运动图像对不对？那么我们能不能从运动图像中看出运动轨迹？

B：是只有方向的？

M：对。

B：不行吧。因为你不知道它的正方向还有其他东西。

M：那么针对这个图而言，它是s-t图像，我能不能说这个s-t图像等效于我沿一个平缓的表面运动，然后走了下坡路？

B：不行吧。

M：不行吧，是吧？好。再来看一下第4题。

B：第4题？

M：对。首先你告诉我第4题的题干以及从图像你可以得出哪些信息？

B：电梯从一楼到十楼，图像里面从0开始到4都是算加速段，就是图像是向上的，斜率是正的，是一个匀速的过程。

M：匀速的过程是吧？

B：嗯。然后4到8（s）当时想的是不是停下来了之类的。

M：4~8 s是停下来，然后呢？第三段呢？

B：第三段8到10（s）就是匀减速，

M：匀减速？

B：嗯。

M：那么这个题目问的是？

B：2~4 s应该是匀加速。

M：2~4 s是匀加速？

B：3~4 s。

M：3~4匀加速是吧？

B：是有一点斜率吧。

M：就是它不是一条直线是吧？

B：对。

M：那么题目问的是第一个3 s内电梯的位移，你首先找到的是第一个3 s内，你告诉我是第几秒到第几秒？

B：第一个3 s？

M：对。

B：0~3 s。

M：0~3 s对吧？你是如何读出它的位移的呢？

B：看图像4啊！

M：看图像4？

B：4不是位移吗？

M：对。

B：就是4啊！

M：也就是当$t=3$ s的时候对应的纵坐标是4对吧？

B：嗯。

M：所以选择了选项C。那么如何从$s-t$图像中看出位移就是这一题的$s-t$图纵坐标？你的理解是直接读出时间所对应的纵坐标就可以了，对吧？

B：嗯。

M：那么如果这一题我们把它的纵坐标换成v，也就是还是等量的数值，只是纵坐标我把这个s换成v，那么就变成一个$v-t$图，那么又如何看出第一个3 s内的位移是多少？

B：算它的面积。就是$\frac{1}{2}$乘3乘4等于6。

M：等于6对吧？那样的话就选选项D了，是不是？

B：嗯。

M：好。那么第四个问题。就跟这个卷子是一个系统的问题了。你先说一下如何从$s-t$图像中得出信息，你可以从这张卷子上找一个$s-t$图像针对我……具体地说一下也可以。

M：随便找一个位移与时间的图像。那就第9题的这个选项A吧。它就是位移与时间的图像对不对，你可以从这个图像中得出哪些信息？

B：它一开始是静止的。

M：嗯。

B：然后它开始一段匀加速。

M：我不是要你描述它的一段运动过程，而是问你可以看出什么。

B：可以看出它的运动状态，始末的运动状态，然后它是处于一个匀速、加速之后的那种。

M：就是各个时间段内的运动情况是吧？

B：对，可以看出它在一定时间内的位移。

M：那么你分别是从哪些位置看出的？是坐标、截距还是斜率之类的东西。

B：就是它的初末状态都可以看它的那个线段的起点和终点的那个。

M：起点和终点，对吧？

B：对，然后它的斜率就是代表它的速度。

M：然后呢？

B：然后像拐点之类的也是代表它改变了一个状态。

M：嗯。还有别的吗？

B：大概就是这些吧。

M：好，那再说一下 v-t 图。这个第11题的选项A，你也可以以它为例子来说一下 v-t 图当中可以得出哪些信息？

B：图像的起点是……

M：我不是要你针对着一题来说，而是一个普遍的 v-t，你可以怎么……通过哪些方面找到它的信息？

B：看图像本来就是先看横、纵坐标，接着看起点、终点、拐点，然后看它最大点、最高点和最低点，然后可以……反正就是从这些信息里面可以得到初始的速度、末速度，以及各个时间段的速度，最后还可以得到它的位移。

M：位移？怎么看出位移呢？

B：位移是用它的面积，它的那个时间对应的面积。

M：围成的面积，是吧？

B：对。

M：那么还可以看出别的吗？可以看出斜率，还可以看出什么呢？

B：斜率可以看加速度。

M：斜率还可以看出加速度，是吧？

B：嗯，对。

M：$s-t$图像中斜率可以看出？

B：速度啊！

M：好，那我们再来说一下$a-t$图像当中可以得出哪些信息？

B：$a-t$?

M：以第10题的选项B为例。

B：面积是它的速度。

M：面积是速度，是吧？

B：嗯。

M：也就说与两个坐标轴所围成的面积可以表示速度，某一时间段内的速度？

B：嗯。

M：然后呢？还可以看出别的信息吗？

B：还可以看横、纵坐标对应的点吧。

M：对应的点可以看出什么呢？

B：就以题来说加速度是5之类的。然后就没有其他的了。

M：好。还可以看出别的吗？

B：比如？

M：比如，可以看出来就可以看出来，没有了就没有了。

B：没有了。

M：好。行。谢谢。

同学C的访谈内容文字文本如下：

M：我是湖北大学的学生，今年大四。现在在做一个调查。针对上次在你们班做的测试，我有一些问题想要问你，希望你可以如实回答，本调查仅用来做相关研究，希望你知道什么说什么，不知道的也可以如实地回答不知道，然后接下来请你做一下简单的自我介绍。

C：我是湖大附中高二（1）班的学生，我叫龙某。

M：你看一下你做的第5题，然后跟我讲一下你当时是怎么想的。你选择的是选项D，为什么当时你会选择这个选项呢？

C：因为0~2 s的时候加速度是均匀增加的。

M：加速度是均匀增加的，然后呢？

C：我觉得这个面积就是这个速度。

M：面积就是速度，那你怎么算的呢？

C：就是2乘5再除以2，这就是三角形的面积。

M：好。你能跟我说一下这是一个什么图像吗？

C：这是a-t图。

M：a-t图，那么你用所围的面积表示了在2 s时的瞬时速度，是吧？

C：对。

M：那么再看一下第8题。

C：第8题先开始那一段是s-t图像，先开始那一段s是平稳的，说明物体没有运动，然后后来s就下降了，说明是在向后运动，对它的位移相对减少。

M：你为什么说它是向后运动呢？

C：因为它的s在减少啊。

M：s在减小，所以是向后运动。

C：对。

M：那么第8题当中的a-t图像是否可以代表物体的运动轨迹呢？

C：运动轨迹？不能。

M：我能不能说它是刚开始沿平缓的表面运动，然后在后一阶段沿下坡运动，最后停止在平坦的表面上面。可以这样说吗？

C：……不行。

M：那为什么不能这样说呢？

C：先是平坦然后再滚动的话，我觉得……那个s应该不是均匀地减小。

M：s应该不会均匀地减小，是吧？

C：嗯。

M：好。再问你第三个问题，请你分别说一下s-t、v-t、a-t这三种类型的图像当中分别可以得出哪些信息。你可以先说一下s-t也就是位移与时间的图像，如果给你一个这样的图像，以第11题的图像为例，你可以得出哪些信息？你就说你可以看出什么都可以。

C：嗯……可以得到它的……在某些时间段内的速度。

M：在某些时间段内的速度。怎么可以看出速度呢？

C：可以用s除以t。

M：s除以t可以得出某段时间段内的速度，是吧？

C：嗯。对。

M：那么，还可以看出别的吗？

C：……

M：那么可不可以看出它的初始位置、末位置……

C：可以吧。

M：那我再问你v-t图。在问卷当中找一个v-t图。第11题的选项A它就是一个v-t图的图像。你可以看出哪些信息呢？

C：位移。

M：位移？

C：看看每段时间的运动状态。

M：每段时间内的运动状态和位移。那么如何看出它的运动状态呢？

C：可以看它的速度的变化趋势。

M：速度的变化趋势，那么如何看出位移呢？

C：位移吗？就是v-t图嘛！就是图形与那个x轴围成的一个封闭曲线的面积就是它的位移。

M：封闭曲线的面积就是可以表示位移，是吧？

C：对吧。

M：好。还可以看出其他的东西吗？

C：有时可以看出加速度。

M：怎么看出加速度呢？

C：……加速度……

M：你可以以这一题为例子，各时间段内的加速度分别是怎么样的，你是怎么得出加速度？

C：0~2 s的时候速度增加了这么多……增加了这么多，然后就……

M：Δv除以Δt?

C：对，然后就是这段时间内的加速度。

M：那么我能不能说v-t图像的斜率可以表示它的加速度呢？

C：好像可以。

M：Δv除以Δt就是这段时间内的这条直线的斜率，对不对？

C：对。

M：然后就表示这个加速度，可以这样表示吗？

C：可以。

M：所以你的意思是就是说v–t图像的斜率可以表示加速度是吧？

C：是的。

M：好。我们再来说一下a–t图，上面有没有a–t图啊，应该有吧？这个，第14题的选项A就是一个a–t图，你从a–t图当中可以看出哪些信息呢？

C：嗯。可以看出……速度是怎么变的。

M：速度是怎么变化的？为什么可以看出呢？你是通过什么看出的呢？

C：通过加速度。

M：通过加速度看出速度的变化，是所围的面积呢，还是通过斜率呢，还是通过截距呢，还是拐点，亦还是其他的？

C：截距。

M：截距？也就是说对应某一个时刻的a的数值是吧？

C：对。

M：就是截距，那么你可以看出速度是这个意思吗？

C：好像不是的。

M：那是什么意思呢？

C：我也不知道。

M：不知道是吗？那么从a–t图中除了你刚才表述的可以看出速度之外还可以看出其他的吗？你觉得可以得出的信息还有吗？

C：没了。

M：好，谢谢。

附录2 教师访谈内容文字文本

教师T访谈的文字文本如下：

T：学生的问题主要是关于图像的横、纵坐标的问题。

M：横、纵坐标的观察是吧？

T：因为运动学图像有位移—时间，速度—时间，甚至还有……有时候还有加速度—

时间，如果没看清楚纵坐标的含义，很有可能就会出错。

M：噢！那还有别的方面的吗？比如斜率判断不准确什么的。

T：第二个就是他们对于数学这个图像的函数和物理的衔接存在问题，如果单纯是数学就是斜率、截距，但是一旦迁移到物理里面他们就容易忘掉，也就是说他们把这个实际的物理意义理解不清。

M：噢！

T：这是第二个问题。第三个问题就你刚所说的，算斜率截距的问题。因为我们有一种图像它是横、纵坐标的起点不一定是零，尤其是纵坐标的起点不一定是零的时候，他们在算斜率和截距的时候就容易出错。

M：哦，就三点对吧？

T：呃……再就是还有第四点，第四点是学生在理解图像的时候对图像的面积理解不是很熟练。

M：图像的面积？就是图像与坐标轴围成的面积表示的是什么物理量，对吧？

T：对对对！图像与坐标轴围成的面积他们不是很熟练。

M：四点。那您教学过程中是怎么解决这些问题的呢？

T：一般来讲，要解决这些个问题我们先不讲物理图像的含义，我先告诉他们数学函数的表达式，让他们去画图形，比如说 v–t 图像，我先告诉他们去画 $y=kx+b$ 这个图像，然后你把含义告诉我，然后我再把函数变成 $v=v_0+at$，你让他们先去由函数画图像，再由数学图像去理解数学意义，然后从物理的函数去画物理图像，从图像去理解它的物理意义。这样的话相对来讲他们会相对轻松一点。

M：哦，这个是针对这上面四点的对吧？

T：嗯，也不是说完全，这里面只是其中的一部分吧。

M：哦。

T：你看这里面对于斜率的理解、对截距的理解应该是比较有帮助，对横、纵坐标含义的理解应该是帮助比较大的。对于面积的理解，对他们来讲就显得比较难，于是我的处理方式一般把物理里面一系列知识拿进来，比如说我们的位移是等于速度乘时间，那么速度—时间图像所围成的面积就是位移，接着再迁移，迁移到加速度—时间图像，那么它的面积就是速度，接着再迁移，比如说功里面的力—位移图像，那么它围成的面积就是功，即 $W=Fs$。这样经过一系列的延伸，这个知识理解了，以后不管是什么图像，它对应的面积的含义则只需要把这个纵坐标和横坐标的乘积拿出来看它是一个什么物理量，就知道这个面积代表的是什么意思。然后再像那个斜率的话，只要是纵坐标对横坐标的这个变化率，有时候我们说纵坐标对横坐标的求导，因为他们高中现在也学导数，求导就是我们这个斜率的含义。

M：所以就相当于通过这一系列的单个理解，然后类比推移到以后学习当中也可以用，是吧？

T：嗯。

M：行。那您还有别的教学建议吗？

T：教学建议，怎么说呢？对于这个图像教学的话，首先从速度上讲一定要慢一点，这个地方一定要慢，因为这个地方是一系列的，很容易迁移过来，那么迁移过程中如果稍不注意就很容易出错，所以这个地方来讲，第一个要求慢。第二个就是我们说的图像题上来，第一步看它的坐标，第二步看它的截距，第三步看它的斜率，第四步看它的面积，一般来讲就是这四步走。四步走，考试的解题思路一般都是在这四步里面，基本上很少逃出这四步。当然对于那些变化的，我们有时候还要去……因为如果是直线运动的斜率，那好办；如果是曲线运动的，不，图像是曲线的时候，要特别关注曲线的切线，就是它该点的斜率，那么这个曲线的切线的变化也是学生容易怕的。

M：切线的变化要求运用到求导，他们现在，现在您带的是高二是吧？

T：他们现在正在学导数，但是我们在学这一部分的时候没有讲导数，我们当时没有讲导数，因为高一就学运动学，没有讲导数我们就只能用变化率来讲。

M：就是相当于每一小部分的变化率。

T：呃，我们只能用变化率来讲，通过这个变化率来讲他们基本能够理解吧。因为他们理解最深的就是速度—时间图像，如果图像是平行于时间轴的这样一条直线，那么就表明是匀速直线运动，匀速直线运动的切线就刚好跟这条直线本身重合，刚好它的斜率就为零，就表明加速度为零。这一点他们是理解得最深的。

M：哦。

T：因为我们平时讲的速度—时间图像最多。

M：好。

T：因此，像有些系列的东西它在迁移的时候，比如说位移—时间图像里面的，它有个最高点的问题，然后速度—时间图像里面的速度最大值问题，还有在往后面学的过程中，在电场讲那个电势随位置变化的时间图像里面也有一个切线刚好跟轴平行的，它就表明场强为零的位置，所以这一系列是这样迁移过来的，图像除了运动学里面的这些图像，整个高中物理里面的所有图像都是一个道理。无外乎就是坐标、斜率、截距、面积这四个。

M：好，行。

附录3 本研究所使用的评测工具（TUG-K 的中文版）

运动学图像理解能力测试卷

1. 下面选项图是速度随时间变化的图像，各个坐标轴有相同的标度。在相同的时间间隔内，位置变化最大的是（　　）。

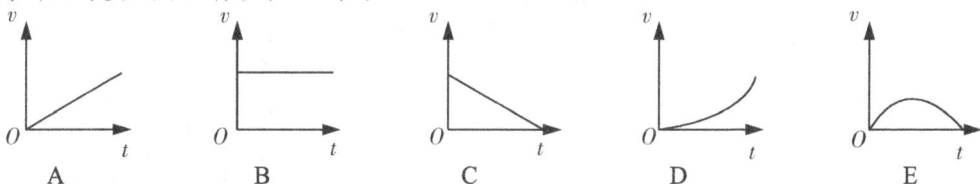

A　　　　　B　　　　　C　　　　　D　　　　　E

2. 如图5-3-3所示的图中，加速度负向最大的时间段是（　　）。

A. R到T

B. T到V

C. V

D. X

E. X到Z

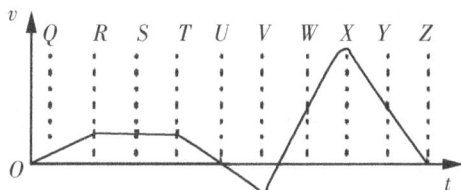

图5-3-3 v-t图像

3. 物体的运动情况如图5-3-4所示，下列说法正确的是（　　）。

A. 该物体有一个恒定的、非零的加速度

B. 该物体静止

C. 该物体做匀加速运动

D. 该物体做匀速运动

E. 该物体做加速均匀增大的加速运动

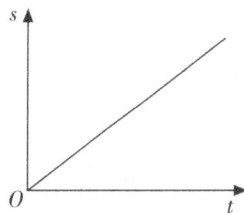

图5-3-4 s-t图像

4. 一部电梯从一楼到十楼的v-t图像如图5-3-5所示，电梯的质量是1000 kg，第一个3 s内电梯的位移是（　　）。

A. 0.75 m

B. 1.33 m

C. 4.0 m

D. 6.0 m

E. 12.0 m

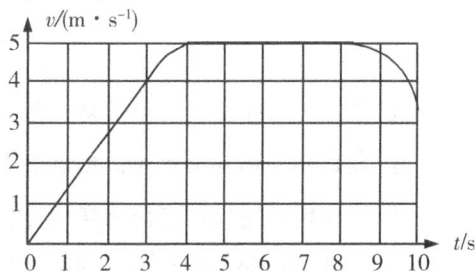

图5-3-5 v-t图像

5. 由图5-3-6可知物体在2 s时的瞬时速度最接近于（　　　）。

A. 0.4 m/s

B. 2.0 m/s

C. 2.5 m/s

D. 5.0 m/s

E. 10.0 m/s

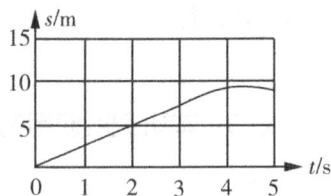

图5-3-6　s-t图像

6. 如图5-3-7所示是一个重1500 kg的小车速度随时间变化的函数关系，小车在t=90 s时的加速度是（　　　）。

A. 0.22 m/s^2

B. 0.33 m/s^2

C. 1.0 m/s^2

D. 9.8 m/s^2

E. 20 m/s^2

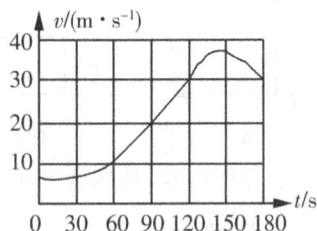

图5-3-7　v-t图像

7. 如图5-3-8所示为物体做直线运动的v-t图像，下列选项中与物体在t=65 s时的瞬时加速度最接近的是（　　　）。

A. 1 m/s^2

B. 2 m/s^2

C. 9.8 m/s^2

D. 30 m/s^2

E. 34 m/s^2

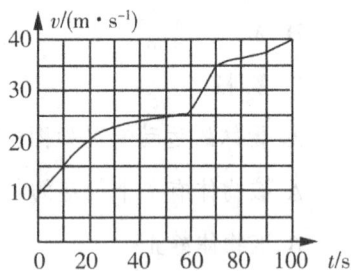

图5-3-8　v-t图像

8. 如图5-3-9所示是物体的运动图像，下列选项解释最合理的是（　　　）。

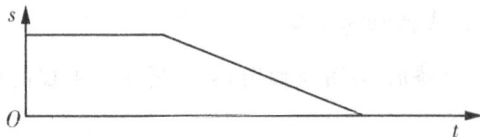

图5-3-9　s-t图像

A. 物体先沿平坦的表面滚动，然后沿下坡滚动最终停下来

B. 物体刚开始没有运动，然后沿下坡向前滚动最终停止

C. 物体刚开始以恒定的速度运动，然后慢慢向下运动最终停止

D. 物体刚开始没有运动，然后向后运动最终停止

E. 物体刚开始沿平坦表面运动，然后沿着山表面向后一直运动下去

9. 物体在运动的10 s内刚开始有正向、恒定的加速度，之后速度恒定继续运动。下列选项图像能满足以上两个条件的是（　　）。

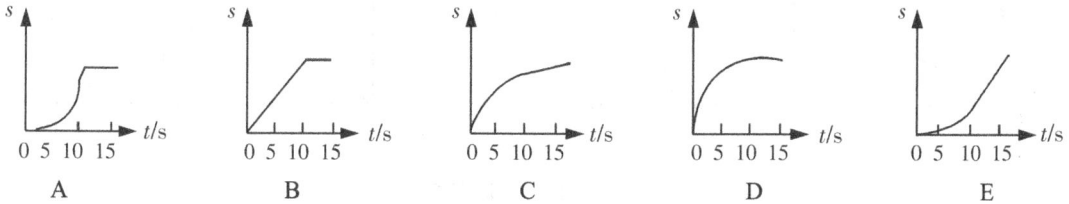

10. 五个物体运动的加速度随时间变化图像如下图所示，在运动的前3 s内下列选项有最小的速度改变量的是（　　）。

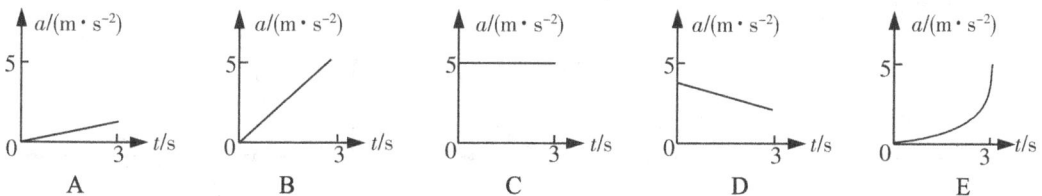

11. 如图5-3-10所示是物体在运动5 s内的s-t图像。

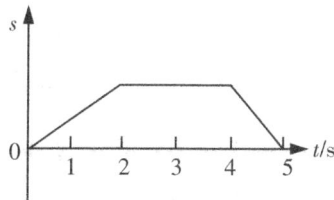

图5-3-10　s-t图像

下列选项用来形容该物体运动情况的最好v-t图像的是（　　）。

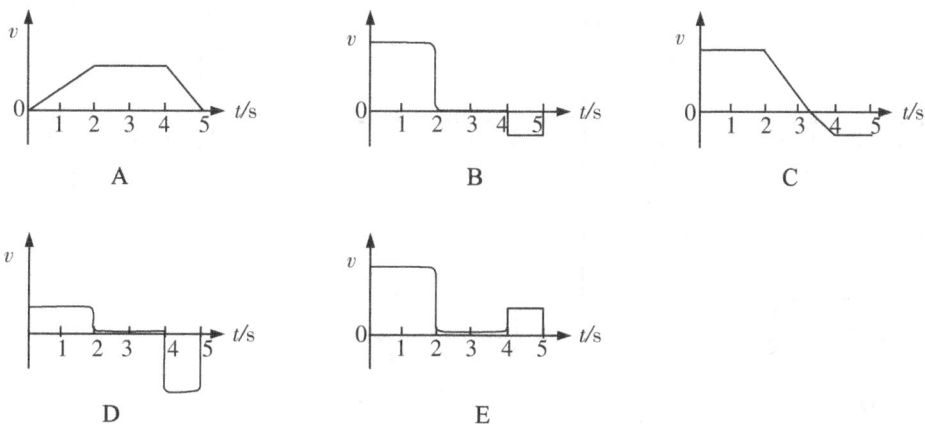

12. 观察如图5-3-11所示的图像，有不同的坐标轴，则图像中速度恒定的是
（   ）。

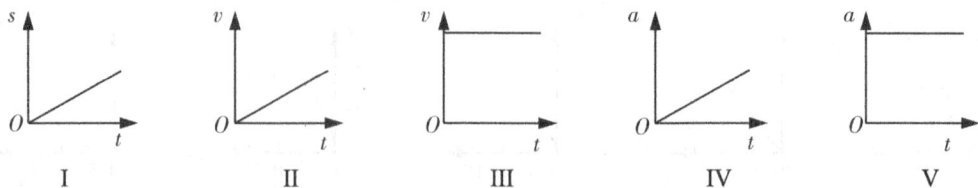

图5-3-11　运动图像

A. I、II和IV　　　B. I和III　　　C. II和V　　　D. IV　　　E. V

13. 位置随时间的变化图线如图所示，所有的图像的坐标轴单位长度相同。下列选项
中最终有最大速度的是（   ）。

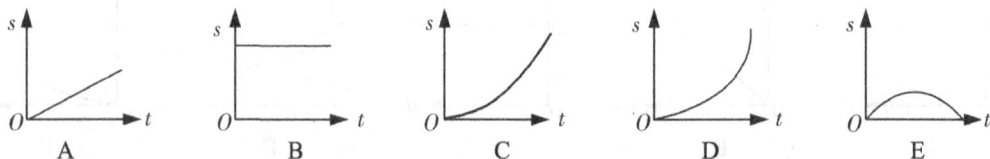

14. 如图5-3-12所示是物体在5 s内速度随时间变化图像。

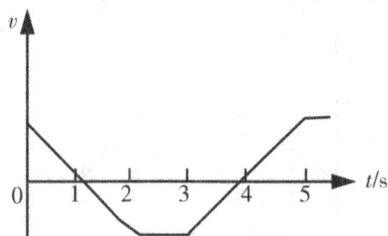

图5-3-12　v-t图像

下列加速度随时间变化的图像符合该物体的运动情况的是（   ）。

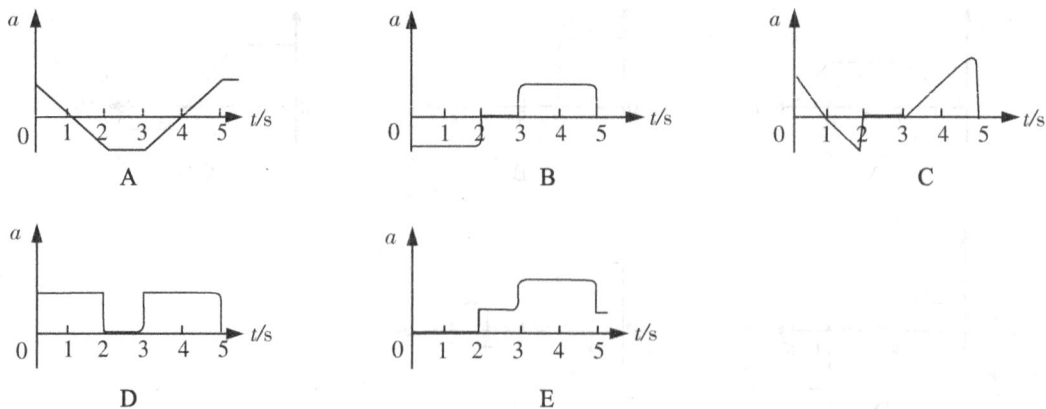

15. 如图5-3-13所示是物体在5 s内加速度随时间变化图像。

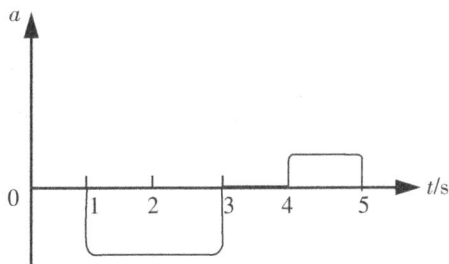

图5-3-13 a-t图像

下列v-t图像最符合物体运动情况的是（　　　）。

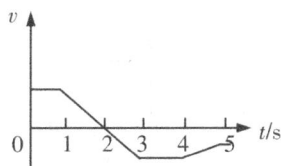

A

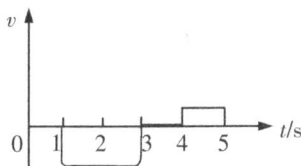

B

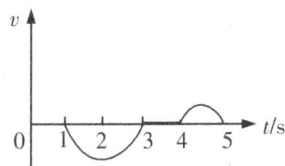

C

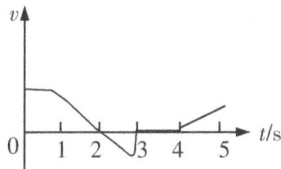

D

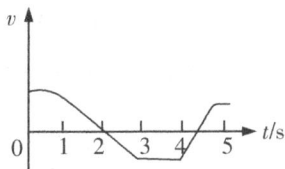

E

16. 物体运动情况如图5-3-14所示，第一个3 s内物体速度改变量是（　　　）。

A. 0.66 m/s

B. 1.0 m/s

C. 3.0 m/s

D. 4.5 m/s

E. 9.8 m/s

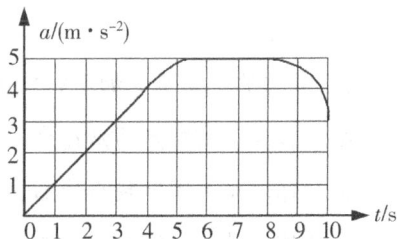

图5-3-14 a-t图像

17. 由图5-3-15可知，t=3 s时物体的速度是（　　　）。

A. −3.3 m/s

B. −2.0 m/s

C. −67 m/s

D. 5.0 m/s

E. 7.0 m/s

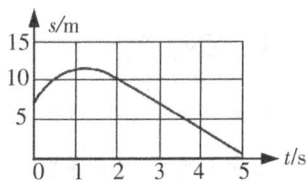

图5-3-15 s-t图像

18. 如图5-3-16所示是物体的 v-t 图像，如果你想要知道物体在0~2 s内的位移，你将（　　）。

A. 直接读出速度轴上的坐标5

B. 找到与时间轴围成的区域，通过计算 $\dfrac{5 \times 2}{2}$ 得出

C. 找到线段的斜率，用5除以2

D. 找到线段的斜率，用15除以5

E. 题干没有给出足够的信息提示

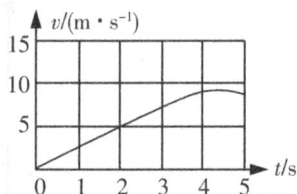

图5-3-16　v-t图像

19. 观察如图5-3-17所示的图像，其中有恒定的、非零的加速度的是（　　）。

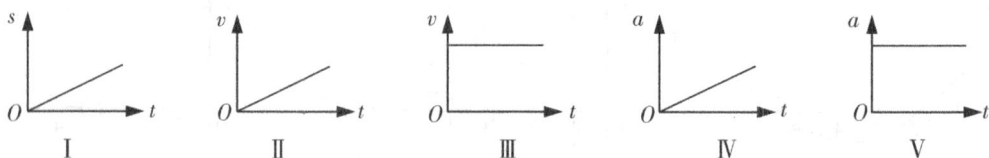

图5-3-17　运动图像

A. Ⅰ、Ⅱ和Ⅳ　　　B. Ⅰ和Ⅲ　　　C. Ⅱ和Ⅴ　　　D. Ⅳ　　　E. Ⅴ

20. 物体运动图像如图5-3-18所示，它在4~8 s内运动了（　　）。

A. 0.75 m

B. 3.0 m

C. 4.0 m

D. 8.0 m

E. 12.0 m

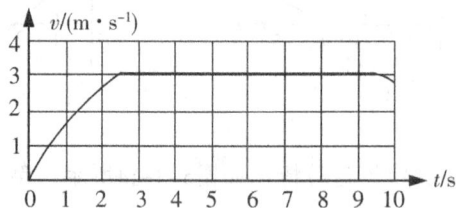

图5-3-18　v-t图像

21. 物体的运动情况如图5-3-19所示，则下列描述最恰当的是（　　）。

A. 物体运动有恒定的加速度

B. 物体运动有固定减小的加速度

C. 物体运动有固定增大的速度

D. 物体运动有恒定的速度

E. 物体静止

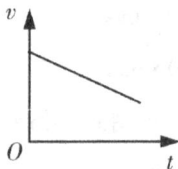

图5-3-19　v-t图像

Ⅱ. 案例评析

本案例是一篇师范专业本科生的毕业论文。该生没有接受过实证方法的专门训练，因为当时尚未开设相关课程。尽管如此，由于该生勤奋努力、对于论文的研究十分投入，经过层层筛选，该论文最终获评校级优秀论文。

该论文的可取之处有以下三个方面：一是方法得当。所谓方法得当，是指研究方法与研究内容相契合。本文研究的内容，是关于高中学生对于运动图像理解能力的调查。作者采用的研究方法主要是工具评测和深度访谈。评测工具采用美国北卡州立大学物理系编制的相关通用评测工具TUG-K。该评测工具在美国经过多年的理论研究和大面积的实践应用，被证明具有较高的测量学指标，同时也易于操作。上面作为附录的评测试卷，就是作者从TUG-K翻译过来的，整体上看，翻译既忠实于原文，也比较通顺流畅。访谈在该论文研究中的作用，是与评测结果相互印证、解释和说明。比如在评测结果中发现，学生在某一个问题上出错率很高，为弄清原委，就可以找到评测中在该题上出错的学生，请他（她）谈谈做题时的真实想法，就可以弄清学生出错的真正原因，这样的研究结果对于教学是有指导意义的。在开题报告中，作者做了将两种方法相结合的研究设计。在论文研究的实施过程中，作者较好地实现了自己的设计意图，取得了预期的成效。二是分析深入。得益于方法对于问题的贴合，作者对评测结果的分析也较为深入。影响分析能否深入的因素有很多，其中一个重要的因素就是方法。作者通过将两种方法结合起来，使得研究内容得以拓展。因为她的研究结果不仅可以告诉读者学生中存在哪些问题，并能指出出现这些问题的原因。三是形式规范。从论文整体上看，从标题、摘要、目录、正文、附录到参考文献，都比较规范（考虑到篇幅问题，没有列出英文摘要、致谢和评测试卷TUG-K的英文原文）。正文布局也比较合理：绪论讲研究的目的和内容；文献回顾讲别人做的相关研究；研究设计讲研究的过程与方法；研究结果讲研究发现了什么；结论与讨论讲结果说明了什么。

当然，论文还是有改进空间的。主要表现在以下三个方面：其一，访谈中的追问需要加强。在访谈的过程中，当学生出现一个错误判断时，研究者应当敏锐地察觉到问题并不露声色地追问下去，这样可以挖掘出更多有价值的东西。其二，个别词语的翻译值得斟酌。比如"区域认定无知""斜坡/高度混乱"等。面对这样的翻译，若读者没有看过上下文，或者不太了解相关的学科知识，便很难看懂。因为此处的"区域"其实是指"面积"，而"斜坡"其实是指"斜率"，所以不妨翻译为后者。另外，"……认定无知""……混乱"等若翻译成更成通俗一点的词语，如"……理解错误/缺失""……混淆"可能会更好。其三，论文中出现的同义词最好统一起来。如"图形"与"图像"，因为本文中的图形其实就是指运动图像，所以可以统一采用"图像"一词。

第四节　物理期刊论文案例

所谓期刊论文，指的是发表在正式学术期刊上的论文。下面是发表在某学术期刊上的一篇文章。

I. 案例内容

实证的美国物理教育研究[①]

吴维宁

（湖北大学 物理与电子科学学院，湖北 武汉 430062）

【摘要】对近十年来美国物理教育研究的重要期刊所刊载的近百篇研究文献进行综合分析，结果表明，美国的物理教育研究十分注重实证。其实证方法可以分为复合方法和基本方法。复合方法包括教改实验、工具开发和个案研究；基本方法又可分为一般评测、工具评测、深度访谈、内容分析以及出声思考五种方法。美国的经验给予我们的启示是应当统筹规划切实保障职前教师的方法教育落到实处，多渠道多途径提升在职教师的实证研究能力，强化学术期刊的导向作用。

【关键词】物理教育；实证研究；复合方法；基本方法；美国经验

一、强调实证的美国物理教育研究

访美期间，笔者遇到一位教育研究生院的华裔教授。当谈到教育研究方法时，她的一句"难道还有非实证的教育研究吗？"让笔者感到十分意外。显然，在她看来，凡教育研究都应该是实证的。据笔者所知，在美国也有按照我国的分类标准[1]被划作非实证的研究

---

① 本文介绍的美国物理教育研究，同时包括美国大学和中学两个层面。因为在美国，大学物理和中学物理的教育研究是合二为一的。比如美国物理教师协会（AAPT）的年会同时邀请大学和中学物理教师参加；一年一度的美国物理教育研究会议（PERC）也是大学与中学物理教师共同参与的会议。另外，美国大学一年级的物理课程中很多是我国高中物理的内容，所以他们的研究方法和研究工具值得我国包括中学物理教师在内的广大物理教育工作者学习和借鉴。

方法，比如人类学方法、思辨方法等。其实，这样的分类也未必能为所有国人所接受，因为人们用于分类的标准各不相同，[2][3]所以现在看来，问题不在于美国有没有非实证的教育研究，而在于我们如何理解并界定实证研究。

实证研究的对应英文是empirical research，维基百科（Wikipedia）对它的英文解释[4]的中文含义如下：实证研究是一种以直接或间接的方式观察或经历以获取知识的途径。对于这些实证证据（某人的直接观察或者经验的记录）的分析既可以是量化的，也可以是质性的。由此可见，在西方人看来，实证研究是一种可以产生新知识的研究，当然，这些知识的获得，要经过数据（包括质性数据和量化数据）的收集、整理和分析的过程。显然，思辨性研究不需要经历这一过程。所以可以认为，西方人意识中的实证研究大致等同于非思辨的研究。这与我国国内的部分研究者所持观点相似，即将研究分为思辨与实证两大类[5]。笔者赞同这样的分类。因为这样的分类即便在有些人看来并不完美，但它的操作性强，也反映了我国研究方法运用的现实状态。按照上述分类标准，一切需要收集、整理、分析数据从而得出结论的研究都是实证研究，它包括量的研究和质的研究。本文采用上述标准展开对于实证问题的讨论。

由美国物理学会主办的《美国物理学杂志》（AJP），开辟了一个叫作"物理教育研究"的专栏（PERS），由美国物理教师协会（AAPT）的专家负责组稿，这里所发表的文章基本上代表了美国物理教育研究的最高水平。笔者随机抽取了从2001年到2009年发表在该专栏里的90篇文章，按照上述分类标准来划分，发现其中非实证研究文章只占文章总数的三成，而实证研究则占到七成（图5-4-1）。

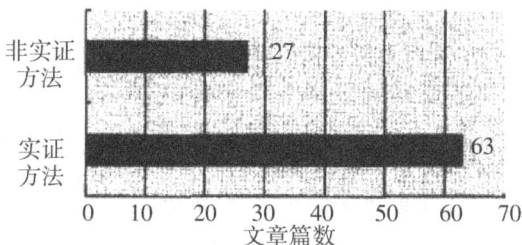

图5-4-1　美国物理教育实证与非实证研究文章篇数对比

我国的情况又如何呢？我们的物理学术期刊之中极少有设立相应的"物理教育研究"栏目，相关的文章主要发表在各种物理教育类期刊上。这类刊物有《物理教学》《物理教师》《中学物理教学参考》《物理教学探讨》《中学物理》《物理通报》《物理实验》以及《物理教育研究》等，还有极少量的物理教育研究文章发表在综合性教育类期刊上，在上述期刊上发表的文章从数量和质量上反映了我国物理教育研究的整体规模和水平。但按照前面所说的实证方法的划分标准，不难发现实证研究的文章数量极少，占比则基本可以忽略不计。

二、美国物理教育研究的实证方法

依据前面所讲的实证研究的标准，在对上述选自《美国物理学杂志》中的"物理教育研究"专栏刊载的90篇英文文章逐一研读后，笔者发现美国物理教育研究方法体系的一个基本构成，现用框图表征如图5-4-2所示。

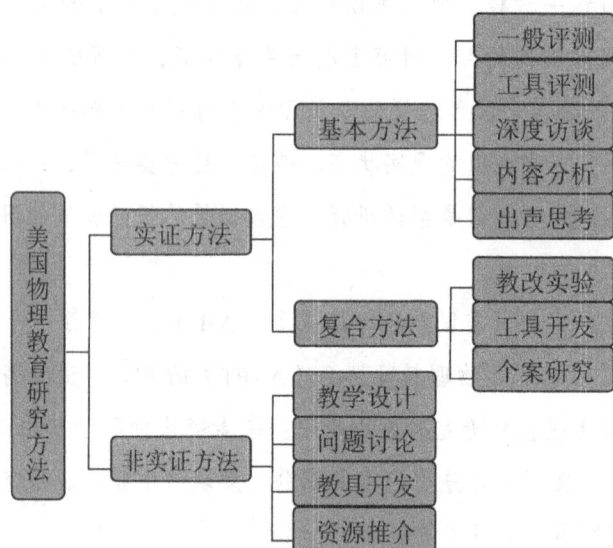

图5-4-2　美国物理教育研究方法分类图

从图5-4-2我们可以看到，美国物理教育研究方法以研究取向来划分，可以分为实证与非实证方法。实证方法再根据组成的复杂程度来划分，又可分为基本方法和复合方法。基本方法包括一般评测、工具评测、深度访谈、内容分析和出声思考。基本方法的详细内容将在稍后讨论。复合方法也是实证研究的方法，但是它们通常由两种或者两种以上的基本方法构成的。如教改实验的方法，它本身是一种实证方法，但通常又可能包括一般评测的方法、深度访谈的方法，甚至可能包括内容分析的方法。工具开发是指评测工具的开发，包括物理学基本概念的评测工具，如力学概念测试卷（FCI：Force Concept Inventory）、力学基础测验（MBT：Mechanics Baseline Test）、电磁学概念测试卷（CSEM：The Conceptual Survey of Electricity and Magnetism）等，都是针对学生基本物理概念测试而设计，并被广泛采用的标准化的评测工具。评测工具还包括一些用于评测师生科学本质观的标准化问卷，如科学本质量表（NOSS：Nature of Science Scale）、科学态度问卷（SAI：The Scientific Attitude Inventory）、科学本质观问卷（VNOS：Views of Nature of Science Questionnaire）等。个案研究也是一种实证方法，但它通常也包括多种基本方法，如访谈方法和内容分析的方法等。非实证的方法包括：教学设计、问题讨论、教具开发和资源推介。教学设计主要探讨一节课该如何讲；问题讨论是指针对物理教学中的具体内容，发表作者的感悟与体会，包括具体的推演过程；教具开发是指针对具体的教学内容开发多媒体课件；资源推介就是介绍物理教学中各个教学环节可能会用到的教学资源，尤其是网络资源。本文对此不作详细讨论。以下重点讨论实证方法中的基本方法。

表5-4-1是依据上述90篇文献，对美国物理教育研究基本实证方法的分类统计结果。

表5-4-1　美国物理教育研究基本实证方法分类统计表

研究方法			研究内容	典型案例
方法名称	频数*	%		
一般评测	32	40	采用教育测量与统计的常用方法对可以量化的教育现象进行统计、测量与分析，以探寻物理教育的一般规律	"数学基础与物理概念学习增益之关系：诊断性前测分数之中可能的隐藏变量"（运用相关分析方法）
工具评测	25	31	运用标准化的评测工具对物理教育的研究对象进行量化评测，评测结果既可用于教育质量监控，也可用于具体教法的有效性研究	"解释FCI分数：标准化增益、前测分数与科学推理能力"（运用评测工具FCI以及科学推理详测工具Lawson Test）
深度访谈	16	20	运用访谈提纲，进行集体或者个别访谈，旨在深入了解受访者对于物理问题的具体思维过程，或者对于某些问题的看法与态度	"认识论对于学习的影响：一个物理专业学生的个案研究"（运用个别访谈方法）
内容分析	6	8	常见的有教材文本分析和对学生的手书文本的分析。可以用于教材比较研究，也可对由录音录像资料转换而来的文字文本进行分析	"使用光学中的两种模型：学生的困难与教学建议"（运用内容分析的方法）
出声思考	1	1	它是研究者感知人类思维过程的一种方法论意义上的尝试，具体来说，就是让被试一边答题一边将思考的过程说出来，研究者将这一过程记录下来以备分析之用	"学生对于高斯定理对称性的理解"（运用出声思考的方法）

注：*这里的"频数"意指某种实证的基本方法在上述90篇论文中出现的次数。由于每篇论文用到的方法可能不止一种，而作者也可能只用到非实证方法，或者实证方法中的复合方法，所以该栏目中各种方法的频数总和不一定是100。而"%"栏目中的数字是指某种方法出现的频数占各种实证性的基本方法频数总和的百分比。

从表5-4-1中我们可以看到，一般评测的方法占基本方法使用总数的四成，工具评测的方法占到三成，访谈的方法占到两成，而内容分析和出声思考合起来占到一成。所以在美国，实证方法占七成，是研究方法的主流；而量化方法（一般评测+工具评测）则占基本实证方法的七成，又是实证方法的主流。

一般评测，就是采用一般统计测量方法所实施的评测。在美国物理教育研究文献中，使用最多的几种一般评测方法有：频数分析、相关分析、回归分析、因子分析、方差分析、配对样本和独立样本t检验等，也有少数研究者在开发评测工具时采用结构方程模型、拉西模型分析等方法。比如，美国爱荷华州立大学的一项研究就是采用相关分析的方法来实施的[6]。他们研究的问题是：学生的数学基础与他们的物理概念学习增益①之间是否存在相关？通过相关分析他们发现，两者之间没有显著的相关关系。而之前的大量研究都表明：数学基础与物理学习成绩之间存在显著的正相关。所以他们得到的结论是：虽然学生的数学基础对他们的综合物理成绩有影响，但对于他们学习物理概念却没有太大影响。因为在美国，有许多非理科学生选修的是不需要用到数学的概念性的物理课程。爱荷华州立大学的这项研究无疑为上述课程的开设提供了合理性的依据。

工具评测，就是采用标准化的评测工具所实施的评测。在美国，标准化的评测工具非常多。在物理教育领域，这些评测工具几乎涵盖了物理教学的几个领域，如力学、运动学、电磁学、热学、能量与动量等领域，都有一个或者一个以上的标准化评测工具。还有一些专门用于评测学生相关技能的工具，如有评测学生对于图像的理解和运用能力的工具、评测学生对于矢量的理解和运用能力的工具、评测学生科学推理能力的工具等。除此之外，还有用于评测学生情感态度一类的工具，如评测学生对于物理教学的期待与学习方式的工具、评测学生对于科学本质认识的工具等。美国洛约拉马利蒙特大学所实施的一项研究[7]，就使用了两种标准化评测工具FCI和Lawson Test。前者是测量学生力学概念的评测工具，后者是测量学生科学推理能力的评测工具。他们的研究发现，学生的概念增益与他们的FCI前测分数显著相关；而概念增益与他们的推理能力更是高度显著相关。在此基础

---

① "学习增益"是教学效果的评测指标，在美国使用得非常多。其中标准化学习增益的定义是：$<g>=$（后测分数—前测分数）/（测验满分—前测分数）。学习增益的测量工具通常是标准化的评测工具如FCI等。

上，他们提出了科学评测教学方法有效性的相关建议。

深度访谈，就是采用面谈的方式，深入了解受访对象相关态度或具体思维过程的研究方法。根据对象的数量来划分，访谈一般可以分为集体访谈与个别访谈两种。在物理教育研究中多采用个别访谈的方式。根据访谈结构程度来划分，访谈又可以分为结构式访谈、半结构式访谈以及开放式访谈三种。采用哪种访谈方式要根据具体情况来确定。如果对访谈的问题知之甚少，或者想要做某项研究的预研究，可以先在较小的范围内采用开放式的访谈方式进行访谈，待研究者对所要研究的问题知道更多的时候，再采用结构式的访谈。结构式的访谈一般需要有一个访谈提纲，其中的问题基本上是封闭性的。而半结构式的访谈提纲中的问题则基本是半开放性的。用封闭性的问题所收集到的数据便于量化分析，而半封闭性的问题则利于收集更多的质性数据。比如美国马里兰大学的一项研究就大量采用了访谈方法[8]。他们研究的问题是：学生的学习观对于他们的学习有何影响？采用的是包括访谈在内的复合方法——个案研究。他们的研究对象是一名选修大学物理的学生。通过对这名学生在课堂上的各种学习行为的录像和访谈结果的分析，他们发现，学生对于知识的看法和学习的看法直接影响到他们的学习。由此他们得到的结论是：只有在十分关注学生的知识观和学习观的前提下，课程材料和教学方法才能有效地发挥作用。

内容分析，原本是传播学的一种研究方法，意指对各种材料、记录的内容进行系统的量化描述的研究方法。后来人们对于它的理解泛化了，它被理解为一切将各种材料进行内容剖析从而得出结论的研究方法，它可以是量化的，也可以是质性的。在物理教育研究领域，内容分析的方法通常被用来进行教材分析。如法国巴黎大学的一项研究[9]①就采用了内容分析的方法。他们研究的问题是：在将光的粒子模型与波动模型结合起来理解光学现象或者解决光学问题时，学生会遇到什么样的困难？他们对使用的教材进行内容分析，并结合针对研究的问题所编制的三道光学问题的测试中学生应答文本的分析，得出学生理解困难的几种类型和原因，并在此基础上提出了相关的教学建议。

出声思考，又称为口语报告，它是通过分析研究对象对自己心理活动的口头陈述，收集有关数据资料的一种研究方法。其基本程序是：让被试在完成一道物理习题时，边做边

---

① 这是由法国人撰写，发表在《美国物理学杂志》的"物理教育研究"专栏上的一篇文章。笔者发现，在该专栏上发表文章的作者，除了美国人之外，还有来自英国、法国、德国、加拿大、澳大利亚、南非等国的研究者。笔者还是将这些来自美国本土以外的研究归并为美国的物理教育研究，原因有两点：其一，本文分析的文献中，美国作者占了绝大多数，外国作者占比较小；其二，在此发表文章的外国作者其研究取向与规范是受到美国的学刊编辑认同的。

将自己的想法、思路说出来。研究者及时将被试表述出来的内容记录下来，按照一定的程序进行分析，以揭示其思维活动的基本规律。按照时效性来划分，口语报告包括现场及时报告和事后追述报告两种；按照报告的方式来划分，口语报告又可以划分为结构性报告和无结构报告两种。在物理教育研究领域，一般采用现场无结构报告的形式。一项来自美国匹兹堡大学的研究便采用了出声思考的方法[10]。他们选取选修大学物理的学生作为研究样本，主要就静电场中高斯定理的运用中学生容易遇到的困难进行调查。他们采用出声思考的方法，让学生在用高斯定理求电场时，就如何分析电荷分布的对称性、如何选择高斯面、如何表示电通量等问题说出自己的想法。而后结合深度访谈和量化评测，他们发现，学生普遍在上述三个方面都存在不同类型和不同程度的困难，最后他们提出了相应的教学建议。

三、美国的经验给予我们的启示

与其他西方人一样，美国人相信在政策决策之前一定要有可靠的调查研究。在物理教育领域里，人们所做的任何教学改革，也都是基于教育研究的。因此，我们经常看到美国的许多物理课程，包括使用的物理教材都是教育研究的产物，而一些大的研究项目都会得到国家自然科学基金的资助。

比如，美国大学物理教材中，有《探究物理》（*Physis by Inquiry*），中学物理教材中也有《建模物理》（*Modeling Physics*）。这些教材都从属于相应的课程，而这些课程又都有相关的大型研究作为支撑。在这里，课程和教材的编制者也都是相关研究的领导者。上述课程在美国都有相当的影响力。美国民众为何愿意选择这些课程和教材呢——他们相信这些课程教材都是可靠的，因为它们有扎实的研究基础。其实，除了上述大型的物理课程改革研究项目之外，更多的是一些小型的、教师自选的教改项目。这些教改项目无论大小，基本上都采用实证的方法。相比之下，我国物理教育研究中实证方法运用不多、方法训练不够。这已成为我们亟待解决的问题。笔者认为可以从以下三个方面着手改进。

（一）统筹规划切实保障职前教师的方法教育落到实处

在我国的高等师范院校，或者设有师范专业的综合性大学中，学生的方法训练有三个可能的时机：一是由各学科性学院开设的选修课"学科教育研究方法"，共32学时，2个学分，主要介绍与学科有关的研究方法；二是在学生参加教育实习时，要求他们在实习学校做一个教育调查；三是在学生撰写毕业论文时，可能得到系统的方法训练。但据笔者十多年来的观察和了解，三个环节互不相干，各自独立。选修课的主讲教师一般不会关心学生实习中的教育调查如何做，实习带队的教师也不会过问学生的毕业论文如何做。另外，实习带队教师和论文指导教师对学生的调查报告和论文的规范与质量要求也各不相同。由此带来的后果是学生在进入实习学校进行教育调查时，得不到带队教师的具体指导；教育调查的内容与毕业论文毫无关系……如此种种，使得我们师范生的方法教育效率低下、质量不高。由此笔者认为，在院系层面上，要对实习中的教育调查与毕业论文指导进行统筹规划，尽量保证学生的教育调查内容将来可用于毕业论文。或者实习带队的教师，也作为将来学生的毕业论文指导教师。如果条件不允许，也应尽量让学生采用所学的研究方法实施调查，真正做到学有所获，做有所成。

（二）通过多种渠道多种途径提升在职教师的教育研究能力

2012年访美期间，笔者应邀全程观摩了一个教育研究方法培训班的教学活动。该培训班的学员是来自当地中小学的数十名科学教师，培训班的经费全部由美国国家自然科学基金资助，包括受训教师的路费（汽油费）、午餐费、资料费、器材费，还有主讲教师的课酬等，都由国家来买单。授课教师是来自美国大学的、从事科学教育教学和研究的知名教授。在培训过程中，既有理论介绍，也有实际操作。在培训结束之前，每位受训学员都被要求结合自己的教改实践，向全体培训学员做一场小型的实证研究报告。笔者看到，整个培训过程紧凑而高效。事后组织者介绍说，该培训班的每一期学员都来自不同学区，这样的培训班他们每年都会开办一期。从前笔者一直感觉到很好奇：为什么美国的教师，包括一线的中小学教师的教育研究素养都很高？由此找到了答案。上面所讲的是美国对在职教师进行方法培训的一种途径。其实他们还有另外一种途径，就是读研。在美国，中学教师中具有硕士学位的人数比例很高，他们中很多人都是工作以后再去读研的，而读研期间，他们也会受到相应研究方法的训练。关于在职读研，我国已有教育硕士的教师培训模式，这是提升教师研究素养的绝好机会，但我们也遗憾地发现，部分教师读研的积极性不高，某些地方政府的相关支持也不够。另外，我们又欣喜地看到，我国开始有一些教育类专业学会，在召开学术年会时，同时举办一两天的方法研修班，有实力的出版社（如人民教育出版社）也正在组织相关的方法培训。这是颇具远见的举措。笔者希望这样的班办得再多一些、时间再长一些、受益面再大一些。

（三）强化学术类期刊的导向作用

2009年，美国俄亥俄州立大学包雷博士所领导的研究团队，在世界顶级的学术期刊《科学》（*Science*）上发表了一篇论文[11]，文章的题目是《学习与科学推理》。研究的对象是中国和美国的大一学生。研究的内容，是中美大学生在物理内容知识与科学推理能力上的比较。研究的工具，就是前面提到的力学概念测试卷FCI和科学推理测试卷Lawson Test。他们通过大样本的实证研究表明：中美学生在物理学科知识上相差很大（中国学生的平均得分远远高过美国学生），但在科学推理能力上几乎没有差异。这一发现可以让我们重新审视中美两国的教育。《科学》杂志看好这样的实证研究，这是强有力的实证导向。相比之下，我国学术类期刊导向作用的发挥不足，表现在两个方面：一是我国科学研究类期刊一般不刊载教育类文章，二是教育类期刊并未明确表现对于实证文章的特殊兴趣。我们期望这些情况都能够有所改变。

参考文献：

［1］张红霞.教育科学研究方法［M］.北京：教育科学出版社，2009：13.

［2］裴娣娜.教育研究方法导论［M］.合肥：安徽教育出版社，1995：9.

［3］董奇.心理与教育研究方法［M］.广州：广东教育出版社，1992：31.

［4］Wikipedia. Empirical Research［EB/OL］.（2015-01-15）. http：//en.wikipedia.org/wiki/Empirical_research.

［5］徐辉，季诚钧.高等教育研究方法现状及分析［J］.中国高教研究，2004（1）：13-15.

［6］MELTZER D E.The relationship between mathematics preparation and conceptual learning gains in physics：a possible "hidden variable" in diagnostic pretest scores［J］. American journal of physics，2002（12）：1259-1268.

［7］COLETTA V P，PHILIPS J A.Interpreting FCI scores：normalized gain，pre-instruction scores，and scientific reasoning ability［J］. American journal of physics，2005（12）：1172-1182.

［8］LISING L，ELBY A. The impact of epistemology on learning：a case study from introductory physics［J］. American journal of physics，2005（4）：372-382.

［9］COLIN P，VIENNOT L. Using two models in optics：students' difficulties and suggestions for teaching［J］. American journal of physics，2001（7）：36-44.

［10］SINGH C. Student understanding of symmetry and causs's law of electricity［J］. American journal of physics，2006（10）：923-936.

［11］LEI B，et al. Learning and scientific reasoning［J］. Science，2009，323（5914）：586-587.

II. 案例评析

这是一篇期刊文章。文章采用内容分析的方法，对2001—2009年共9年间发表在《美国物理学杂志》（*American Journal of Physics*）上的90篇文章进行梳理，得到美国物理教育研究方法体系的概貌。本案例中内容分析的具体做法如下：一是制定分类标准。由于当前学术界对教育研究的"实证方法"存在不同理解，所以本文首先需要给"实证方法"下一个操作性的定义，否则问题就无从讨论。这里给"实证方法"下定义的过程，其实就是给方法体系制定一个分类标准。二是阅读全部文献。作者对90篇文献逐一阅读，先看每一篇文献的摘要部分，再看其研究设计部分，重点关注其方法设计。三是标定文献类型。在全面阅读的基础上，根据制定的方法分类标准，对全部文献进行标定。就是在文献的标题上进行代码标定。如实证方法的代码为1，非实证方法的代码为2；实证基本方法的代码为11，实证复合方法的代码为12；实证基本方法中的一般评测方法为111，实证基本方法中的工具评测方法为112；等等。四是统计分析数据。将上一步骤中的代码进行归并统计，最终得出美国物理教育研究方法体系的基本构成。

应该说，文章是有特色的。首先，由于内容分析本身就是一种实证方法，所以本文是一篇用实证方法来研究实证方法的文章，这是它的第一个特色。其次，以大量英文文献作为研究的对象，是本文的第二个特色。当然文章也是有局限的。其一，想说的东西很多，真正说清楚的很少。例如工具评测这个概念，由于没有展示一个完整的评测工具或者一个评测工具的具体题目，很多读者恐怕难以理解消化。其二，对美国物理教育研究方法体系的描述并不完备。也就是说，还有一些内容其实是该介绍却没有介绍的。比如，2012年8月初在美国费城的宾夕法尼亚大学举办了一个全美物理教育研究会议（PERC），该会议的主题是学生学习物理的学业表现和身份认同的文化视角。会议组织者共收到一百多篇论文，这些论文从社会学、文化学、语言学、心理学等各个角度来探讨物理教育的问题。其实，这正是当前国际物理教育界在研究方法上的一个重要转型，即走向多学科的研究范式。这是一个很大的话题，不宜在此详述。

第六章　物理教育研究技术案例

前面的第三章和第四章简述了结构方程模型和拉希模型的一般原理和方法。本章将介绍两个相关的案例。

第一节　结构方程模型应用案例

I. 案例内容

评价观问卷结构效度的检测方法与检测结果

所谓结构效度（construct validity），又称为建构效度，是指测验能够测量出理论的特质或概念的程度。结构效度的检验通常包括以下步骤[1]：①根据文献探讨、前人研究结果和实际经验等进行假设性理论建构；②根据建构的假设性理论编制适当的测验工具；③选取适当的受试者进行测试；④以统计检验的实证方法去考察此测验工具是否能有效解释所欲建构的心理特质。本论文研究将在前期质的研究基础上建立教师学业评价观的基本模型，并采用验证性因子分析（confirmatory factor analysis，简称CFA）的方法，对以这一模型为基础编制的《理科教师学业评价观调查问卷》的内部结构效度进行检验。如果验证性因子分析的结果支持该问卷的各分量表，则表明该问卷有较好的结构效度，同时，也将从另一个角度为前一阶段质研究结果的有效性提供佐证。

本论文研究采用LISREL软件作CFA统计分析。LISREL是英文Linear Structure Relations（线性结构关系）的缩写，它是目前对模型的数据进行拟合分析最为流行的统计工具之一（其他分析软件包括EQS、AMOS、MPLUS等）。一般来说，LISREL分析处理的结构方程模型（SEM）有两种：一是测量模型（measurement model），二是结构模型（structure model）。其中结构模型主要处理潜变量之间的关系，而测量模型则主要关注潜变量与观测变量之间的关系。本论文研究主要涉及教师学业评价观问卷各分量表构造的合理性检验，

---

[1] 吴明隆. SPSS 统计应用实务［M］.北京：科学出版社，2003：63.

也就是说，只需要处理潜变量与观测变量之间关系的合理性建构问题，所以只使用测量模型。CFA是结构方程模型分析的特例，SEM一般包括以下四个步骤[①]：模型建构（model specification）、模型拟合（model fitting）、模型评价（model assessment）和模型修正（model modification）。模型建构包括观测变量（即指标，通常是项目）与潜变量（即因子，通常是概念）的关系，以及各潜变量（即不可观察的变量）间的相互关系等。就本论文研究而言，这项工作已经完成，但在进行CFA分析前，需要对模型进行设定。具体来说，就是要通过参数矩阵或路径图的方式设定固定参数（fixed parameter）和自由参数（free parameter）等，从而界定模型。图6-1-1是模型设定的图型表征。

本论文研究使用CFA分析方法对教师学业评价观问卷中的36个项目（观测变量）、5个分量表（五种学业评价观，即五个潜变量）构成的理论模型进行拟合度检验。其理论模型如图6-1-1所示。其中，每一个矩形代表一个项目（观察量），每一个椭圆代表一种评价观（因子）。设定每一个观察量只在其中一个因子上有负荷。该模型可以简称为"36-5模型"。本论文研究使用的LISREL程序见附录。

在CFA统计分析中，需要对理论模型进行拟合度检验，检验的指标常用有以下五项：①最小拟合函数c^2；②自由度df；③近似均方根误差RMSEA；④未规范的拟合指数NNFI；⑤比较拟合指数CFI。c^2及其自由度主要用于比较多个模型。一般认为，如果RMSEA在0.08以下（越小越好），NNFI和CFI在0.9以上（越大越好），所拟合的模型就是一个"好"模型[②]。本论文研究采用上述五项指标作为模型评价的标准。

《理科教师学业评价观问卷》的结构效度检验结果如下：

本论文研究对《理科教师学业评价观问卷》的结构效度检验，分两次进行。第一次检验的是原问卷；第二次检验的是删除9个题项后，保留下来的27个题项组成的问卷（简称为"27-5模型"）。下面分别报告两次结构效度检验的结果[③]。

[①] 侯杰泰，温忠麟，成子娟.结构方程模型及其应用［M］.北京：教育科学出版社，2004：113.

[②] 同①45.

[③] 结构效度的检验采用验证性因子分析的方法，使用 LISREL 编程，源程序见附录。

表6-1-1 "36-5模型"的拟合度检验结果

样本容量	196
待检模型	36-5
自由度	584
卡方	1126.13
近似均方根误差估计（RMSEA）	0.07
不规范的拟合指数（NNFI）	0.89
比较拟合指数（CFI）	0.90

　　如前所述，如果RMSEA在0.08以下（越小越好），NNFI和CFI在0.9以上（越大越好），所拟合的模型就是一个"好"模型[1]。另外，卡方值的大小也可反映模型与数据的拟合度。一般说来，卡方值越小，模型与数据拟合得越好。按照这个标准，"36-5模型"中的NNFI指标没有达到基本要求，CFI值也不高（刚刚达标），卡方值也较大。为找到一个更为理想的模型，研究者将该模型中在各个因子中的负荷小于0.5的9个变量（题项）删除[2]，保留了其中有较大因子负荷的27个变量（题项），并重新进行了一次模型与数据间的拟合度检验。两次检验结果如表6-1-1和表6-1-2所示。两个模型的参数估计结果如图6-1-2和图6-1-3所示。

　　从表6-1-2中，我们可以看到，三项拟合度指标RMSEA、NNFI和CFI都达到"好"模型的基本要求，而且更加趋近于理想值。此外，卡方值也有较大幅度的下降。由此我们可以说，"27-5模型"是一个"好"的模型。或者说，由保留下来的27个题项组成的新问卷有较好的结构效度。论文后续的统计分析，将主要依据新问卷所测数据进行。

---

① 侯杰泰，温忠麟，成子娟.结构方程模型及其应用［M］.北京：教育科学出版社，2004：45.
② 从"36-5模型"的验证性因子分析结果中可以看到有9个变量的因子负荷较小（小于0.5）。研究者通过对这9个变量进行逐一查验后发现，这些变量所代表的题项存在多重负荷的倾向。以A（管理导向评价观）量表中被删除的两个题项为例：该量表中的Q9"学生的课堂行为是否符合老师的要求是评价学生的重要内容"和Q19"评价学生是否用心听讲是重要的"都与教学导向的评价观，即与C量表的内容有关。也就是说，它们可能同时从属于A、C两个因子，所以最后决定将这9个变量删除。

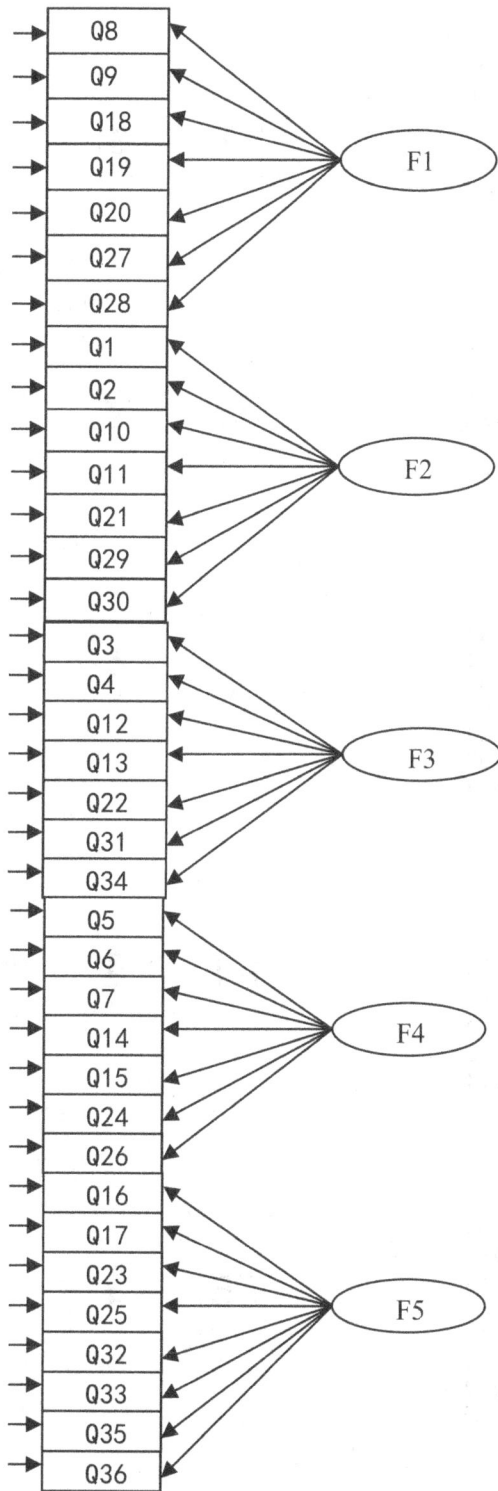

图6-1-1 评价观模型路径图

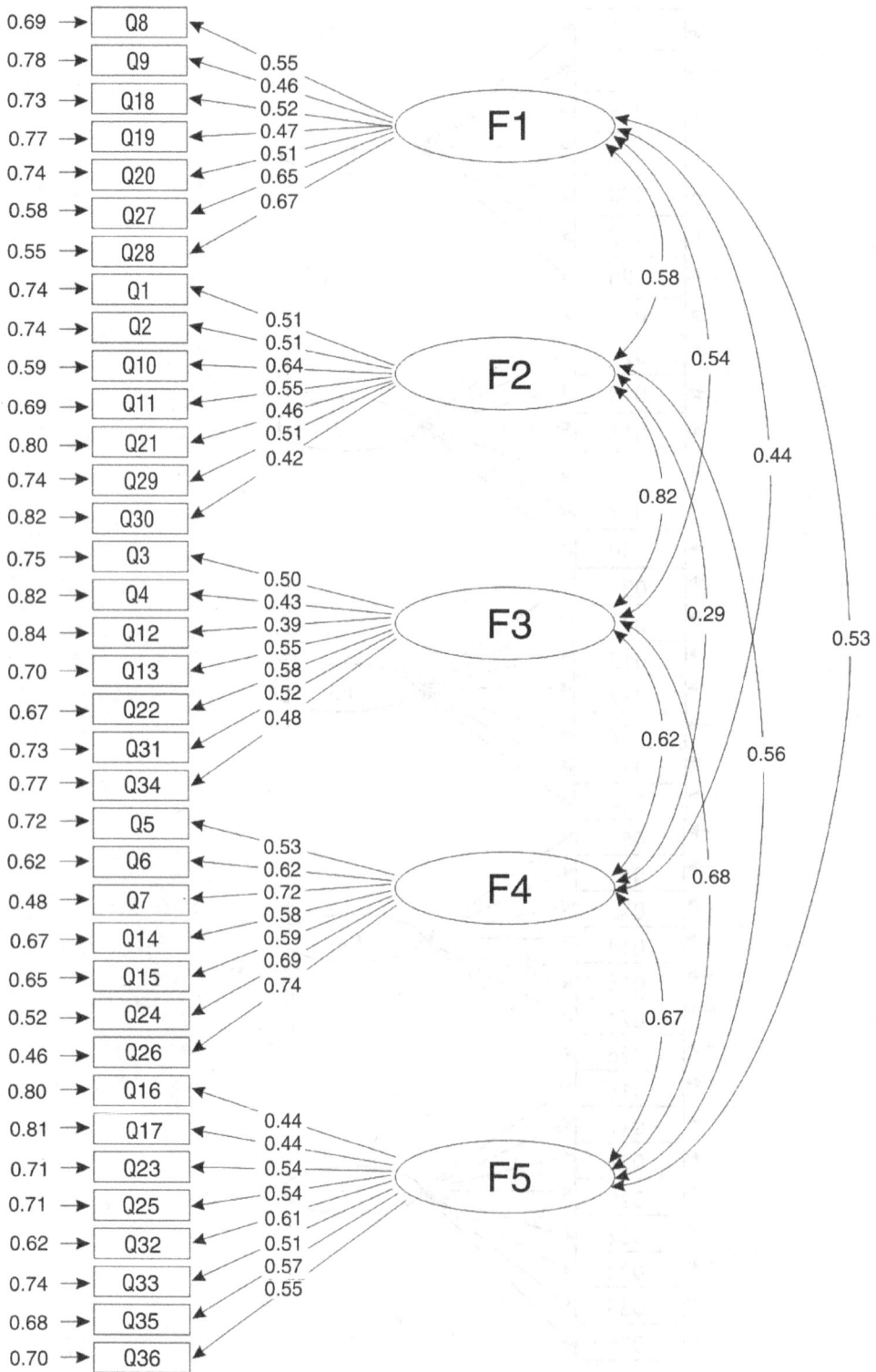

图6-1-2 "36-5模型"参数估计值

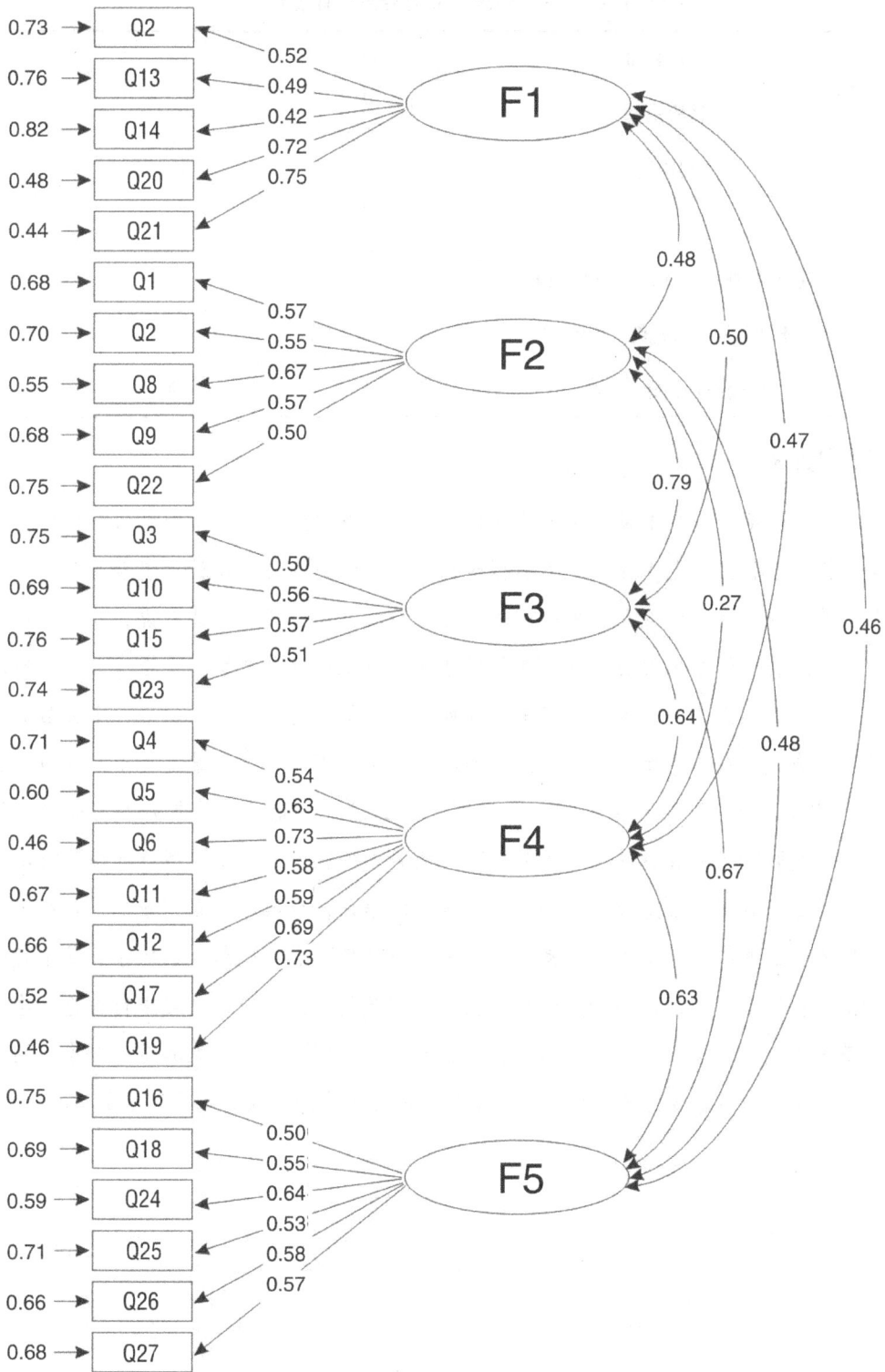

图6-1-3 "27-5模型"参数估计值

表6-1-2 "27-5模型"的拟合度检验结果

样本容量	196
待检模型	27-5
自由度	314
卡方	571.59
近似均方根误差估计（RMSEA）	0.06
不规范的拟合指数（NNFI）	0.92
比较拟合指数（CFI）	0.93

II. 案例评析

　　该案例是笔者博士论文中量化研究的一部分。本案例用结构方程模型做验证性因子分析。整个分析过程包括三个步骤：一是模型建构。论文研究的总体设计为混合设计，即质的方法与量的方法平行顺序设计。先做质的研究，后做量的研究。具体来说，就是先做访谈，后做评测。访谈的结果表明，理科教师的学业评价观有五种类型，于是这五种评价观就成为评测问卷中的五个分量表，也就是验证性因子分析中的五个因子。每一个分量表由若干道题目组成，这些题目就成为各个因子的观测变量。而五个因子就是五个潜变量。这样，模型就建立起来了。二是模型评测。模型评测的过程，就是将编制好的问卷拿去评测，再收集相关数据，用SPSS计算出相关矩阵，然后依据相关矩阵及模型特点编写LISREL源程序，最后运行程序。三是模型选择。程序运行的结果，会给出一系列数据，包括各种指标。而后依据这些指标，就可以对模型的"好"与"坏"进行判断和选择了。从上述介绍可以看出，在这里，验证性因子分析的过程，其实就是对问卷中的题目进行筛选，在信度分析的基础上进一步提升问卷质量的过程。因此，一份好的问卷，尤其是一个准备用于大规模评测的问卷，验证性因子分析，也就是所谓结构效度的检测是必不可少的。

第二节　Rasch 模型应用案例

下面介绍一则发表在学术期刊上，以Rasch模型方法检验评测工具的实证研究报告。

I. 案例内容

美国力学概念测试卷对于中国学生的适切性研究

吴维宁

【摘要】对我国大中学生样本进行FCI测试，经过拉希分析发现：（1）FCI具有良好的结构效度，可作为我国力学概念教学的评测工具；（2）FCI在我国的主要适用群体是高中生；（3）FCI的若干题目有待改进。

【关键词】FCI；中国学生；适切性；拉希分析

诞生于20世纪90年代的力学概念测试卷FCI（Force Concept Inventory），不仅在美国物理教育界有着重要影响，其世界影响也在不断扩大[1]。作为一份标准化的力学概念测试卷，研究者用它来判断某种教学方法的有效性；教师则用它来诊断学生的学习。评测工具就像一把尺子，要用好一把尺子，不仅需要了解它的精确度，还必须了解它的测量范围。对于教育评测而言，评测工具的精确度就是它的信度和效度，测量范围就是适合于它的评测对象。近年来我国已有研究者开始使用FCI对中国的教师与学生进行评测[2][3]。因此，本文关注的焦点是FCI的对象适切性。换句话说，我们想知道：FCI是否适用于中国学生？如果适用，它更适合哪一个学段的学生？FCI本身有无需要改进的地方？对于这些问题的回答无疑将有助于提升FCI本身的质量及其在我国的使用效益。

一、研究设计

1. 研究对象

本文研究的对象是FCI。它是一份标准化的力学概念评测工具。1992 年，David Hestenes 等人在美国物理教师协会会刊《物理教师》上发表了它的第一个版本[4]。1995 年，Richard Hake 等人又在第一版的基础上作了修订[5]。本研究采用 95 版的汉译版[6]。FCI 包含 30 个力学概念性问题，回答问题时无须任何计算。每个问题之后有 A、B、C、D、E 五个选项，其中只有一个正确答案，即五选一。FCI 在美国的目标群体包括大学生和高中生。

2. 研究样本

本研究选取的样本来自武汉市的一所省属综合性大学（一本）、一所民办独立学院（三本）、一所普通高中和一所普通初中。这些学校基本上能够代表中国大学和中学的一般水准。大学和中学的样本容量分别为 353 和 467 人。其中，普通高校大一学生 163 人，民办独立学院大一学生 190 人。高一学生 267 人，八年级学生 200 人。本测试共发放 FCI 试卷 820 份，所有发放的试卷全部收回，经检验均为有效试卷。

3. 研究方法

本研究采用拉希分析的方法对 FCI 进行评测。拉希分析基于一种数学模型，英文称为 Rasch Model[7]。它由丹麦数学家乔治·拉希（Georg Rasch）于 20 世纪 60 年代提出。拉希模型的一个重要特点是它允许使用者生成一个可以同时描述试题难度和被试能力的等距量尺（赖特图）。试题难度与个体能力可以在同一个垂直量尺上相互比较。本研究对 FCI 四个层次样本的评测数据进行拉希分析，包括用赖特图检验 FCI 的适用群体、用气泡图及拉希统计数据表检验评测数据与拉希模型的拟合度以及用试题选项统计表检查试题质量。

4. 研究工具

可用于拉希分析的计算机软件有多种，包括 Winsteps、Facets、Quest/Conquest，以及 RUMM。本研究采用其中最为流行的 Winsteps。它可以处理多种不同类型的数据，包括二值数据、多选数据、等级数据、部分得分数据、等级排序数据以及成对比较数据。它还可以生成并输出可用于评测测试工具的各种数据表和数据图[8]。

二、研究结果

研究者在相关学校师生的配合下，于 2013 年 3 月初对上述四个层次共计 820 名学生进行了 FCI 测试。测试时长严格控制在 FCI 规定的 30 分钟以内并保证良好的考场秩序。测试后现场收回所有试卷和答题卡，随后进行数据检查与录入。经查，所有数据均符合要求并确定为有效数据。再运用拉希分析软件 Winsteps 编程，分别输入四个层次学生的 FCI 测试数据，经过运行，结果如下。

1. FCI 的对象适切性

考察 FCI 的对象适切性，就是通过检测确定该测试卷适合于哪一个层次的中国学生。对上述四个层次的学生样本测试数据分别进行拉希分析，得到四张能够直观地反映出学生能力分布与试题难度分布适切度的赖特图。限于篇幅，下面只列出四个样本中的初中样本和高中样本的赖特图。

Winsteps以logit为量度单位，同时提供测量被试能力和试题难度的竖直放置的等距量尺，这个被试与试题的共用量尺就是赖特图（Wright Map）。赖特图又称为试题—被试比对图（item-person map）（如图6-2-1、图6-2-2）。在量尺的右端，是FCI的30道试题，它们按照难度的大小自上向下排列。在量尺左端排列的是被试，他们按照能力的大小（根据他们在FCI测试中的表现）自上往下排列。图6-2-1是本研究中初中样本FCI测试结果的赖特图。试题与被试的分布范围都在4个logit左右，但被试能力的均值却比试题难度的均值低约1.5个logit。这一结果意味着对于初中生来说，FCI很难。图6-2-2是本研究中高中样本FCI测试结果的赖特图。从图中我们可以看到，被试能力均值比试题难度均值高出近2个logit。也就是说，对于这些高中生来说，FCI很容易。图6-2-2还显示，在试题11和试题23之间，以及试题29、试题3和试题13之间，还需要增加适当数量的、难度在两者之间的题目。因为只有各

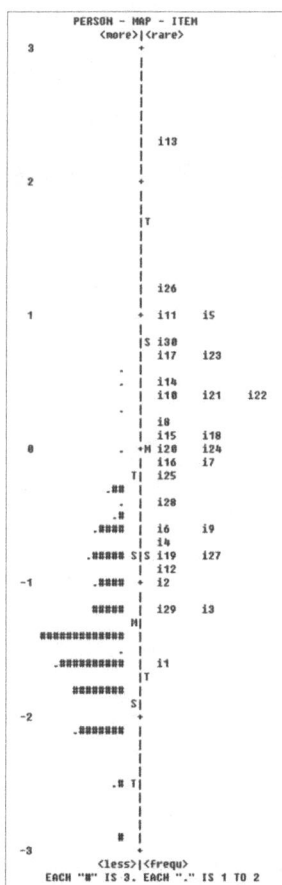

图6-2-1　初中样本的赖特图　　图6-2-2　高中样本的赖特图

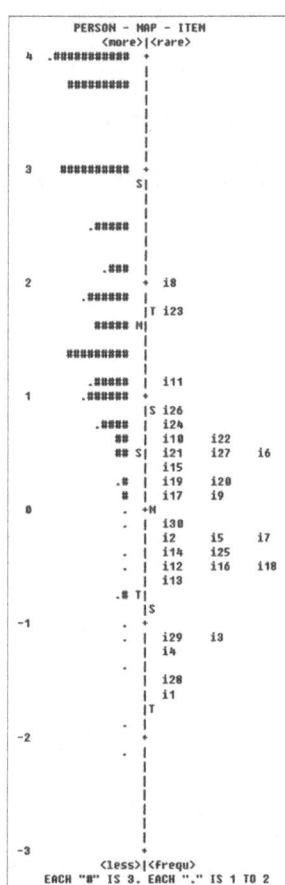

能力区间试题数量足够，各个区间的被试能力才能够被精确测量。另外，高校两个样本的赖特图均显示出比高中样本更大的能力与难度的均值差异。也就是说，绝大多数大学生会觉得FCI很简单。

2. 测试数据的拟合度

所谓数据的拟合度，就是指实测数据与拉希模型所期待的理论数据之间的吻合程度。根据拉希模型理论，两者的拟合度越高，测试工具的结构效度也越高，单一维度性也越好。Winsteps所提供的气泡图（Bubble Chart）（如图6-2-3）能够非常直观地检验数据的拟合度和测量的标准误（Standard Error）。

气泡图中，每一个气泡代表一道试题。气泡的高低代表试题的难度，气泡的大小代表试题难度测量值的标准误，气泡的左右位置代表各试题的测量值与拉希模型的拟合度。拉希模型提供四种不同的拟合度指标，其中两种常用的指标是Infit Mean Square和Outfit Mean Square。前者对中间数据敏感，而后者则对极端数据敏感。一般而言，infit比outfit更重要。但本研究测试结果表明，infit的数值比outfit的数值更理想（见表6-2-1），所以这里只讨论其中的outfit指标。拉希模型所期待的infit和outfit值都是1。与拉希模型拟合得较好的试题，其infit和outfit值应该在0.5至1.5的范围内[9]。从图6-2-3和表6-2-1中我们都可以看到，除第15题以外，所有试题的拟合度指标都在理想的范围内，试题的难度分布也基本均衡。

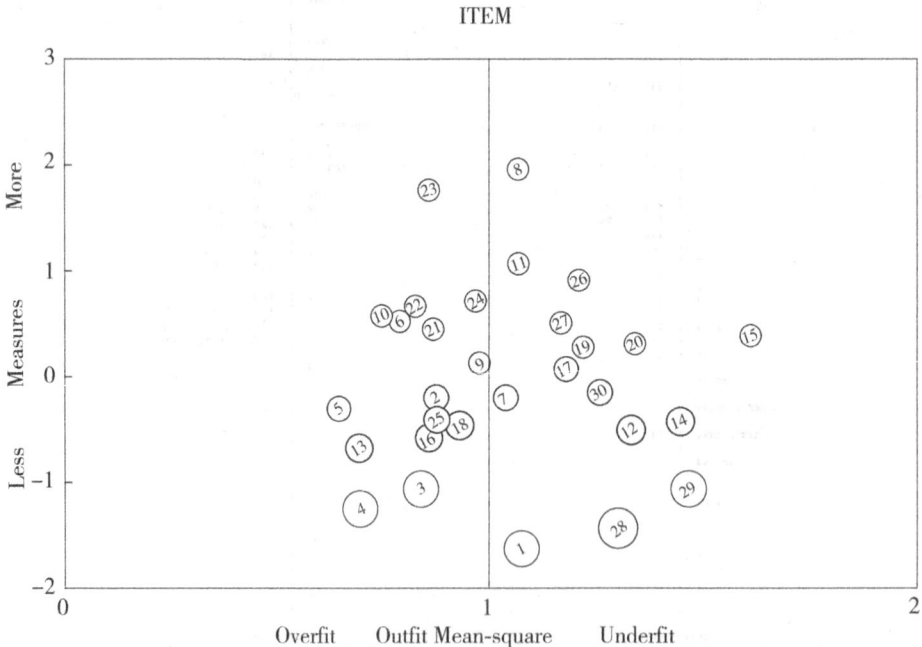

图6-2-3　高中样本FCI测试结果的气泡图

表6-2-1 高中样本FCI测试的拉希分析表

Item No.	Measure	Rasch S.E.	Infit MNSQ	Outfit MNSQ	PTMEA
1	−0.61	0.29	0.99	1.08	0.27
2	−0.20	0.19	1.02	0.88	0.40
3	−1.07	0.24	0.87	0.85	0.37
4	−1.25	0.25	0.94	0.70	0.34
5	−0.30	0.19	0.94	0.65	0.44
6	0.53	0.16	0.96	0.79	0.50
7	−0.20	0.19	1.00	1.04	0.40
8	1.95	0.15	0.89	1.07	0.62
9	0.13	0.17	0.91	0.98	0.46
10	0.58	0.16	0.86	0.75	0.55
11	1.07	0.15	0.98	1.07	0.51
12	−0.50	0.20	1.03	1.33	0.35
13	−0.67	0.21	0.88	0.70	0.42
14	−0.42	0.20	1.23	1.45	0.26
15	0.39	0.17	1.25	1.61	0.30
16	−0.54	0.20	0.93	0.87	0.40
17	0.07	0.18	1.00	1.18	0.41
18	−0.46	0.20	1.06	0.93	0.36
19	0.28	0.17	1.10	1.22	0.39
20	0.31	0.17	1.12	1.34	0.37
21	0.45	0.16	0.96	0.87	0.48
22	0.66	0.16	0.97	0.83	0.51
23	1.76	0.15	0.80	0.86	0.65
24	0.71	0.16	0.95	0.97	0.51
25	−0.41	0.20	1.03	0.88	0.38
26	0.91	0.16	1.08	1.21	0.45
27	0.51	0.16	1.03	1.17	0.44
28	−1.45	0.27	0.84	1.31	0.34
29	−1.07	0.24	0.99	1.47	0.30

表6-2-1是高中样本FCI测试的拉希分析结果。从表中我们可以看到，所有题目的infit值都紧靠理想数值1，除第15题以外，其他各题的outfit值都在0.5~1.5的范围内。最后一栏的PTMEA为点测相关系数（point-measure），它描述被试个人能力测量值与其在该试题中的得分之间的相关程度。可以看到，所有试题的点测相关都为正，表明它们对试卷的结构都有正面的贡献。

3. 有待完善的两个试题

表6-2-2是FCI高中样本的测试中试题1和试题3的各个选项的统计结果。在理想的情况下，正确选项的PTMEA值应该为正，而错误选项的PTMEA值应该为负[10]。但试题1的选项E（错误选项）的PTMEA值却为正，这是不正常的。而且我们还看到，该选项在200多被试中只有1人选择，说明该选项存在明显问题，应当加以修正。另外，试题3的选项E也无人选择，同样需要修正。

表6-2-2　FCI中两道试题的选项统计表

Item No.	Option	Score Value	Data		Outfit MNSQ	PTMEA
			Count	%		
1	B	0	3	1	0.1	−0.25
	A	0	3	1	0.6	−0.14
	D	0	8	3	1.3	−0.13
	E	0	1	0	4.1	0.01
	C	1	252	94	1.0	0.27
3	A	0	5	2	0.6	−0.18
	B	0	13	5	0.8	−0.28
	D	0	5	2	1.3	−0.13
	C	1	244	91	0.8	0.37

三、结论与讨论

关于适切性问题。从上述测试结果我们可以推断：FCI适合我国高中学生，但不适合大学生。因为从赖特图上看，高中学生的能力均值已经大大超过试题的难度均值。这个均值差异在大学生样本（包括民办高校样本和普通高校样本）的赖特图中表现得更为明显。虽然高中学生样本的能力分布与试题的难度分布已显得有些不匹配，即高中学生会感到试题过于简单，但必须注意到这样一个事实：样本中的高中理科学生已经学过一个学期的牛顿力学，经过高强度的训练，他们对于相关概念已经相当熟悉，考出这样的成绩应在预料之中。对于那些没有学过牛顿力学或者刚刚学习牛顿力学的高中学生来说，将FCI作为检验牛顿力学教学效果的前测与后测工具，应该是合适的。没学过牛顿力学的人（如本研究样本中的初中学生）觉得它很难，而学过且学得好的人（如本研究样本中的高中学生）觉得它很简单，这样，它的难度就是适中的。本研究中的测试结果正好支持这一结论。

关于拟合度问题。拉希模型是建立在单一维度性的假设之上的。也就是说，它假设评测工具只测量某一个潜在变量。在本研究案例中，这一潜在变量就是学生对于力学概念的理解水平。若数据与模型拟合得好，就说明测量的正是所要测量的变量，而不是其他的无关变量，并且数据与测验所界定的结构相吻合，这也说明测验的结构效度良好。另一方面，拉希模型假设，对于同一个体，他在简单题上的得分应当高于在难题上的得分；而对同一试题，高能力个体答对的概率应当高于低能力个体答对的概率。这也从一个侧面反映出测验的信度。此时若数据与模型拟合得好，则是测验信度良好的重要标志。本研究高中样本的评测数据表明，除个别试题以外，所有试题的拟合度指标都在可接受的范围内，它说明：第一，本研究的评测数据是可靠的；第二，FCI对于高中学生的评测是有效的。

关于试题修改。从试题1和试题3的选项统计表中，两道试题中的选项E都有问题。试题1是比较重球与轻球的下落快慢。选项E的错误太明显：重球比轻球下落得慢。一般而言，即使没有学过物理的人也不会选择这个选项（在200多人的高中学生样本中，只有1人选择该选项）。所以这个选项没有意义，应当撤换。试题3涉及自由落体的受力分析。该题的选项E为：作自由落体运动的石块受到两个向下的力，就是自身重力和空气对它的作用力。一般人们都知道空气对下落的物体有作用力，但凭生活经验，大家不会认为空气的作用力会向下，这或许是学生样本中无人选择该选项的重要原因。所以试题3的选项E也应当撤换。此外，试题15与拉希模型拟合得不好，不仅高中样本是这样，两个大学样本也是这样。但为何拟合不好，还需要作进一步的研究。

参考文献：

［1］PLANINIC M, et al. Rasch model based analysis of the force concept inventory ［J］. Physical review special topics-physics education research，2010（6）.

［2］李光蕊，等.中学物理教师力学前概念的调查报告［J］.教育研究与实验，2007（2）.

［3］王红梅，等.中学生牛顿力学部分概念相异构想的调查研究［J］.德州学院学报，

2007（6）：23.

［4］HESTENES D, et al. Force concept inventory［J］. The physics teacher, 1992（30）：141.

［5］HESTENES D, et al. Interpreting the force concept inventory［J］. The physics teacher, 1995（33）：502, 504–506.

［6］吴祖嵋. 力学概念测试题［J］. 物理教师, 1993（5）.

［7］BOND T G, FOX C M. Applying the rasch model：fundamental measurement in the human sciences［M］. New Jersey：Lawrence Erlbaum Associates Publisher, 2001.

［8］［10］LIU X F. Using and developing measurement instruments in science education：a rasch modeling approach［M］. North Carolina：Information Age Publishing, Inc., 2010：54.

［9］同［1］.

II. 案例评析

这是一篇实证研究报告。它的研究对象是标准化的评测工具FCI。在我国，运用FCI的人很多，研究FCI的人却很少。而用现代测量技术如拉希模型的方法来研究FCI的则更少。如文中所述，研究FCI可以提升其使用效益，也有利于FCI本身的改进与完善。其实除了可以对评测工具进行检测以外，拉希模型在开发新的评测工具的过程中，还可以发挥更大的作用。我国正在进行新一轮的基础教育改革，但改革的成效如何，往往很难有一个客观的评判标准。显然，用中考或者高考的成绩去判断改革的成效是不够的，甚至是不合适的，因为它们都是选拔性的考试，即常模参照考试。我们更需要一些标准参照的评测工具。另外，在学校或教学层面上的改革，也需要有一些标准化的评测工具来对其成效作出判断。所以我国需要开发一些这样的评测工具，而拉希模型就是一个很有效的开发工具，在国外已有大量的实践。因此，作为一篇运用拉希模型来检验评测工具的研究报告，它本身就有很好的展示和示范作用。这应该是该研究报告最为重要的价值和意义所在。该报告存在的问题有两点：一是论述不清。具体地说，就是在结论与讨论部分论述具体问题时，没有将FCI中的原题展示出来，这样的论述是不清晰的。二是留有尾巴。如文中所述，评测结果发现，第15题的拟合度不高，是什么原因引起的，没有作进一步的研究。尽管我们经常说，任何研究都不可能穷尽所有的问题，但至少对问题应当有一个基本的判断或者假设，比如：是因为原题本身的问题？或是英文翻译的问题？还是其他什么问题，至少应当有一个初步的判断。

第三节　马扎诺分类案例

I. 案例内容

以下案例为一篇发表在学术期刊上，基于马扎诺新教育目标分类学的中学物理评测研究论文。

基于新教育目标分类学的中学物理问题层次设计

谢丽[1,2]　李春密[2]　俞晓明[2]

（1. 长江大学物理与光电工程学院，湖北荆州　434023；2. 北京师范大学物理学系，北京　100875）

【摘要】设计高质量、高水平的问题是提高学生思维水平的关键。文章依据新教育目标分类学，构建了物理问题设计的二维框架。依据两个维度之间的动态关系，遵循认知过程从低水平到高水平，知识内容从信息到心智程序的原则，设计出4个层次13个亚类水平的中学物理问题类型。

【关键词】新教育目标分类学；知识内容；认知过程；问题设计

1　问题的提出

20世纪80年代起，"问题解决能力"受到了世界各国的广泛关注[1]。"问题"作为能力培养的载体，一直是研究的热点。研究结果表明，问题设计的水平决定了学生思维的水平，高级思维问题有利于培养学生的问题解决能力，帮助他们向专家型解题者转变。[2]然而，长期以来，物理教师所选择的课堂例题和课后习题通常是结构良好、目标明确、信息充足和去情境化的问题。这些问题偏重陈述性知识的理解和低认知水平的加工，较少涉及程序性知识和高认知水平的加工。导致在解题过程中，学生习惯于知识内容的回忆、相似例子的寻求和公式的套用[3][4]。所以，如何设计高效的物理问题就成了摆在任课教师、课程专家和教育研究者面前的重要课题。

2 中学物理问题设计的框架

自20世纪50年代布鲁姆教育目标分类产生以来，心理学家和教育学家经过近60年的持续探索，使得教育目标分类体系得到了极大的丰富和发展，现如今已有几十种分类方法。通过细致的梳理后，不难看出尽管这些分类方法视角各异，但是它们均包含了问题设计的两个目标维度：知识内容和认知过程，为问题设计框架的构建提供了有力的参考依据。在众多的教育目标分类学中，马扎诺（Marzano，2007）提出的新教育目标分类学（The New Taxonomy of Educational Objectives，简称NTEO）是最新的分类理论。它借鉴了各类理论的优点，综合了心理学研究的成果，在知识和认知过程之间划分出清晰的界限，是面向21世纪培养学生问题解决的高级思维能力的分类体系[5]。笔者在前期的研究中以新教育目标分类学构建了物理问题的设计框架，如图6-3-1所示[6]。

二维框架的横向维度代表问题知识内容的类型，包含信息和心智程序。其中，信息关注物理问题内容，被描述为"是什么"的结构句式；心智程序关注学生是怎样解题的，被描述为"如何做"的结构句式。纵向维度代表认知过程，由低到高分为提取、领会、分析和知识应用4个加工水平。

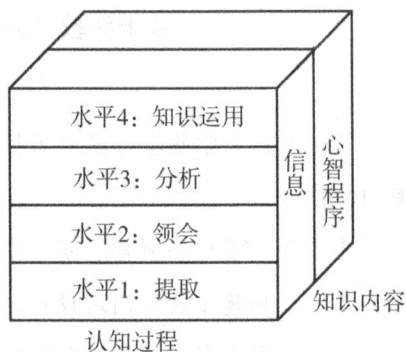

图6-3-1 问题设计框架

3 中学物理问题的设计

遵循认知过程从低水平到高水平，知识内容从信息到心智程序的原则，可以设计出内容丰富、层级有序的中学物理问题。

3.1 提取水平的问题

此类问题旨在检验学生的物理背景知识，不涉及数学运算，只要求学生能够回忆出问题中所涉及的物理知识。设计问题时，可将其细化成再认和再现、执行2个水平。

信息的再认和再现大多是概念性的，较简单的问题。不包含数学计算，只需要简单地回忆即可。例如，指出力、质量和加速度3个物理量是标量还是矢量。这里需要注意的是信息是陈述性知识，它只能被回忆而不能被执行。

对心智程序而言，再认和再现只需要学生简单地回顾心智程序的表面特征和适用范围。如写出牛顿第二定律的表达式。执行则要求学生能够按照一定的步骤完成任务。如做受力分析图、求解物理方程等。

3.2　领会水平的问题

这类问题意在帮助学生组织和构建层级有序的知识体系，是引导学生通向迁移的脚手架。设计问题时，可将其细化成整合与表征2个水平。

整合信息的问题以现实世界的事件为背景，并用"短故事"的形式呈现。要求学生能够过滤物理问题的无关细节，确定解题所需的关键信息，明晰物理定律、定理和原理的使用条件。例如，2006年3月17日，俄罗斯"勇士"特技飞行团在我国旅游胜地张家界进行特技飞行表演。这次执行穿越天门山飞行任务的是俄罗斯著名的苏–27喷气式战斗机。工业上将喷气式战斗机向后喷出燃气产生的推力和自身重力的比称为推重比。已知苏–27型战斗机的推重比最大可达1.1∶1。在一次零重力实验中，飞行员操纵该型号飞机，从1450 m的高度，以170 m/s的初速度沿竖直方向加速提升，30 s后撤去动力，此后至多可以获得多长时间的零重力状态？（为了保证安全，飞机离地面的高度不能低于1000 m，计算中$g=10$ m/s^2，空气阻力不计）。关于心智程序的整合，要求学生能够制订和设计出完整的问题解决策略，或者将已有的解题策略进行简化或完善。

任何涉及方程、图表或图形的问题都属于表征信息的问题，它要求学生能够将信息的一种表征方式灵活地转换成其他类型的表征方式。例如，请你依据图6-3-2设计一道物理问题。对心智程序的表征有利于提高学生的认知迁移技能，它不涉及计算，仅要求学生做出解题的流程图或概念图。

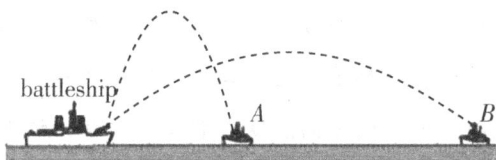

图6-3-2

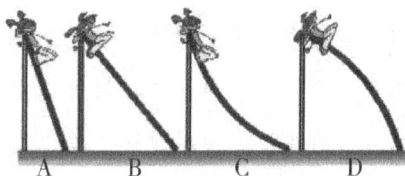

图6-3-3

3.3　分析水平的问题

领会水平的问题都是以学生所学过的物理知识作为考察和检测的范围，而分析则要求学生对知识进行重组，继而生成新的知识。所以，此类问题属于高层次水平的问题。设计问题时，可将其细化成匹配、分类、错误分析、概括和具体化5个水平。

信息的匹配要求学生比较和排列物理量的大小，区分术语、事实、物理情境、概括和原理以及物理理论模式之间的相似性和差异。如图6-3-3所示，一个小女孩从A、B、C、D这4个光滑斜面滑下，每个斜面的垂直高度相等。请将小女孩从4个斜面滑到底后的动能按从大到小的顺序排列。有关心智程序的匹配重在回答一个心智程序与另一个心智程序之间的异同。例如，给出物理问题的几种不同解题策略，要求学生从中选择最合适的一个，并解释原因。

对信息进行分类不仅仅是简单地将知识进行归类，它需要在归类的基础上，建立知识的层次关系。例如，按照力的性质和作用效果，将你所学过的力进行分类，并描述每种力的特征。对心智程序的分类需要学生依据解题方案的相似性区分心智程序所属的上位类别和下位类别，并能按从上到下的顺序将心智程序进行分类。例如，对不同类型的抛体运动所采用的心智程序进行分类。图6-3-4中给出了可能的分类结果。

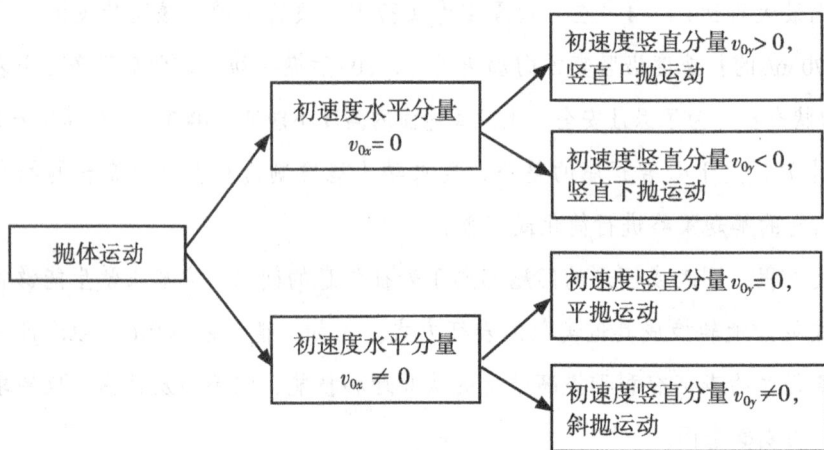

图6-3-4

对信息的错误分析要求学生能够判断问题信息的合理性与逻辑性，剔除信息中不准确的部分。例如，一个男孩在匀加速上升的电梯中用台秤称量自己的体重，台秤显示的示数就是男孩的体重。你同意这个结论吗？如果不同意请说明原因。就心智程序而言，错误分析则要求学生从给定的解题方案中检查心智程序在执行或表征时的错误或缺少的部分。

信息的概括要求学生根据问题中的信息，推断出更高程度的概括，即从具体细节归纳出一般规律或原则。例如，假设你坐在汽车中，没有系安全带，汽车突然向左转弯，你会撞向右侧的车门。你能从这个现象中总结出离心运动的规律吗？心智程序的概括与信息的概括相类似，重点在于培养学生归纳总结的能力。该类问题要求学生推断和创设出与心智程序相关的新概括。例如，写出运动学问题的通用解题程序或步骤。具体化问题与概括问题相比较，侧重于对学生演绎推理能力的培养。对于信息而言，它要求学生将已知的定理、定律和原理运用到特定的物理问题情境中，并能够做出相应的预测。例如，假设小球在月球表面做自由落体运动，那么它的频闪照片有什么特点？和地球上的照片相同吗？针对心智程序的具体化，主要是指在学生执行心智程序时，问题中的某些条件发生了改变，需要学生对结果进行预测和推断。例如，假设物体以接近光速的速度运动，那么还能用牛顿运动定律的公式计算物体的动量和动能吗？

3.4 知识运用水平的问题

知识运用是认知过程的最高水平，对知识有最复杂的思维加工，有助于学生创新性思维的提升和发展。设计问题时，可将其细化成决策、克服障碍、实验探究和调查4个水平。

决策问题要求学生激活与问题相关的信息，通过提取、分析、比较，最终做出决定。例如，南方某小区居民采用电和天然气进行取暖。这两种能源的热值、价格以及利用效率如表6-3-1所示，你认为哪一种能源最为经济？涉及心智程序的决策问题要求学生通过比较，选择解题所需的心智程序，并能够解释原因。例如，一个人坐在滑板上从高为$H=4\ m$的斜坡上由静止开始下滑。如果人和滑板的总质量为$m=60.0\ kg$，滑板与斜坡间的动摩擦因数均为$\mu=0.50$，斜坡的倾角为$\theta=30°$，那么他滑到斜坡底部时的速度是多少？整个运动过程中空气阻力忽略不计。请在牛顿运动定律和功能原理中，选择你认为最简单的方法，并解释你是如何做出这一决定的。

表6-3-1

能源	热值	价格	效率
电	$3.6×10^3$ J/（kW·h）	0.5元/（kW·h）	70%
天然气	$4.77×10^7$ J/m^3	2.10元/m^3	40%

克服障碍的信息问题是指问题中设置了限制条件或者所给的信息不充足，要求学生克服障碍完成任务。例如，解决做匀加速运动的电梯问题。这个问题包含以下2个限制条件：①你必须预估所需的物理量值，而这些量值在题目中并没有给出；②你必须用两种方法进行求解。对于心智程序而言，此类水平的问题则要求学生按照问题的限制条件选用相应的心智程序。例如，在求力矩大小时，限定转轴点的选取。信息的实验探究要求学生提出假设，设计方案，收集数据（这些数据可以是给定的），并验证假设。例如，几名学生提出了自己关于"液体内部的压强与哪些因素有关"的猜想。张平认为液体内部的压强与液体的深度有关；刘刚认为同一深度，方向不同，压强就不同；冯云认为液体内部的压强与密度有关。请你根据表6-3-2中的实验数据判断他们的猜想是否正确。关于心智程序的实验探究则要求学生遵循统计学的标准对心智程序提出假设并验证。例如，对于上面液

体压强的问题，请你参照给定的数据表格推断出液体压强的表达式，并验证你的猜想。

表6-3-2

液体	深度/cm	橡皮膜的方向	压强计液面高度差/cm
水	5	朝上	4.3
水	5	朝下	4.3
水	5	朝侧面	4.3
水	10	朝上	9.2
酒精	5	朝上	3.8
酒精	5	朝侧面	3.8
酒精	10	朝上	8.7
酒精	10	朝侧面	8.7

调查与实验探究相类似都需要提出假设并检验，不同的是实验探究以统计学的检验为准则，而调查则是对已有的资料和他人的观点进行甄别，继而用作检验的证据。例如，用你所学的物理知识进行调查研究，如果气温上升 5 ℃，地球会发生什么变化？心智程序的调查则需要学生将心智程序作为开展调研的工具验证所提出假设。例如，线性运动的方程能够用来描述圆周运动吗？如果可以，请你用已知的方程描述圆周运动；如果不行，请你建立关于圆周运动的方程。

4　结束语

问题是思维的起点，高质量的问题能促进知识的深度理解和思维的全面提升，进而提高学生的问题解决能力。本研究从知识和思维能力协同发展的视角出发，以新教育目标分类学为理论基础，构建了问题设计的框架，并依据该框架设计了不同认识水平的中学物理问题，以达到锻炼学生认知技能，活化学生内在知识的目的。

参考文献：

［1］施莱克尔.为21世纪培育教师和学校领导者：来自世界的经验［M］.郭婧，高光，译．北京：北京大学出版社，2013：29-31.

［2］HSU L，BREWE E，FOSTER T M，et al. Resource letterRPS-1：research in problem solving［J］. American journal of physics，2004（72）：1147.

［3］ISCHER A，GREIFF S，FUNKE J. The process of solving complex problems［J］. The journal of problem solving，2012，4（4）：19–42

［4］ROSS B H. Cognitive science：problem solving and learning for physics education［C］. Physics Education Research Conference，Greensboro，2007.

［5］黎加厚. 新教育目标分类学概论［M］. 上海：上海教育出版社，2010.

［6］谢丽，李春密，张焱. 基于新教育目标分类学的物理问题分类框架的构建［J］. 课程·教材·教法，2015（6）：86–91.

Ⅱ. 案例评析

作为我国物理教育界率先将马扎诺新教育目标分类学（以下简称"新分类学"）引入国内物理教育的工作者，本文作者在将新分类学应用于学科领域方面作出了开创性的工作。此前，他们基于新分类学构建了物理问题的分类框架，在此基础上，先后探讨了中学和大学物理问题层次设计的路径和方法。考虑到本书的读者对象主要是本科师范生、教育硕士、中学物理教师或中学物理教育研究者，所以这里只重点介绍其中关于中学物理问题层次设计的研究成果。有需要全面了解其他相关内容的读者，可以自行上网查阅。

基于马扎诺新教育目标分类学的二维框架模型，本文作者单独选取认知系统，设计出4个层级13个亚类水平的中学物理问题类型。针对每一个具体的子类目（亚类水平），作者首先解释其含义并说明各个子类目与问题设计的关联，然后以中学物理的具体问题来举例说明。依据新教育目标分类学的理论，作者在这篇文章中将知识内容分为"信息"和"心智程序"两个方面。在进行问题设计时，作者就认知过程的13个亚类水平，一一介绍了"信息"和"心智程序"在设计题目上的具体操作方法。例如：对于文中所列举的"决策"这一亚类水平的问题设计，在"信息"方面的问题设计上，作者列举了"根据能源的热值、价格和效率，比较电和天然气哪一种能源更为经济"的问题；在"心智程序"方面的问题设计上，作者呈现了一道物理题目，让解题者选择用牛顿运动定律和功能原理解题，看哪种方法更加简单，并解释是如何做的。该文章的一个特色是将马扎诺新教育目标分类学运用到题目的设计上，将认知水平细化，可以方便教育工作者了解学生的认知水平层次；也可以以此为理论，设计出高质量的物理问题，提高学生的思维水平和发展学生的核心素养。

第四节　社会网络分析案例

l. 案例内容

王老师发现自己班级的学生在学习上存在明显的差距，部分学生对概念掌握程度较好，而其他学生则经常出现概念误解。为了分析其中原因，王老师采用了社会网络分析的方法，绘制了学生之间的社交网络图。分析发现，成绩较好的学生之间存在着频繁的互动和讨论，他们自发形成了一个学习小组，而成绩不太好的学生则很少与人交流，也很少获得同伴的学习支持。

于是王老师在教学中有目的地组织了一些学习小组活动，促进不同学习能力的学生之间的互动。通过一段时间的观察，王老师发现，之前孤立的学生开始融入小组互动中，学习成绩也有了明显提高。这说明，社会网络分析可以帮助教师分析学习社交网络的结构，发现影响学业成绩的关键因素，从而有针对性地调整教学策略。下面是王老师运用Gephi软件进行社会网络分析的总体步骤和方法。

（1）下载并安装Gephi软件，从Gephi官网或者Gephi下载页面可以获取最新版本。

（2）导入班级学生的社交网络数据，Gephi支持多种文件格式，如CSV、Excel、GML、Pajek等，可从数据库中获取数据。

（3）对社交网络进行可视化操作，选择不同的布局、颜色、大小、标签等来展示网络的结构和特征。可以使用鼠标和工具栏来交互式地探索网络。

（4）对社交网络进行统计分析，使用Gephi提供的各种指标和算法来计算网络的中心性、密度、路径长度、模块化等特征。根据节点和边的属性来进行排名和过滤。

（5）对社交网络进行预览和输出，使用Gephi的预览功能来调整网络的外观和细节，然后导出为PNG、PDF、SVG等格式的图片。

下面是Gephi软件的特点介绍、下载和使用方法，以及王老师使用Gephi软件进行分析的具体过程。

（一）Gephi软件的安装

Gephi是一款开源免费跨平台基于JVM的复杂网络分析软件，主要用于各种网络和复杂系统，动态和分层图的交互可视化与探测开源工具。使用场域一般为大学研究项目数据分析、新闻统计研究、微博信息研究等。Gephi软件有以下特点。

（1）界面友好：无须编程技能。

（2）性能高效：内置渲染引擎。

（3）文件格式多样：支持GDF（GUESS）、GraphML（NodeXL）、GML、NET（Pajek）、GEXF等格式。

（4）可定制化：可以通过插件添加布局、指标、数据源、操作工具、渲染预设等功能。

（5）应用广泛：可以用于探索性数据分析、链接分析、社交网络分析、生物网络分析、海报制作等场景。

下载Gephi软件，可以访问https：//gephi.org/users/download/，具体下载步骤如下（以windows系统为例）。

（1）首先Gephi运行需要1.8版本以上的Java环境，安装软件之前建议先自行检查。打开cmd输入java-version，如果得到如图6-4-1的结果，则可以继续Gephi安装，否则需要先安装JDK，JDK，下载地址为https：//www.oracle.com/cn/java/technologies/downloads/。安装完JDK环境后，直接从官网下载Gephi并安装。

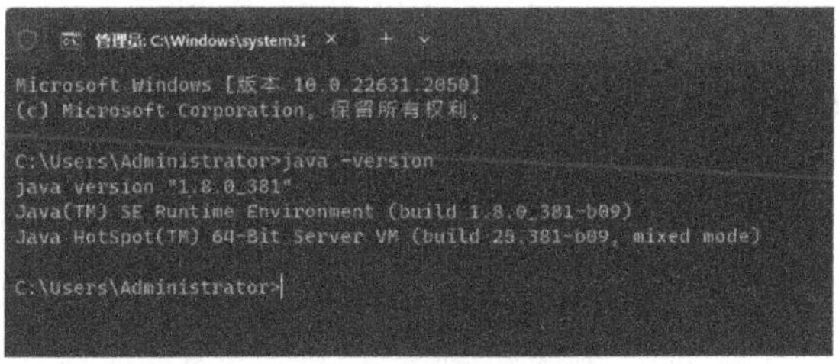

图6-4-1　检查Java版本

图6-4-2　Gephi软件图标

（2）安装默认设置即可，安装路径可以选择自己喜欢的硬盘地址。

（3）点击图6-4-2所示的Gehphi图标便可以开始使用了。

（二）导入数据

打开Gephi软件，进入主界面。点击左上角"文件"→"打开"→选择储存节点列表的Excel文件→作为节点表格导入。（如图6-4-3所示为打开节点的Excel文件，图6-4-4为将文件内容以节点表格导入）

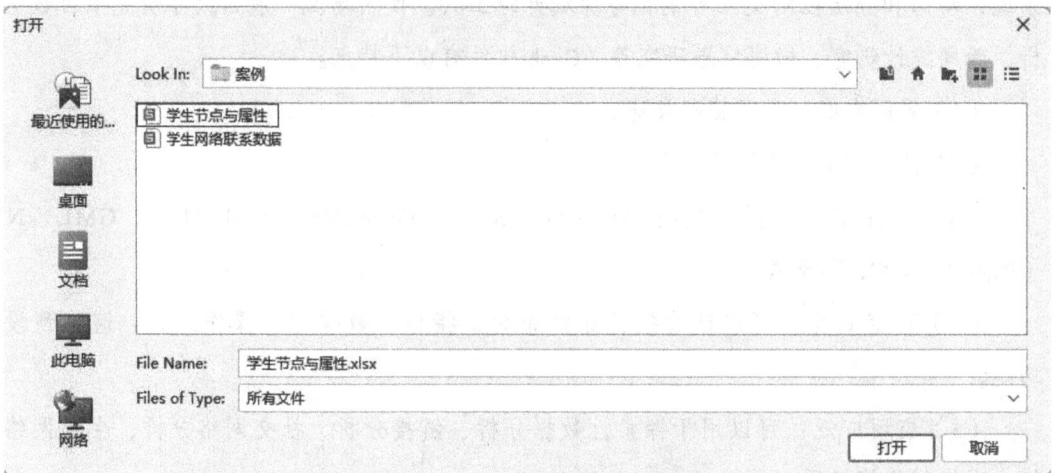

图6-4-3　节点数据的文件选择

图6-4-4　以节点表格导入

此操作将把节点信息保存在软件中，得到如图6-4-5所示界面，在Gephi工作区的图中出现节点。

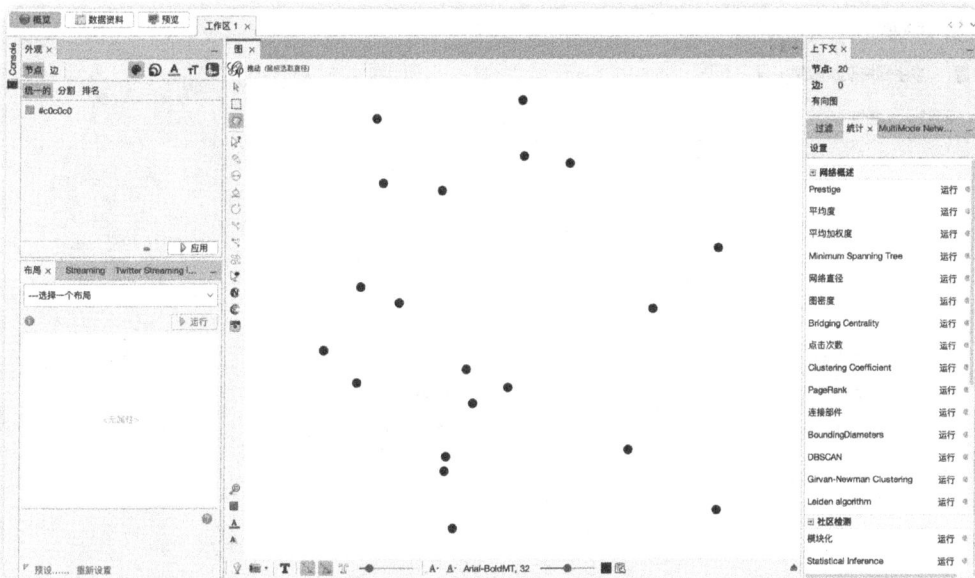

图6-4-5　网络的节点图

再次点击左上角"文件"→"打开"→打开邻接矩阵形式的Excel数据文件→作为矩阵导入→添加到现在的工作区。（如图6-4-6为将节点间的边关系以矩阵形式导入，图6-4-7为将边关系导入节点工作区中。切勿选择添加到新工作区，那样的话将会导致节点和边分为两个网络。）

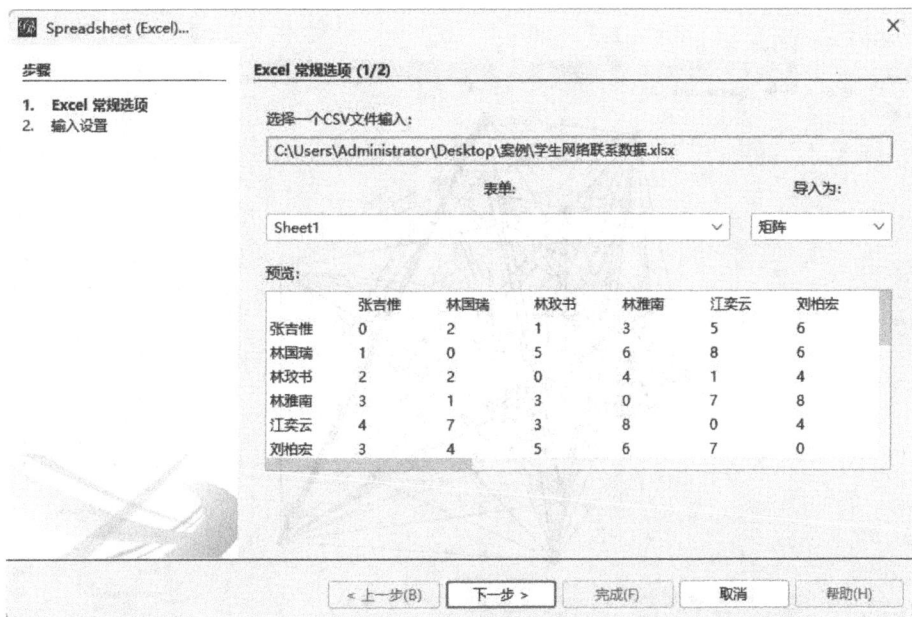

图6-4-6　边数据的导入

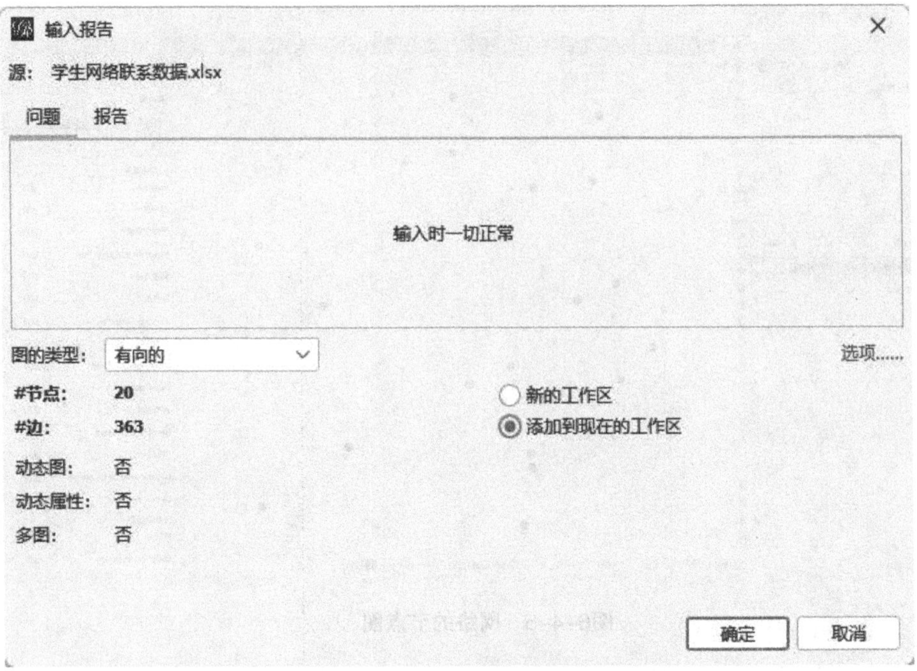

图6-4-7　添加到工作区

此操作为导入节点间的边关系，可以得到如图6-4-8所示界面。在工作区的图区域，既可以显示节点，也可以显示节点间的关系，但此时节点偏小，节点和边的深浅相同，对网络进行观察十分不便，需对网络进行可视化设置。

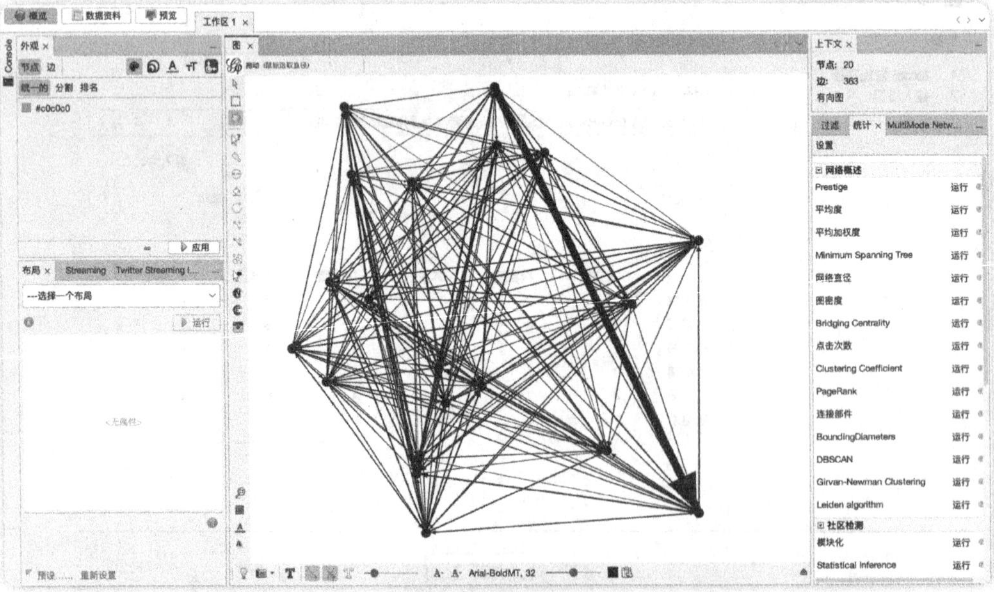

图6-4-8　网络的图

（三）网络的统计数据

通过右侧统计选项卡中的平均度等对网络的统计性质进行计算，点击相关统计量右边的运行按钮，得到关于学生互动网络的网络统计数据。如图6-4-9所示为统计数据的计算区域。

图6-4-9 网络统计数据的运算

点击数据资料按钮，中间的工作区即可从图转换为数据表格，在这里可以分析网络的统计参量或者将节点的数据导入导出，如图6-4-10所示。从图中表格可以得到度、平均度、聚类系数、中心性、加权度等网络的统计参量，通过统计参量可以对网络进行一定的描述性分析。

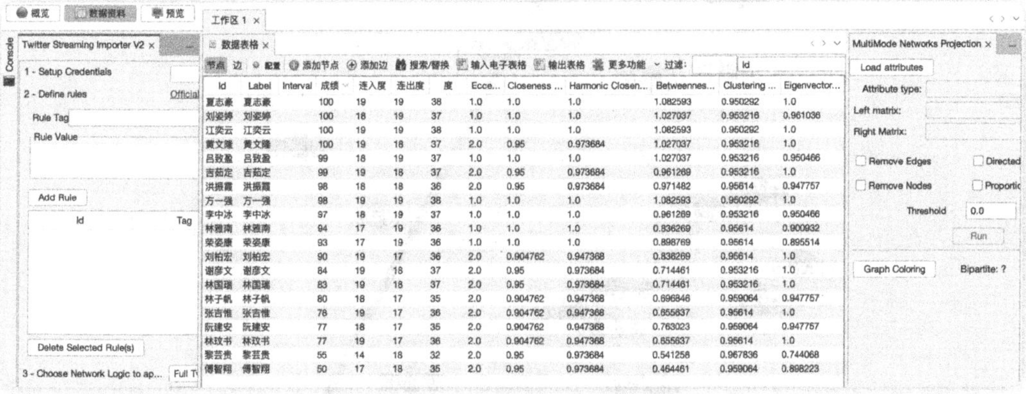

图6-4-10 节点的统计数据图

（四）可视化操作

通过左侧上半部分的外观区调整节点、边的大小及颜色等外观选项，对中间的图的部分进行加工，使之能更好地呈现节点间的关系。如图6-4-11所示，选择节点→排名→选择度为渲染方式→选择颜色→点击应用，即可调整节点的颜色。边颜色的修改操作类似。

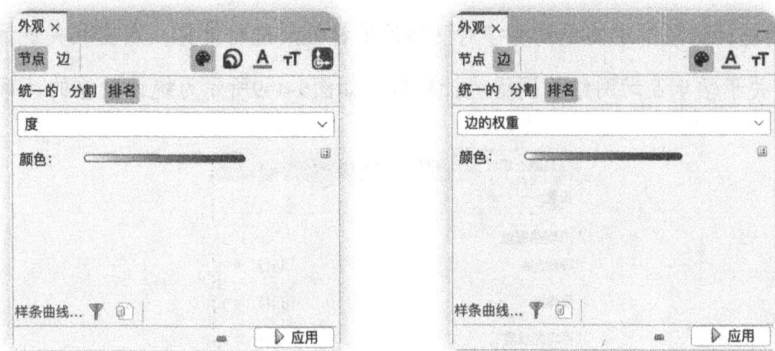

图6-4-11　节点和边的可视化设计

节点与边的大小也是类似的操作。点击工作区，图界面下面的字母T按钮，即可显示节点的标签，通过旁边的选项可以修改标签的字体、大小、颜色。如图6-4-12所示。

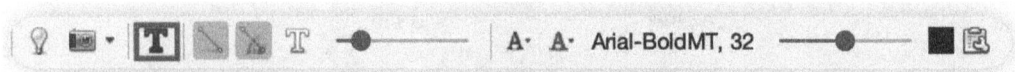

图6-4-12　节点的标签可视化设置

这样基本完成了网络节点、边、标签的可视化修改，可以得到如图6-4-13所示的网络图。

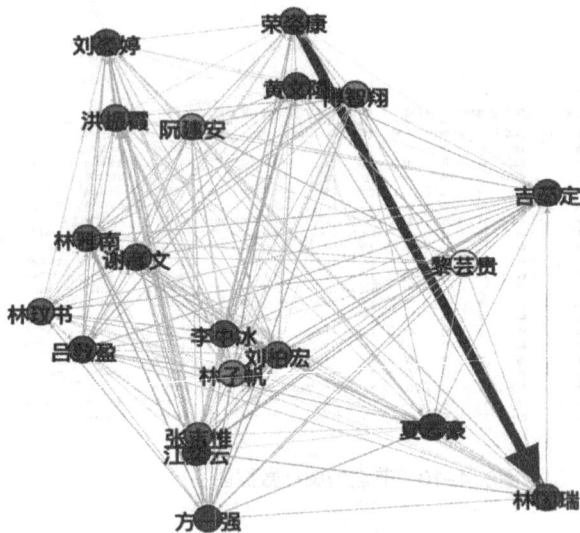

图6-4-13　网络可视化（杂乱）

这个时候的网络看起来比较杂乱，不能很好地呈现学生间的联系，因此可以通过左下角的布局模块，对节点的布局进行设置。

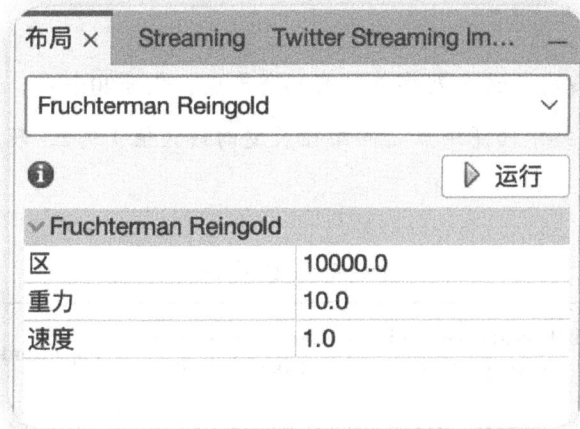

图6-4-14　网络的布局设置

选择Fruchterman Reingold布局，点击运行（如图6-4-14），可以得到如图6-4-15所呈现的网络图。针对不同的网络，也可选择不同的布局方法，使网络中的信息能够以最佳的方式呈现出来。

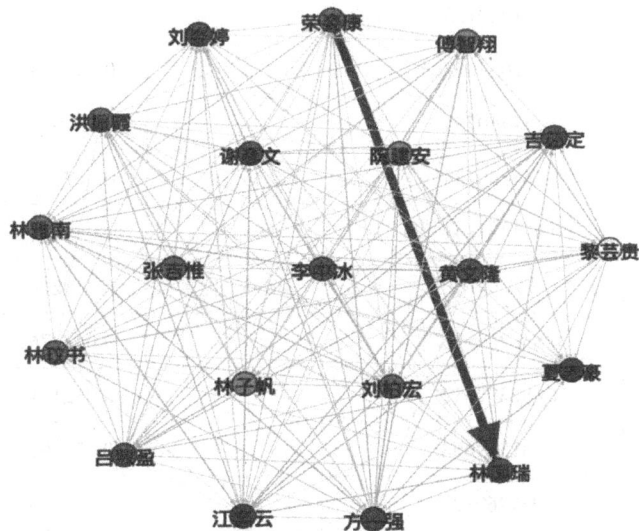

图6-4-15　网络图

在图6-4-15中，节点的大小表示的是节点的加权度，节点越大度越大。而节点的颜色表示的是节点中心性的大小，中心性越大的节点颜色越深。边的颜色表明互动关系/社交关系的强弱，颜色越深说明两名学生之间的互动越频繁越亲密。

（五）相关分析

1. 描述性分析

从表6-4-1可以看出，这个网络总共有20个节点，代表20个人。边代表两个人之间的联系。网络直径（网络中任意两点之间路径长度的最大值）为2，表示网络具有较高的连通性。

表6-4-1　数据分析

Id （姓名）	Degree （度）	betweeness centrality （中间中心性）	Clos nesscentrality （接近中心性）	Page Ranks	modularity_class （网络社区）
张吉惟	36	0.655637255	0.904761905	0.05184	2
林玟书	36	0.655637255	0.904761905	0.05184	1
刘柏宏	36	0.836269123	0.904761905	0.05184	2
阮建安	35	0.763022517	0.904761905	0.049372	1
林子帆	35	0.696846046	0.904761905	0.049372	1
林国瑞	37	0.714460784	0.95	0.051978	0
吉茹定	37	0.961269123	0.95	0.051978	1
黄文隆	37	1.027037097	0.95	0.051978	1
谢彦文	37	0.714460784	0.95	0.051978	2
傅智翔	35	0.464460784	0.95	0.047146	1
洪振霞	36	0.971481541	0.95	0.049634	2
黎芸贵	32	0.54125817	0.95	0.040214	1
林雅南	36	0.836269123	1	0.047376	2
江奕云	38	1.082592652	1	0.052101	2
夏志豪	38	1.082592652	1	0.052101	2
李中冰	37	0.961269123	1	0.049739	2
刘姿婷	37	1.027037097	1	0.050282	2
荣姿康	36	0.898769123	1	0.047271	0
吕致盈	37	1.027037097	1	0.049858	2
方一强	38	1.082592652	1	0.052101	2

再从中心性来看，度中心性最高的节点是江奕云、夏志豪、方一强，度数都是38，表示他们在网络中具有最多的连线。再就是接近度中心性，所有节点的接近度中心性系数都是1或接近1，表示节点之间距离较近，这使得网络具有较高的聚集性。最后是中间中心性，江奕云、夏志豪和方一强的中间中心性最高，这说明在节点之间的信息传递和交流中，他们起关键中介和桥梁作用。

通过Page Rank这一项的值，我们可以看出该值较高的节点有张吉惟、林玟书、刘柏宏等。这表明他们在网络中有较高的影响力和散步活跃度。度数和中间中心性较高的江奕云、夏志豪等也属于网络核心和突出节点。

总体而言，江奕云、夏志豪等度数和中间中心性较高的节点是这个社交网络的核心和关键节；而张吉惟等Page Rank值较高的节点也较为突出，是网络较有影响力的节点。

2. 社区分析

使用Gephi的模块化函数可以得到网络的社区。根据社区分类的结果，网络中的节点主要分为3个社区。社区1包含9个节点，分别是张吉惟、林玟书、阮建安、林子帆、吉茹定、黄文隆、傅智翔、黎芸贵、吕致盈。社区2包含2个节点，分别是林国瑞、荣姿康。社区3包含9个节点，分别是刘柏宏、谢彦文、洪振霞、林雅南、江奕云、夏志豪、李中冰、刘姿婷、方一强。社区2作为核心群体，与其他社区存在一定的互动，起到桥梁作用，但连接相对较少。社区3也基本上遵循社区内连接明显多于跨社区连接的特征。根据物理成绩来看，社区3中的学生成绩普遍较好，这说明了成绩较好的学生之间的交流更频繁，产生正向迁移，使得好学生成绩越来越好。而社区1里面的学生，成绩就比较一般，当然也存在吉茹定和黄文隆这两个学习成绩好的同学。结合表6-4-2的分析结果，在教学中如果能够促进社区1和社区3中的学生产生更频繁的互动，就可以提高物理成绩。如果多将社区2的两个学生交叉融入社区1或是社区3，也可以促进整体物理成绩的提高。

表6-4-2 社交网络与成绩的相关性

姓名	成绩	网络中心性	社区	姓名	成绩	网络中心性	社区
张吉惟	78	0.655637255	1	洪振霞	98	0.971481541	3
林玟书	77	0.655637255	1	黎芸贵	55	0.54125817	1
刘柏宏	90	0.836269123	3	林雅南	94	0.836269123	3
阮建安	77	0.763022517	1	江奕云	100	1.082592652	3
林子帆	80	0.696846046	1	夏志豪	100	1.082592652	3

（续表）

姓名	成绩	网络中心性	社区	姓名	成绩	网络中心性	社区
林国瑞	83	0.714460784	2	李中冰	97	0.961269123	3
吉茹定	99	0.961269123	1	刘姿婷	100	1.027037097	3
黄文隆	100	1.027037097	1	荣姿康	93	0.898769123	2
谢彦文	84	0.714460784	3	吕致盈	99	1.027037097	1
傅智翔	50	0.464460784	1	方一强	98	1.082592652	3

综上所述，社会网络分析在物理教育研究中具有广泛的应用价值。通过运用社会网络分析，研究者可以更深入地了解物理教育领域的交互关系，从而为教育或教学决策提供支持。

Ⅱ. 案例评析

采用社会网络分析（SNA）的方法研究学生的学习与社会交往之间的关系，在国内的物理教育研究领域尚不多见。将SNA介绍给我国的教育理论工作者和广大的一线教师，对于丰富教学理论和改进教学实践都有着重要作用。

基于社会网络分析方法，案例作者针对一个班级的学习样本和社交样本，利用Gephi软件进行分析。针对每一个具体的数据都给出了详尽的解释。作者首先解释各类数据的含义，然后结合样本数据给出该数据代表的具体意义。通过对依据样本数据生成的学生的社交网络图的分析，作者发现，成绩较好的学生之间存在频繁互动和讨论，形成了学习小组；而成绩不太好的学生很少与人交流，缺乏来自同伴的学习支持。这一发现揭示了学业成绩与同伴交流之间的关系：学生之间的互动对知识获取与内化具有正面的影响。在案例的后半部分详细展示了使用Gephi软件进行社会网络可视化分析的具体步骤。文中还系统地介绍了Gephi的安装、数据导入、网络绘制、可视化设计、统计分析等功能的操作流程。特别是通过可视化手段生动呈现了社交网络图，并计算了各种网络指标，如中心性、度数、Page Rank等，有效地刻画了网络拓扑结构。此外，作者还进行了聚类分析，发现了网络中的不同社区，并与学生成绩进行了对照分析。这些可视化呈现与定量分析为理解网络特征提供了有力支持。

该案例最大的亮点就在于系统地呈现了SNA在解决物理教育实际问题中的应用过程，包括问题提出、数据收集、软件导入、网络绘制、可视化设计、统计分析以及结果解释等步骤。它告诉我们：社会网络分析作为一种重要的定量研究方法，可以帮助一线教师深入分析复杂的教学现象，发现问题的成因，并依据分析结果所提供的改进建议，有针对性地改进自己的教学。

第五节 深度访谈案例

I. 案例内容

下面是一个以基于物理学科内容的深度访谈案例。访谈方式分为两种：一种是面对面访谈，主要访谈对象是高中师生和本科师范生；另一种方式是电话访谈，访谈对象是物理教育方向的硕士生和博士生。该访谈之前，研究者采用国际流行的某力学概念测试卷，在武汉市以初中、高中、三本和一本的近千名学生为样本进行了量化评测，量化评测的结果，引出了以下三个问题：其一，测试卷中的Q1、Q3题的选项E，几乎没有学生选，原因不明。其二，通过量化评测及文献研究，研究者发现，中外学生在该评测卷上的得分差异很大，希望得到该评测工具在中国的最佳适用对象的质性研究证据。其三，该评测卷中的Q15，Rasch分析结果表明，其拟合度很低，研究者希望了解原因。于是，研究者设计并实施了该访谈。

一、访谈工具

本次访谈所使用的工具，是一套国际流行的力学概念测试卷中的三道题目Q1、Q3和Q15，其具体题目如下。

Q1. 两个体积相同的金属球，其中一个的重量是另一个的两倍。使两球从同一屋顶同一时刻自由下落，则（　　）。

A. 重球着地的时间是轻球的一半

B. 轻球着地的时间是重球的一半

C. 两球同时着地

D. 重球着地的时间比轻球少得多，但未必是一半

E. 轻球着地的时间比重球少得多，但未必是一半

Q3. 一块石头从一屋顶自由下落，则（　　）。

A. 该石头被释放后立即达到最大速度，然后以恒速下落

B. 该石头加速下落，因为地球引力随着距离地面的高度减小而增大

C. 该石头加速下落，因为地球施加一个几乎恒定的重力于该石头

D. 该石头下落是因为所有物体都有落到地面的自然趋势

E. 该石头下落是作用于石头的向下的空气阻力与向下的重力的合成效果

Q15：如图6-5-1所示，一辆大货车在外出的路上抛锚，并由一辆小汽车推回到城里。小汽车在推动大货车前进的过程中，其速度是先加速，而后达到稳定的巡航速度。当小汽车推货车时，在从加速到匀速前进的过程中，（　　　　）。

图6-5-1

A. 小汽车推大货车的力在数值上等于大货车向后推小汽车的力

B. 小汽车推大货车的力在数值上小于大货车向后推小汽车的力

C. 小汽车推大货车的力在数值上大于大货车向后推小汽车的力

D. 小汽车的发动机是工作着的，所以能推走大货车；大货车的发动机不工作，所以不能向后推小汽车。大货车被推向前方是因为它挡在小汽车前进的路上

E. 小汽车与大货车均不互相施力。大货车被推向前方是因为它挡在小汽车前进的路上

选择上述三道力学概念题作为访谈工具的目的，是为作者正在实施的一项量化研究提供质性数据。

二、访谈样本

访谈样本的选取采用方便抽样的方式，全部样本分为五组：第一组为高中学生。该样本是来自武汉市一所综合性大学附属中学高一理科班的6名学生。该大学是一所省属重点综合性大学，它在全国3000多所普通高等学校中排名第130位。入选中学为该大学的附属中学，其生源质量在武汉市处于中上等水平。具体在选取该学生样本时，考虑了以下两个因素：一是男女比例，二是学生以前的学习成绩。在性别比方面，有调查显示，武汉市高中理科生的男、女性别比接近2：1，因此在抽样时，性别比例也按照2：1的比例来抽取。在学生成绩方面，根据以下原则抽取：三分之一来自成绩优等生，三分之一来自中等生，最

后的三分之一来自成绩落后生。第二组样本为本科师范生。该样本为上述综合性大学一年级的6名本科物理师范生，同样按照成绩的高、中、低三组等比例来抽取样本。由于师范生的男女比例较均衡，所以性别比例按照1∶1抽样。第三组为硕士生和博士生。主要是来自全国5所高校物理教育方向的5名在读硕士生和4名博士生。第四组为高中物理教师。样本主要为上述附中的4名物理教师。男、女比例为1∶1，教龄分布是10年以上、20年以上、30年以上和40年以上各1人。访谈样本的详细情况见表6-5-1。

三、访谈过程

访谈分为面对面访谈和电话访谈两种方式进行。样本中的第一、二、四组采用面对面访谈，具体访谈的方式为一对一访谈，访谈在一个安静的办公室里进行；第三组采用电话访谈，也采用一对一的方式。两种访谈的流程包含以下四个步骤：①自我介绍。主要介绍访谈的目的，并按主宾顺序先后作自我介绍，此过程有热场的作用。②呈现问题。将上述题目呈现给受访者。其中，接受面谈的受访者接受纸质版问题，电话受访者接受电子版问题。③独立思考。要求受访者在3 min内思考上述3个问题，并自行在答题纸上写出或通过电话告知其应答选项（平均1 min回答一个问题，这是原卷研制者的要求）。④回答问题。在受访者完成上述3个问题之后，访谈主持人向受访者提出相关问题。其中对于学生受访者（包括高中生和本科生）的要求，是让他们解释选择某一个选项的原因，或者描述其思考问题的过程。由于前期量化研究的结果表明，学生在Q1和Q3中选择选项E的人数几乎为零，如果受访者没有选择选项E（事实上受访者无一人选择该选项），则要求他（或她）解释不选选项E的原因。对于教师受访者和研究生（包括硕士生和博士生）提出的问题是：①你选择了哪个选项？②你为什么选择这个选项？③这道题考查了哪些知识点？④如果学生犯了错误，可能的原因是什么？⑤这个问题的文本表达是否有歧义？访谈过程全程录音，并在访谈结束后第一时间将访谈录音转化为文字文本，最后对访谈文本进行归类整理。

四、访谈结果

经过近两周的访谈、录音和文字文本的转录和整理，得到的结果如下。

（1）Q1几乎没有学生选择选项E的原因主要是与被调查者的日常经验不一致，如受访者所述：

选项E显然是不正确的，因为它说轻球下落的时间比重球下落的时间短。也就是说，轻的球比重的球下落得快，这也与我们日常生活中看到的现象不一致。这可能就是为什么绝大多数学生不选择选项E的原因。 ——HSS1

还有一些人用排除干扰项的方法来回答问题，如下面的受访者所述：

在我确定选项C是正确的之后，我停止了阅读该项目的其他四个选项，因为时间有限，我根本没有足够的时间阅读和思考其他选项。 ——HSS4

（2）Q3没有学生选择选择E的原因，主要是与受试者的日常经验不一致，如以下受访者所述：

我没有选择选项E的原因是，即使有空气阻力，这个力的方向也应该是向上的，而不是与重力的方向一致，即向下。选项E说石头受到两个向下的力，一看就知道这是错误的，所以我不选选项E。 ——HSS1

如果石头受到空气阻力，它的方向也应该向上而不是向下。 ——HSS3

（3）Q15的访谈结果：

①Q15的文本表达没有歧义，而测试题目的情境丰富性可能影响了受试者的回答。如有受访者表示：

倒不一定是歧义引起答错题，但是情境描述的丰富性却可能是引起错答的诱因。因为情境描述越复杂，学生在读题时就越需要他们作出信息加工，在此过程中，他们需要将情境归纳到我们的物理模型上来。这种归纳的能力就有偏差了。 ——HST4

区分度不高可能是由于题目描述的情境复杂了，降低了部分好学生的正确率。概括性很强的题目表述，可能会提高被试的答对率。 ——HST3

②选择正确与否似乎与学段无关。

如表6-5-1所示，在接受访谈的25名人员当中大部分人都选择了正确答案，但只有刚过半数的受访者选项正确且解释正确（14人）。还有6人给出了错误的解释，其中既有高中生，也有本科生，还有硕士生；另有5人给出了错误的选项，其中既有本科生，也有博士生。这里我们看不到学历对于答题的正面影响，倒是看到了其中的相关知识逆向迁移造成的负面影响。

以下是对一名物理教育专业博士生的访谈实录：

之前我看过一名物理教育博士的文章，他写了一篇关于作用力和反作用力科学解释的一个题，他在做掰手腕的题的时候，跟现在你问的这个问题差不多，然后他的左手给右手扳过去的时候，他的力是有一个加速度的力，所以我现在糊涂了，我不太清楚了，可能我一开始我会选选项A，但是我被他那个东西左右了，就选了选项B。 ——DS3

特别值得注意的是，在受访的6名本科师范生中，只有1名学生同时给出了正确的选项和正确的解释。其他5名学生都犯了不同类型的错误。超过4成的受访学生在答题的过程中出现了错误，近 $\frac{1}{4}$（$\frac{6}{25}$）的学生虽然做出了正确的选择，却给出了错误的解释。

③选项正确与否似乎与学法相关。

本次访谈结果中值得关注的另一个现象，就是尽管学生中出现了不少错误，但是受访的教师却没有出现一例错误，说明学法对于人们掌握概念还是有影响的。本次4名受访教师的教龄都在10年以上，所谓教学相长，他们的教学经验越丰富，对于相关概念的掌握也越好，而教师对于相关概念的学习，具有比一般学生更多的互动式探究（因为教师会经常在一起探讨教学问题，包括概念的教学问题），这与普通中国学生的学习方式有很大的差异。因此，概念的掌握似乎与学习方式有关。

受访者基本信息及关于Q15的答问详细结果见表6-5-1。

表6-5-1　受访者基本信息及Q15答问情况一览表

序号	身份	姓名代码	性别	所在学校（院）代码	年级/专业/教龄	Q15选项正确		Q15选项错误
						正确解释	错误解释	
1	高中生6人	HSS1	女	HS-HUBU	高一年级	√		
2		HSS2	男		高一年级		√	
3		HSS3	男		高一年级		√	
4		HSS4	男		高二年级	√		
5		HSS5	女		高二年级		√	
6		HSS6	男		高二年级	√		
7	本科生6人	UGS1	女	PS-HUBU	二年级本科师范生	√		
8		UGS2	男				√	
9		UGS3	男					√
10		UGS4	女					√
11		UGS5	女					√
12		UGS6	男				√	

（续表）

序号	身份	姓名代码	性别	所在学校（院）代码	年级/专业/教龄	Q15选项正确		Q15选项错误
						正确解释	错误解释	
13	硕士生5人	PGS1	男	YNNU	研二/物理教育	√		
14		PGS2	男	SCNU	研二/物理教育	√		
15		PGS3	女	SCNU	研二/物理教育	√		
16		PGS4	男	SWU	研二/物理教育		√	
17		PGS5	女	HUBU	研二/物理教育	√		
18	博士生4人	DS1	女	SCNU	博一/物理教育	√		
19		DS2	男	SCNU	博一/物理教育	√		
20		DS3	男	BNU	博一/物理教育			√
21		DS4	女	SWU	博一/物理教育			√
22	高中教师4人	HST1	女	PG-HS-HUBU	10年教龄	√		
23		HST2	女		35年教龄	√		
24		HST3	男		41年教龄	√		
25		HST4	男		20年教龄	√		

五、结论讨论

从上述访谈结果中，我们可以得到以下三条结论。

1. Q1 及 Q3 中的选项 E 需要优化

从访谈的结果来看，两个题项中的选项E表述，都违背了人们的常识，这也是前期量化评测中几乎无人选择的重要原因。作为干扰项，应当具有一定的迷惑性，就是让人看上去似是而非，否则就失去了作为干扰项的意义，所以上述两题的选项E都需要优化。

2. Q15 本身没有问题，其拟合度低可能与其情境复杂性有关

如前所述，访谈前，研究者所做的Rasch分析结果表明，Q15的拟合度较低，按照Rasch模型的理论来说，就是该题项结构效度不高，与高能力者得高分、低能力者得低分的理论模型不符。这样一来，该题项似乎是存在问题的。但通过对该题项的内容分析以及后续的访谈文本分析，研究者发现，Q15既不存在表述上的歧义，内容上也不存在科学性问题。

事实上，该题项还是一道能够引出学生深层次概念理解的好题目。

3. 物理概念 [①] 的学习不是一蹴而就的，概念转变也非一劳永逸

这个结论是本次访谈的一个意外收获。长期以来，人们大多认为，概念的学习可以一次完成，所谓"概念转变"其实包含有上述意义。但访谈中我们发现，像牛顿第三定律这样的基本物理规律的学习，也并非能够通过一节课、一个学期，甚至一个学段就可以完成的，有些概念的学习需要长期反复遭遇、碰撞、思考甚至实践，才能真正解决。

II. 案例评析

本案例是一项基于Rasch模型的评测工具质量分析的质性研究部分。整个研究采用量化研究和质性研究平行顺序设计。在第一个阶段的量化评测结束后，根据量化分析的结果，提出第二个阶段的研究问题和研究设计。该案例有如下几个特点：一是内容全面。案例从背景、工具、样本、过程、结果、结论、讨论等多个环节，全面介绍了深度访谈的基本规范和具体方法，让读者对于访谈过程有了一个基本的感性认知。二是形式多样。主要指访谈结果的呈现方式形式多样。通常情况下，访谈结果多采用陈述式的呈现方式，也就是先用文字表述某一项访谈结果，接着再呈现一个或若干个受访对象受访录音的文字文本，以此来支撑上面的访谈结果。但本案例除了陈述式的呈现方式以外，还采用了列表的方法。而且表格中既包括受访对象的基本信息，也包括了访谈结果的相关内容，让人看后一目了然。三是言之有据。一般而言，深度访谈等质性方法，其研究结果的外推空间是十分有限的，研究者不可随意发挥，也就是不可随意说一些没有事实依据的话，或者得出一些没有事实依据的结论。该访谈案例总体上说较好地遵循了这一原则。如果说有需要改进的地方的话，就是该案例中提到的第三条访谈结论：选项的正确与否似乎与学法相关。事实上，该结论可以从现有的外文文献中获取，因为国外已有的量化研究表明，不同的教法，当然也包括不同的学法会对物理概念的学习和掌握产生非常重要的影响，该访谈结果的得出虽然也有些事实依据，但该依据有些间接，有臆断嫌疑。

[①] 通常意义上，物理概念是不能包括物理规律的。但在我国，包括物理教育在内的科学教育界，人们在讨论概念转变等问题时，习惯地让定理、定律也包含在"概念"一词中，这可能与英文 conception 一词的翻译有关。一开始，该英文词就被翻译为"概念"，并充斥于国内各种期刊文献当中。其实 conception 还有"观念""想法"等含义。此处，若翻译为"观念"可能更为妥帖。但考虑"概念"一词已经"深入人心"，所以本书仍采用这一约定俗成的表述，以方便读者阅读。

参 考 文 献

[1] 张红霞.教育科学研究方法 [M].北京：教育科学出版社，2009.

[2] 陈向明.质的研究方法与社会科学研究 [M].北京：教育科学出版社，2000.

[3] 董奇.心理与教育研究方法 [M].广州：广东教育出版社，1992.

[4] 裴娣娜.教育研究方法导论 [M].合肥：安徽教育出版社，1995.

[5] 张宪魁.物理教育量化方法 [M].长沙：湖南教育出版社，1992.

[6] 胡中锋.中小学教师教育科研导论 [M].广州：广东高等教育出版社，2006.

[7] 黎加厚.新教育目标分类学概论 [M].上海：上海教育出版社，2010.

[8] 张厚粲.心理与教育统计学 [M].北京：北京师范大学出版社，1993.

[9] 侯杰泰，温忠麟，成子娟.结构方程模型及其应用 [M].北京：教育科学出版社，2004.

[10] 杨晓明.SPSS在教育统计中的应用 [M].北京：高等教育出版社，2004.

[11] 张屹，周平红.教育研究中定量数据的统计与分析 [M].北京：北京大学出版社，2015.

[12] 吴维宁，朱行建.物理学业评价方法与案例 [M].北京：北京师范大学出版社，2015.

[13] 吴维宁.新课程学生学业评价的理论与实践 [M].广州：广东教育出版社，2004.

[14] 高凌飚.普通高中新课程模块学业评价 [M].北京：高等教育出版社，2005.

[15] 高凌飚.中国教师教学观研究：英文版 [M].武汉：湖北教育出版社，2004.

[16] 布莱克.促进学习的考评 [M].吴维宁，高凌飚，译.北京：人民教育出版社，2020.

[17] 朱铁成.物理教育研究 [M].杭州：浙江大学出版社，2002.

[18] 夏征农，陈至立.辞海：第六版：彩图本 [M].上海：上海辞书出版社，2009.

[19] 杨松，凯勒.社会网络分析：方法与应用 [M].北京：社会科学文献出版社，2019.

[20] NEWMAN M E J.网络科学引论 [M].郭世泽，陈哲，译.北京：电子工业出版社，2014.

[21] 马扎诺，肯德尔.教育目标的新分类学 [M].高凌飚，吴有昌，苏峻，译.2版.北京：教育科学出版社，2012.

［22］马扎诺.新教学艺术与科学［M］.盛群力，蒋慧，陆琦，译.福州：福建教育出版社，2018.

［23］黎加厚.新教育目标分类学概论［M］.上海：上海教育出版社，2010.

［24］《中国教育年鉴》编辑部.中国教育年鉴2021［M］.北京：人民教育出版社，2021.

［25］吴维宁.理科教师学业评价观研究［D］.广州：华南师范大学，2007.

［26］袁令民.物理高考与内容标准的一致性研究［D］.重庆：西南大学，2013.

［27］叶腊梅.中考物理试题与课程标准的一致性研究：以河北省2014—2020年试卷为例［D］.石家庄：河北师范大学，2021.

［28］毕潇.基于SEC模式下大连市中考数学试题与课程标准的一致性研究［D］.大连：辽宁师范大学，2022.

［29］宋琳.上海市2016—2020年中考物理试题与课程标准的一致性分析［D］.重庆：西南大学，2021.

［30］宋世廉.上海市近五年中考物理试题分析与研究［D］.上海：上海师范大学，2022.

［31］李学刚.中考化学试卷与课程标准的一致性研究［D］.拉萨：西藏大学，2022.

［32］吴维宁.实证的美国物理教育研究［J］.课程·教材·教法，2016（12）：115-120.

［33］吴维宁.美国力学概念测试卷对于中国学生的适切性研究［J］.考试研究，2013（6）：3-8.

［34］吴祖嵋.力学概念测试题［J］.物理教师，1993（5）：42-44.

［35］李光蕊，于浩，尹朝莉.中学物理教师力学前概念的调查报告：教师自身概念水平及对前概念理论掌握［J］.教育研究与实验，2007（2）：67-69.

［36］王芳，燕雁，赵守盈.项目反应理论模型应用中需要注意的几个问题［J］.中国考试，2015，274（2）：20-24.

［37］韦伯，张雨强.判断评价与课程标准一致性的若干问题［J］.比较教育研究，2011，33（12）：83-89.

［38］刘学智，马云鹏.美国"SEC"一致性分析范式的诠释与启示：基础教育中评价与课程标准一致性的视角［J］.比较教育研究，2007，204（5）：64-68.

［39］周涛，汪秉宏，韩筱璞，等.社会网络分析及其在舆情和疫情防控中的应用［J］.系统工程学报，2010（6）：742-754.

［40］陈宝权，史明镒，蒋鸿达，等.面向新冠疫情的数据可视化分析与模拟预测［J］.中国计算机学会通讯，2020（7）：10-16.

［41］吴有昌. SOLO分类学对布卢姆分类学的突破［J］. 华南师范大学学报（社会科学版），2009（4）：44-47.

［42］吴有昌，高凌飚. SOLO分类法在教学评价中的应用［J］. 华南师范大学学报（社会科学版），2008，173（3）：95-99，160.

［43］谢丽，李春密，张焱. 基于新教育目标分类学的物理问题分类框架的构建［J］. 课程·教材·教法，2015（6）：86-91，127.

［44］谢丽，李春密，俞晓明. 基于新教育目标分类学的中学物理问题层次设计［J］. 物理教师，2016（10）：2-4，9.

［45］刘健智，胡雪妍. 基于物理核心素养的高中物理教材与课程标准的一致性研究：以2019年人教版必修1为例［J］. 物理教师，2022，43（7）：2-8，12.

［46］BOND T G，FOX C M. Applying the rasch model：fundamental measurement in the human sciences［J］. Psihologija，2004，37（2）：243-245.

［47］LIU X F. Using and developing measurement instruments in science education：a rasch modeling approach［M］. Charlotte：IAP-Information Age Publishing，Inc，2010.

［48］KNIGHT R D. Five easy lessons［M］. New Jersey：Addison Wesley，2004.

［49］ALBANNA B F，CORBO J C，DOUNAS F，et al. 2012 physics education research conference proceedings［C］. New York：American Institute of Physics，2013（1513）：7-10.

［50］MELTZER D E. The relationship between mathematics preparation and conceptual learning gains in physics：a possible "hidden variable" in diagnostic pretest scores［J］. American journal of physics，2002（12）：1259.

［51］COLETTA V P，PHILIPS J A. Interpreting FCI scores：normalized gain，pre-instruction scores，and scientific reasoning ability［J］. American journal of physics，2005（12）：1172.

［52］LISING L，ELBY A. The impact of epistemology on learning：a case study from introductory Physics［J］. American journal of physics，2005（4）：372.

［53］COLIN P，VIENNOT L. Using two models in optics：students' difficulties and suggestions for teaching［J］. American journal of physics，2001（7）：36.

［54］SINGH C. Student understanding of symmetry and Gauss's law of electricity［J］. American journal of physics，2006（10）：923.

［55］BAO L，CAI T，KOENIG K，et al. Learning and scientific reasoning［J］. Science，2009，5914（323）：586-587.

［56］HESTENES D, WELLS M, SWACKHAMER G, et al. Force concept inventory ［J］. The physics teacher, 1992（30）: 141–158.

［57］HESTENES D, HALLOUN I. Interpreting the force concept inventory ［J］. The physics teacher, 1995（33）: 504–506.

［58］MAJA P, LANA I, ANA S. Rasch model based analysis of the force concept inventory ［J］. Physical review special topics-physics education research, 2010（6）: 010103.

［59］BOND T, YAN Z, HEENE M. Applying the rasch model: fundamental measurement in the human sciences ［M］. New York: Routledge, 2020.

［60］LORD F M. Application of item response theory to practical testing problems ［M］. Hillsdale: Erlbaum, 1980.

［61］HAMBLETON R, SWAMINATHAN K, JANE R H. Fundamentals of item response theory ［M］. Newbury Park: Sage Press, 1991.

［62］WANG J, WANG X. Structural equation modeling: applications using mplus ［M］. NewJersey: John Wiley & Sons, 2019.

［63］KELLOWAY E K. Using Mplus for structural equation modeling: a researcher's guide ［M］. London: Sage Publications, 2014.

［64］WEBB N L. Alignment of science and mathematics standards and assessments in four states ［R］. Council of Chief State School Officers and National Institute for Science Education, Madison: University of Wisconsin, Wisconsin Center for Education Research, 1999.

［65］WEBB N L. Criteria for alignment of expectations and assessments in mathematics and science Education ［J］. Academic achievement, 1997, 1（11）: 46.

［66］LIU X, ZHANG B, LIANG L L, et al. Alignment between the physics content standard and the standardized test: a comparison among the United States-New York State, Singapore, and China-Jiangsu ［J］. Science education, 2009, 93（5）: 777–797.

［67］PORTER A C. Measuring the content of instruction: uses in research and practice ［J］. Educational researcher, 2002, 31（7）: 3–14.

［68］FULMER G W. Estimating critical values for strength of alignment among curriculum, assessments, and instruction ［J］. Journal of educational and behavioral statistics, 2011, 36（3）: 381–402.

［69］TEODORESU R, BENNHOLD C, FELDMAN G, et al. New approach to analyzing physics problems: a taxonomy of introductory physics problems［J］. Physical review special topics-physics education research, 2013（9）: 010103.

［70］NEWMAN M. Networks: An introduction［M］. Oxford: Oxford University Press, 2018.

［71］TRAXLER A. Networks and learning: a view from physics［J］. Journal of learning analytics, 2022, 9（1）: 111−119.

后　记

多年的实践经验告诉我们，好的教材一般都具备三个特点，即集成、实用、多选。就本书而言，所谓集成，就是将研究方法和研究技术集成在一起。比如：讲授研究方法中的评测方法时，既要介绍标准化的评测工具，也要介绍这些工具的应用方法，同时，还要介绍相关的统计技术，而且这些统计技术最好能在相关的软件平台上呈现。原因很简单：学时非常有限，大多数学生不可能利用课外时间去查阅相关的统计类书籍，也不太可能在课外去做大量的操作练习。因此，我们必须让本书具备一定的集成度，尽量让学生在课内解决问题。所谓实用，就是学的内容要管用。具体来说，就是要将一些学生在读期间必须完成的具体任务纳入书中，如教育调查、开题报告、毕业论文等，而且后面安排的研究方法和研究技术等内容均应围绕上述具体任务来展开。只有这样，学生才会有学习的动力。所谓多选，就是具有选择性。具体来说，就是要让研究生和本科生都能在书中找到适合自己的学习内容，而且，同一个层面上的不同学生也可以有不同的选择。应当说，本书在一定程度上实现了上述目标。

2012年，我到美国纽约州立大学作访问学者，其后共三次参加美国物理教师协会年会并应邀发言。通过与美国的大学和中学物理教师的广泛交流、聆听会议报告、阅读会议论文后发现，他们非常重视且擅长实证研究。关于美国物理教育研究的方法和类型，我专门做过一次文献分析，发现在某物理期刊中的近百篇教学研究文章中，实证类文章占比高达七成。为了寻找好的教法或试验新的课程，他们不遗余力地比较研究教学方法或课程质量，并且全部使用实证证据——这正是我们所欠缺的科学的物理教育研究。由此我在想，如果方法训练能够从本科阶段开始，加上硕士阶段的训练和在职期间的实际课题研究，我国物理教师的实证研究素养一定能够迈上一个新台阶。这是一个美好的教育理想，我希望本书的出版能够为实现这一理想有所贡献。

为本书作序的高凌飚教授是我的博士导师。先生早年在国内就做过大量的物理教育实证研究，其后又到新西兰留学、到香港大学读博并到世界各地交流考察，先后发表了一批具有国际影响力的实证研究学术专著和实证研究报告。上述经历使得他当之无愧地成为国内物理教育实证研究的大家和先行者。建议读者从先生写的序言开始本教材的阅读。

作为湖北大学的立项教材，本书的编撰出版，得到了湖北大学和物理学院的大力支持。

八年前，物理学院院长周斌教授提议：为本科师范生和教育硕士各开设一门《物理教育研究方法》的课程，并编撰相关的自编教材。于是，一年后我编写完成了《物理教育研究方法》，并同时为上述两个层次的学生开设了同名课程。本书试用七年后，周院长又提议修订并正式出版本书，并为本书的出版给予全方位的支持。从这个意义上说，没有周院长的关心和支持就没有这本书的正式出版。在教材编撰的过程中，湖北大学物理系主任丁益民教授、华中师大物理教育研究所所长黄致新教授、华南师大物理学院副教授许桂清博士，均提出了宝贵的意见。学院教学指导委员会主任潘贵军教授对于本书的出版也给予了大力支持，他提供了重要的资料和修订思路。湖北大学教务处的许紫薇老师、物理学院的王瑞龙副院长都为本书的出版做了很多工作。另外，还有一些博士生、硕士生也应邀参与了教材的修订工作。他们是范兵、杨翔宇、毛佳欣、娄雯、郭修星、胡文慧。在此我要对上述单位和个人表示感谢。

本书的责任编辑蔡潮生先生为本书的出版做了大量的工作，没有他的付出，本书不可能如期付梓。另外，由于时间仓促、水平所限，书中一定存在不少的疏漏乃至错误，敬请读者批评指正。

吴维宁

2023年11月

于武昌保集安